高等学校计算机教材

数据库实用教程

郑阿奇　主编

刘启芬　顾韵华　吕　静　编著

電子工業出版社

Publishing House of Electronics Industry

北京・BEIJING

内 容 简 介

本书是高校“数据库原理与应用”课程教材。数据库原理突出了基本的和主要的内容，讲述简单明了。除数据库原理基本内容之外，书中实例和实验力求使学生在掌握数据库原理的基础上，基本掌握SQL Server的用法，并能够基于C/S与B/S开发数据库应用系统。本书分实用教程和实验两部分。实用教程部分分为11章。第1～8章是数据库原理的基本内容，实例为SQL Server体系，实验基于该体系进行系统训练。第9章为数据库原理的扩展内容。第10章为数据库服务器端编程。第11章数据库应用系统的开发，重点是C/S和B/S编程。C/S编程采用比较容易实现的Visual Basic开发环境，B/S编程采用Visual Studio 2005开发环境，脚本采用C#。实验部分包括12个循序渐进的实验，可满足实践教学需要。本教程可免费下载教学课件、C/S和B/S实例源文件等（http://www.huaxin.edu.cn）。

本书可作为大学本科和高职高专“数据库原理与应用”课程教材，也可作为社会培训教材。

图书在版编目（CIP）数据

数据库实用教程/郑阿奇主编.—北京：电子工业出版社，2009.1
高等学校计算机教材
ISBN 978-7-121-07568-1

Ⅰ.数… Ⅱ.郑… Ⅲ.数据库系统—高等学校—教材 Ⅳ.TP311.13

中国版本图书馆CIP数据核字（2008）第161536号

策划编辑：童占梅
责任编辑：王　纲
印　　刷：北京市海淀区四季青印刷厂
装　　订：涿州市桃园装订有限公司
出版发行：电子工业出版社
　　　　　北京市海淀区万寿路173信箱　邮编　100036
开　　本：787×1092　1/16　印张：19　字数：486.4千字
印　　次：2009年1月第1次印刷
印　　数：4 000册　　定价：29.00元

凡所购买电子工业出版社图书有缺损问题，请向购买书店调换。若书店售缺，请与本社发行部联系。联系及邮购电话：（010）88254888。
质量投诉请发邮件至zlts@phei.com.cn，盗版侵权举报请发邮件至dbqq@phei.com.cn。
服务热线：（010）88258888。

前　　言

目前，本科和高职高专很多专业都开设数据库原理这门课，但是长期以来数据库原理的教材偏重于理论，所以学生学完这门课后，心里仍然是空空的，好像没有学到什么东西。当然，在不同层次的学校，这种感觉又不尽相同。所以，有些学校除了学习数据库原理外，还开设了数据库应用课程。

近几年来，我们一直在思考如何将数据库原理和数据库应用课程有机结合的问题，并且进行了一些有益的探索，其基本点是：学习的目的是为了应用，数据库原理应该与数据库应用实践结合起来。

本书数据库原理突出了基本的和主要的内容，讲述简单明了。除数据库原理基本内容外，**实例和实验**体系与当前流行的数据库管理系统 **SQL Server　2005** 紧密结合，使学生在学习数据库原理的同时，**基本掌握 SQL Server 的用法，并能够基于 C/S 与 B/S 开发数据库应用系统，从而更好地掌握数据库原理**。本书包括两部分：第一部分为实用教程，第二部分为实验。

第一部分实用教程具体内容如下：

① 第 1～8 章是数据库原理的基本内容，实例为 SQL Server 体系，实验是对该体系进行系统训练。

② 第 9 章为数据库原理的扩展内容。

③ 第 10 章数据库服务器端编程中的实例编程可以参考附录 A（T-SQL 语言）。

④ 第 11 章数据库应用系统的开发，从软件开发周期入手，主要介绍数据库客户端编程，首先介绍应用程序与数据库的接口，然后介绍 C/S 和 B/S 编程。C/S 编程采用比较容易实现的 Visual Basic 开发环境，B/S 编程采用 Visual Studio 2005 开发环境，脚本采用 C#。

第二部分实验包括 12 个循序渐进的实验，可满足课程的**实践环节的教学**。

本教程由华信教育资源网 http://www.hxedu.com.cn 为读者提供服务，可**免费下载教学课件、C/S 和 B/S 实例源文件等**。

本书由刘启芬（南京师范大学）、顾韵华（南京信息工程大学）、吕静（南京师范大学）编写，郑阿奇（南京师范大学）对全书进行统稿。其他很多同志对本书的编写提供了许多帮助，在此一并表示感谢！

参加本套丛书编写的有郑阿奇、梁敬东、顾韵华、王洪元、杨长春、丁有和、徐文胜、曹弋、刘启芬、殷红先、姜乃松、张为民、彭作民、郑进、王一莉、周怡君、刘毅、王志瑞等。

由于作者水平有限，不当之处在所难免，恳请读者批评指正。

编　　者

目　录

第1部分　实用教程

第2部分 实 验

第 1 部分　实 用 教 程

第 1 章　引　言

1.1　什么是数据库

1.1.1　数据管理技术的发展

1．人工管理阶段

在 20 世纪 50 年代中期以前，计算机主要用于科学计算，数据管理处于人工管理阶段。例如，对于一个学生成绩管理系统，其基本结构如图 1.1 所示。

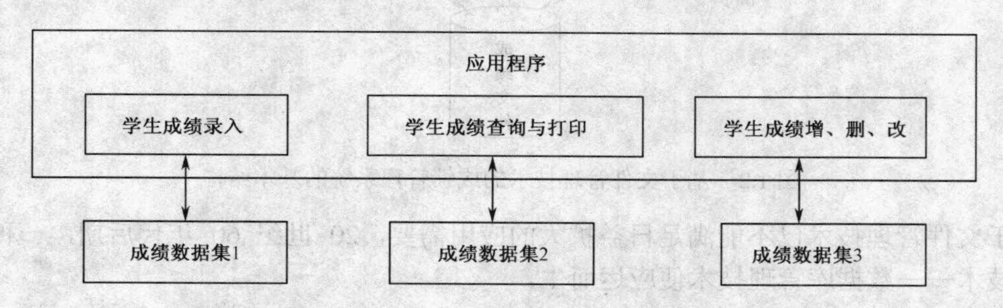

图 1.1　基于人工管理技术的成绩管理系统的基本结构

基于人工管理的应用系统有如下特点：

① 没有统一的数据管理软件，主要通过应用程序管理数据，程序员既要规定数据的逻辑结构又要设计物理结构；

② 数据是面向应用程序的，不能共享，因此存在大量的冗余数据；

③ 应用程序依赖于数据，一旦数据的结构发生变化，应用程序要进行相应的修改，因此数据不具备独立性；

④ 在当时的环境下，数据不保存。

2．文件管理技术

数据管理技术随着计算机的应用渗透到科学计算、数据处理、过程控制等各个应用领域，而计算机在数据处理过程中，存在着数据处理量大、数据类型复杂及对数据的存储、维护、检索、分类、统计等诸多涉及数据管理和使用的问题，数据处理对数据管理技术不断提出新的要求，从而推动了数据管理技术的发展。

早期基于计算机的数据管理技术主要是依赖于操作系统的文件管理，其基本思想是由应用程序利用文件系统提供的功能将数据按一定的格式组织成独立的数据文件，然后通过操作文件访问相应的数据，例如，对于一个学生成绩管理系统，其基本的结构如图 1.2 所示。

在基于文件管理的应用系统中，数据文件的组织与管理均由应用程序实现，因此数据是依赖于应用程序的，这种数据管理方式存在如下问题：

① 不同的应用程序组织文件的逻辑结构不一样，数据冗余度大，共享性差；

② 数据的组织和管理直接依赖于应用程序，如果数据的逻辑结构发生改变对应的应用程序也要做相应的修改，数据独立性差，应用程序维护的工作量大；

③ 文件系统一般不支持数据的并发访问，但在现代计算机应用环境下，为了有效地利用资源，一般希望多个应用程序可并发地访问数据；

④ 文件系统不能对数据进行统一的管理，在数据的逻辑结构、编码、表示格式等方面难以进行规范化；

⑤ 文件系统不能提供有效的措施保证数据的安全性。

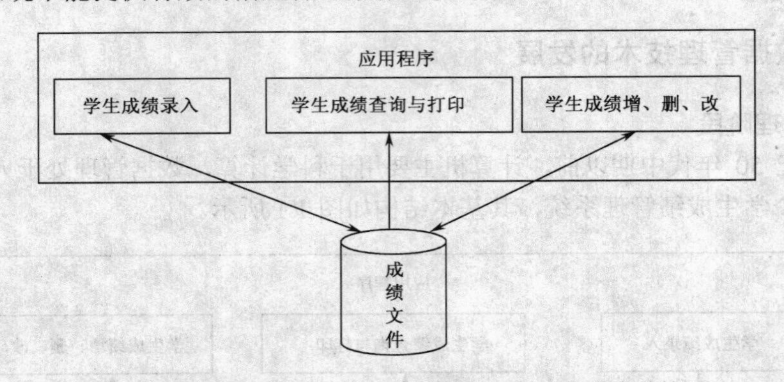

图 1.2 基于文件管理技术的成绩管理系统的基本结构

由于文件管理技术已不能满足日益扩大的应用需要，20 世纪 60 年代后期，一种新的数据管理技术——数据库管理技术便应运而生。

3. 数据库管理技术

数据库管理技术是由数据库管理软件——数据库管理系统（DataBase Management System，DBMS）采用统一的数据模型对数据进行组织、存储，构成数据库（DataBase，DB），应用程序在数据库管理系统（DBMS）的控制下，采用统一的方式对数据库中的数据进行操作和访问。如图 1.3 所示是基于数据库管理技术的学生成绩管理系统的基本结构。

基于数据库管理技术的应用有如下优点：

① 数据由数据库管理系统按照统一的数据模型组织，应用程序对数据的访问必须由数据库管理系统统一控制；

② 多个应用程序可以共享数据资源；

③ 数据独立于应用程序，降低了应用程序的维护成本，例如，对于数据库中数据结构的修改只要不影响应用程序所操作的数据的结构，则不必对应用程序本身进行修改；

④ 通过数据库管理系统保证数据库中数据的安全性；

⑤ 在数据库管理系统的控制下，多个应用程序可并发地访问数据。

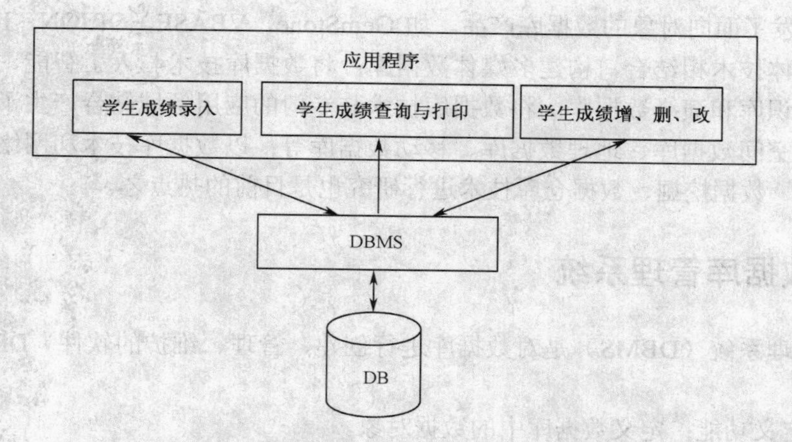

图 1.3　基于数据库管理技术的学生成绩管理系统的基本结构

从 20 世纪 60 年代数据库管理技术的诞生至今，数据库技术的发展可划分为 3 个阶段：

第 1 阶段，20 世纪 60 年代末至 70 年代末，此阶段开发的数据库管理系统的主要特征是：数据管理的逻辑模型基于层次、网络或关系数据模型。数据库大多是集中式数据库，应用环境为大中型主机，数据库系统难以推广应用。

第 2 阶段，20 世纪 80 年代初至 80 年代中期，随着计算机硬件技术和半导体技术的迅速发展，微型计算机在各行业得到广泛应用，第一个基于微机的关系数据库管理系统——DBase 问世，大大促进了数据库技术的发展，关系数据模型以关系理论为基础，并以二维逻辑表的结构表现数据，1986 年美国国家标准学会（ANSI）通过了关系数据库查询语言 SQL 的标准，关系理论及关系查询技术的成果，更进一步推进了关系型微机数据库系统的应用，从而也使关系型数据库系统在市场上赢得了“霸主”地位。在这个时期，许多数据库厂商都开发了基于微机的关系型数据库管理系统。

第 3 阶段，从 20 世纪 80 年代后期至今，虽然关系型数据库仍然占主导地位，但随着网络技术、面向对象程序设计技术的发展，同时计算机许多新的应用领域，如计算机辅助设计、计算机辅助制造、计算机辅助工程、地理信息处理、智能信息处理等对数据库管理技术提出更高要求，产生了许多新的数据库技术。

1.1.2　数据库

数据（Data）不仅包括数字，还包括了文本、图像、音频、视频等。数据库（DB，DataBase）简单地说是数据的集合，只不过这些数据存在一定的关联，并按一定的格式存放在计算机上。例如，把一个学校的学生、教师、课程等数据有序地组织并存放在计算机内，就可以构成一个数据库。因此，数据库是永久存储的、相互关联的数据集合，并以一定的组织形式存放在计算机存储介质上。

数据库中的数据按一定的数据模型组织、描述和存储，具有较小的冗余度、较高的数据独立性和易扩展性，并可供各种用户使用。简单地说，数据库中的数据具有永久存储、有组织和可共享 3 个特点。

按数据模型，数据库可分为层次数据库、网状数据库、关系数据库和面向对象数据库等。数据库技术和其他领域技术的结合，出现了各种新型数据库，例如，为满足面向对象应用的需要，开发了面向对象的数据库产品，如 GemStone，VBASE，ORION，Iris 等；将数据库技术与流媒体技术相结合，构建多媒体数据库；将数据库技术与人工智能、专家系统等学科结合构成知识库和演绎数据库；将数据库技术与专门的应用领域结合产生了工程数据库、统计数据库、空间数据库、地理数据库、移动数据库等；以数据库技术和网络技术为基础，对并行数据库、数据挖掘、数据仓库技术进行研究也是目前的热点之一。

1.2 数据库管理系统

数据库管理系统（DBMS）是对数据库进行创建、管理、维护的软件。DBMS 应提供如下功能。

① 数据定义功能：定义数据库中的数据对象。

② 数据操纵功能：对数据库的数据进行基本操作，如插入、删除、修改、查询。

③ 数据库的安全保护功能：保证只有赋予权限的用户才能访问数据库中的数据。

④ 数据库的并发控制功能：使多个应用程序可在同一时刻并发地访问数据库的数据。

⑤ 数据的完整性检查功能：保证用户输入的数据满足相应的约束条件。

⑥ 数据库系统的故障恢复功能：当数据库运行出现故障时进行数据库恢复，以保证数据库可靠运行。

⑦ 在网络环境下访问数据库的功能。

⑧ 方便、有效地存取数据库信息的接口和工具。编程人员通过程序开发工具与数据库的接口编写数据库应用程序；数据库系统管理员（DataBase Adminitrator，DBA）通过 DBMS 提供的工具对数据库进行管理。

自 20 世纪 70 年代，关系模型提出后，迅速被商用数据库系统所采用，涌现出很多性能优良的关系数据库管理系统（RDBMS）。关系数据库管理系统是在 E. F. Codd 博士的论文《大规模共享数据银行的关系型模型》基础上设计出来的，它通过数据、关系和对数据的约束三者组成的数据模型来存放和管理数据。

目前，商品化的数据库管理系统以关系型数据库为主导产品，技术比较成熟。面向对象的数据库管理系统虽然技术先进，数据库易于开发、维护，但尚未有成熟的产品。国内外的主流关系型数据库管理系统包括 Oracle，SQL Server，DB2，Sybase、INFORMIX 和 INGRES 等，小型的关系型数据库管理系统包括 MySQL，Access，Visual FoxPro 等。

1.2.1 Oracle

Oracle 公司成立于 1977 年，最初是一家专门开发数据库的公司。1984 年，Oracle 首先将关系数据库转到了桌面计算机上。Oracle 5 率先推出了分布式数据库、客户/服务器结构等崭新的概念。Oracle 6 首创行锁定模式，以及对称多处理计算机的支持， Oracle 8 主要增加了对象技术，成为关系-对象数据库系统。2002 年，该公司正式启用“甲骨文”作为公司的中文注册商标。Oracle 目前比较流行的版本是 Oracle8i，9i，最新版本是 10g。Oracle10g 是业界第一个完整的、智能化的有无限可伸缩性与高可用性，并可在集群环境中运行商业软件的互联网数据库，是新一代电子商务的平台。目前，Oracle 数据库已经成为世界上使用最广泛的关系数据库管理系统之一。其主要特点如下：

① 兼容性。Oracle 产品采用标准 SQL，并经过美国国家标准技术所（NIST）测试。与 IBM SQL/DS，DB2，INGRES，IDMS/R 等兼容。

② 可移植性。Oracle 的产品可运行于很宽范围的硬件与操作系统平台上。可以安装在不同的大、中、小型机上，可在 VMS，DOS，UNIX，Windows 等多种操作系统下工作。

③ 可连接性。Oracle 能与多种通信网络相连，支持各种协议（TCP/IP，DECnet，LU6.2 等）。

④ 高生产率。Oracle 产品提供了多种开发工具，能极大地方便用户进行进一步的开发。

⑤ 开放性。良好的兼容性、可移植性、可连接性和高生产率使 Oracle 具有良好的开放性。

1.2.2 Sybase

1984 年，Mark B. Hiffman 和 Robert Epstern 创建了 Sybase 公司，并在 1987 年推出了 Sybase 数据库产品。Sybase 主要有三种版本：一是 UNIX 操作系统下运行的版本；二是 Novell Netware 环境下运行的版本；三是 Windows NT 环境下运行的版本。对 UNIX 操作系统，目前应用最广泛的是 Sybase 10 及 Syabse 11 for SCO UNIX。Sybase 是一种大型关系型数据库管理系统，其主要特点如下：

① 基于客户/服务器体系结构；

② 公开了应用程序接口 DB-LIB，鼓励第三方编写 DB-LIB 接口，是真正开放的数据库；

③ 多库、多设备、多用户、多线索的特点极大地丰富和增强了数据库功能，是一种高性能的数据库管理系统。

1.2.3 DB2

DB2 是 IBM 公司研制的一种关系型数据库系统，主要应用于大型应用系统，具有较好的可伸缩性，可支持从大型机到单用户环境。DB2 提供了高层次的数据利用性、完整性、安全性、可恢复性，以及小规模到大规模应用程序的执行能力，具有与平台无关的基本功能和 SQL 命令。除了可以提供主流的 OS/390 和 VM 操作系统，以及中等规模的 AS/400 系统之外，IBM 还提供了跨平台（包括基于 UNIX 的 Linux，HP-UNIX，SUN Solaris，以及 SCO UNIXWare；用于个人电脑的 OS/2 操作系统，以及微软的 Windows 系统）的 DB2 产品。

DB2 有如下一些版本：DB2 工作组版（DB2 Workgroup Edition）、DB2 企业版（DB2 Enterprise Edition）、DB2 个人版（DB2 Personal Edition）和 DB2 企业扩展版（DB2 Enterprise-Exended Edition）等，这些产品基本的数据管理功能是一样的，区别在于支持远程客户能力和分布式处理能力。该数据库管理系统的主要特点如下：

① 提供与平台无关的数据库的基本功能和 SQL 命令；

② 采用数据分级技术，可以很方便地将大型机数据下载到本地数据库服务器；

③ 具有很好的网络支持能力，每个子系统可以连接十几万个分布式用户，可同时激活上千个活动线程，对大型分布式应用系统尤为适用。

DB2 数据库通过微软的开放数据库连接（ODBC）接口，Java 数据库连接（JDBC）接口，或者CORBA接口可代理任何应用程序对数据库的访问。

1.2.4 SQL Server

SQL Server 是由 Microsoft 开发的在 Windows 平台上最为流行的中型关系数据库管理系统。近年来，SQL Server 不断更新版本，从 SQL Server 6.5，7.0，2000 到 SQL Server 2005 功能不断完善。该数据库管理系统的主要特点如下：

① 采用客户/服务器体系结构；

② 提供图形化的用户界面，使系统管理和数据库管理更加直观、简单；

③ 有丰富的编程接口工具，为用户进行程序设计提供了更大的选择余地；

④ 与 Windows NT 有机集成，多线程体系结构设计，提高了用户并发访问数据库的速度；

⑤ 对 Web 技术的支持，使用户能够很容易地将数据库中的数据发布到 Web 页面上；

⑥ 提供了数据仓库功能。

1.2.5 MySQL

MySQL 是瑞典 MySQLAB 公司开发的一种小型关系型数据库管理系统。该数据库管理系统主要特点为：开放源码、体积小、速度快、总体成本低。与上述大型数据库管理系统相比，不足之处在于：规模小、功能有限。在不需要事务化处理的情况下，大多数人都认为 MySQL 是管理数据的最好选择。

MySQL 使用最常用的数据库语言——结构化查询语言（SQL）进行数据库管理；利用系统核心提供的多线程机制实现完全的多线程运行模式，提供了面向 C，C++，Eiffel，Java，Perl，PHP，Python 等编程语言的编程接口（API）。MySQL 4.0 和 3.23 是旧的稳定（产品质量）发布系列，MySQL 5.1 是当前稳定（产品质量）发布系列。

1.2.6 Access

1992 年，Microsoft 公司首次发布 Access，是 Microsoft 公司推出的基于 Windows 的桌面关系数据库管理系统（RDBMS），是 Office 系列应用软件之一。它提供了表、查询、窗体、报表、页、宏、模块等 7 种用来建立数据库系统的对象；提供了多种向导、生成器、模板，把数据存储、数据查询、界面设计、报表生成等操作规范化，为建立功能完善的数据库管理系统提供了方便，也使得普通用户不必编写代码，就可以完成大部分数据管理的任务。

由于 Access 只是一种桌面数据库，所以它适合数据量少（记录数不多和数据库文件不大）的应用，一些小型企业和喜爱编程的开发人员常用它来制作处理数据的桌面系统或是开发简单的 Web 应用程序。与 Microsoft Office 同步，版本包括 Access 2000，2003，最新版本为 Access 2007。该数据库管理系统的主要特点如下：

① 单文件型数据库；

② 提供对数据的完整性和安全性控制机制；

③ 提供了界面友好的可视化开发环境；

④ 与 Office 中的其他组件高度集成，可以成为窗口或服务器程序。

1.2.7 Visual FoxPro

Visual FoxPro 简称 VFP，其前身是美国 Fox Software 公司推出的 FoxPro 数据库产品，最初的版本是在 DOS 上运行，与 xBase 系列相容。FoxPro 原来是 FoxBase 的加强版，最高版本曾出过 2.6。Fox Software 公司推出 FoxBase 之后，在 PC 平台销售十分的火爆。于是，Microsoft 公司紧跟其后，不久开发出 Access 数据库管理系统，开始涉足数据库市场。

但是，Microsoft 公司 Access 在市场上难以抗衡 FoxBase，于是，它收购了 Fox Software 公司，并让其原班人马继续开发 FoxPro。后来，微软把 Visual Basic 与 FoxPro 整合到一起，就成了现在众所周知的 Visual FoxPro，并使其可以在 Windows 上运行。Visual FoxPro 从 3.0 后来的升级版本有 5.0 与 6.0，目前最新版为 Visual FoxPro 9.0，而在学校教学和计算机等级考试中还依然延用经典版的 Visual FoxPro 6.0。该数据库管理系统的主要特点如下：

① 采用复合索引技术使用户可快速访问数据库中的数据；

② 支持 SQL 语言。

1.3 数据库系统

仅有数据、数据库、数据库管理系统还不能构成完整的数据库系统（DBS）。一个完整的数据库系统需要硬件平台：足够的内存、足够的辅助存储设备、高性能的数据通道等；软件：DBMS、支持 DBMS 运行的操作系统、数据库应用软件等；人员：DBA，全面控制和管理数据库系统的人员、用户。因此基于一定硬件，数据库管理技术的应用程序、数据库、数据库管理系统及对数据库进行规划、设计、维护工作的管理员一起构成了一个完整的数据库系统。图 1.4 描述了数据库系统的构成。

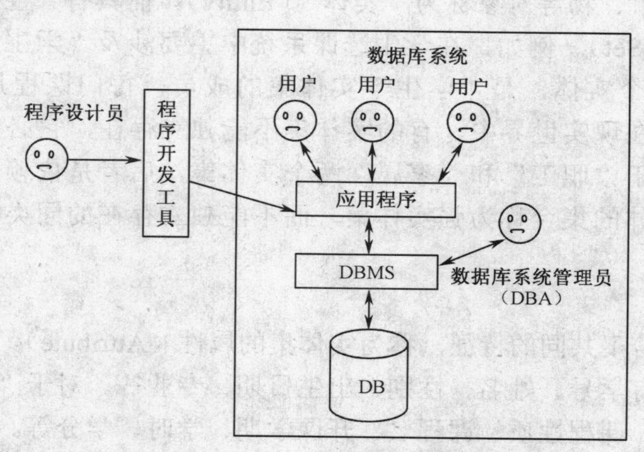

图 1.4 数据库系统的构成

1.4 数据模型

数据模型是对现实世界的模拟和抽象。数据模型应能较真实地模拟现实世界、易于理解和便于在计算机上实现。

用一种模型同时满足上述要求是较困难的，因此，在数据库系统中一般是针对不同对象和应用目的采用不同的数据模型。

数据库是应用部门所涉及的数据的综合，它不仅要反映数据本身的内容，而且要描述数据之间的联系，而计算机不可能直接处理现实世界中的具体事实，要将数据库应用于企业、部门的管理，必须完成如下工作：

① 按照一定的数据模型将应用领域的客观要求、事实抽象成某种信息结构，这种信息结构是概念级的，不依赖于具体的计算机环境，通常把此抽象过程采用的模型称为概念模型。

② 按照一定的数据模型将信息结构转换成某种数据库管理系统所要求的结构，这一转换过程所采用的模型通常称为逻辑模型。

1.4.1 概念模型

概念模型是现实世界到信息世界的抽象，是数据库设计人员与用户进行交流的工具，因此概念模型的选择应具有较强的语义表达能力，同时还应简单、清晰、用户易于理解。目前使用较多的概念模型描述工具主要有 UML，E-R 模型等。在此以 E-R 模型为工具介绍概念模型。

1. E-R 模型

E-R 模型（Entity-Relationship Data Model）——实体联系模型，于 1976 年由 P.Chen 首先提出，其主要思想是利用一些抽象的概念对现实世界的对象及对象之间的联系进行描述。在 E-R 模型中，主要涉及如下概念。

（1）实体与实体集

将可相互区别的事、物等对象称为“实体”（Entity），而具有共性的同类对象的集合称为“实体集”（Entity Set）。例如，在学生选课系统中主要涉及“学生”和“课程”两个实体集，每个学生是一个实体，是“学生”实体集的成员，每门课程是一个实体，是“课程”实体集的成员。在现实世界中，有的实体集不能独立存在，它必须依附于另一实体集才有意义，例如，对于“职工”和“家属”两个实体集，后者是依赖于前者的，通常，将能独立存在的同类实体的集合称为强实体集，而不能独立存在的同类实体的集合称为弱实体集。

（2）属性

每个实体集都有若干共同的特征，称为实体集的属性（Attribute）。就“学生”实体集而言，涉及的主要属性有学号、姓名、性别、出生日期、专业等。对于“课程”实体集，涉及的主要属性有课程号、课程性质、课程名、开课学期、学时、学分等。实体集中的每个成员在每个属性上都有对应的取值，实体集每个属性的取值范围称为该属性的值域。

（3）实体型与值

实体型用于描述同类实体的结构，通常用实体集的名及其属性名的集合表示，如学生（学号、姓名、性别、出生日期、专业）为“学生”实体型，在该结构下，对应的若干实体成员构成的子集都是实体型的“值”——数据实例，例如，（07050101 王林 男 1989-3-2 计算机应用）、（07030201 赵倪晓 女 1989-4-5 通信工程）即为“学生”实体型的一个数据实例。

（4）码

实体集中的实体彼此是可区别的。如果实体集中的一个属性或若干属性的最小组合的取值能唯一标识其对应实体，则将该属性或属性组合称为码（Key）。对于每一个实体集，可指定一个码为主码（Primary Key）。

（5）联系

实体集之间存在各种关系，通常把这些关系称为“联系”（Relationship）。例如，“学生”与“课程”之间有“选课”关系，一个学生可选多门课程，而一门课程也可被多个学生选修，所以，我们说，学生和课程的“选课”关系是多对多的关系。在一个应用环境中，两个实体集 A 和 B 之间的联系可能是以下 3 种情况之一。

① 一对一的联系（1:1）。A 中的一个实体至多与 B 中的一个实体相联系，B 中的一个实体也至多与 A 中的一个实体相联系。例如，“班级”与“正班长”这两个实体集之间的联系是一对一的联系，因为一个班只有一个正班长，反过来，一个正班长只属于一个班。

② 一对多的联系（1:n）。A 中的一个实体可以与 B 中的多个实体相联系，而 B 中的一个实体至多与 A 中的一个实体相联系。例如，“班级”与“学生”这两个实体集之间的联系是一对多的联系，因为，一个班可有若干学生，反过来，一个学生只能属于一个班。

③ 多对多的联系（m:n）。A 中的一个实体可以与 B 中的多个实体相联系，而 B 中的一个实体也可与 A 中的多个实体相联系。如上所述“学生”与“课程”这两个实体集之间的联系是多对多的，一个学生可选多门课程，一门课程可被多个学生选。

通常用 E-R 图描述实体集和实体集之间的联系。在 E-R 图中，用矩形框表示实体集，用带半圆的矩形框表示实体集的属性，用线段连接实体集与属性，当一个属性或属性组合指定为主码时，在实体集与属性的连接线上标记一斜线。图 1.5 描述了学生选课系统中的实体集及每个实体集涉及的属性。

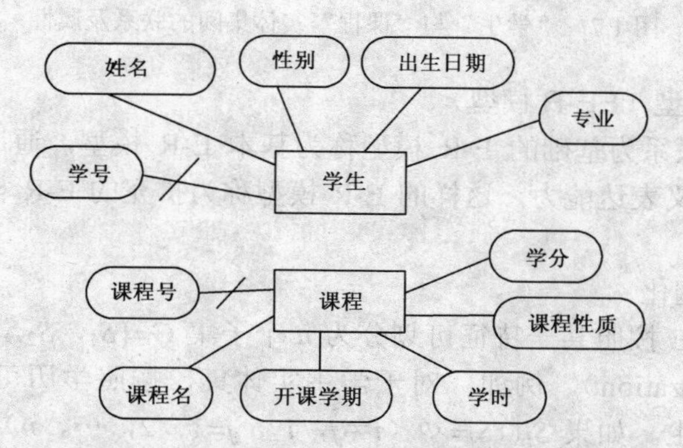

图 1.5　学生选课系统中实体集及其属性的 E-R 图描述

在 E-R 图中，用图 1.6 描述实体集之间的上述 3 种联系。

联系也可以有属性，例如，“学生”与“课程”的联系是“选课”，“选课”联系可有“成绩”属性。

图 1.7 描述了“学生”与“课程”两个实体集之间的联系及属性。

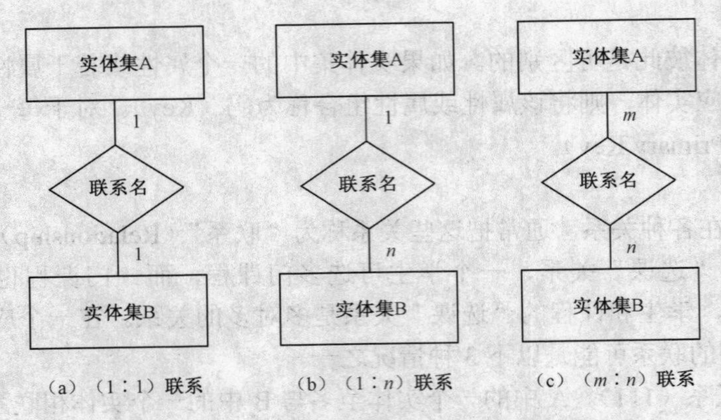

图 1.6 两个实体集之间的 3 种联系

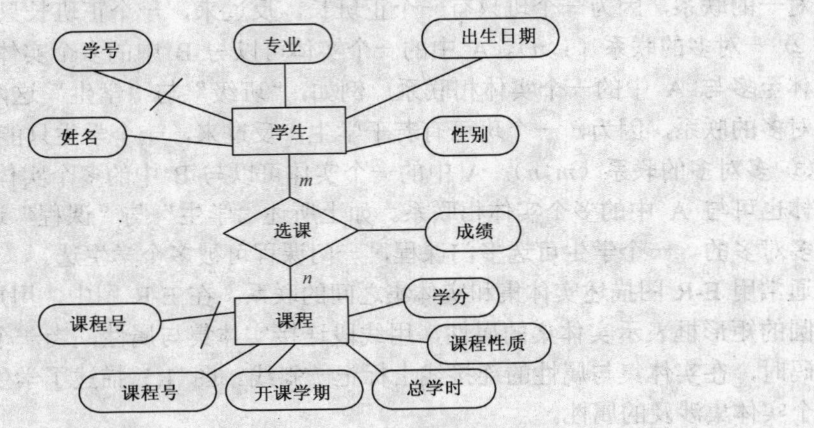

图 1.7 "学生"与"课程"实体集间的联系及属性

2. 扩充的 E-R 模型（EE-R 模型）

以实体、属性、联系为基础的 E-R 模型称为基本 E-R 模型，通过引入一些抽象概念，可增强 E-R 模型的语义表达能力，这样的 E-R 模型称为扩充的 E-R 模型，下面将介绍这些概念。

（1）特殊化与普遍化

如果一个实体集 E 按照某一特征可划分为 n 个子集 $G=\{S_1, S_2, \cdots, S_n\}$，则称这一过程为特殊化（Specialization）。例如，对于学生实体集，按照学历可划分为：小学生、中学生、大学生、研究生。如果 $S_i \cap S_j = \Phi$（$i \neq j$，i，$j=1, 2, \cdots, n$），则称 G 为 E 的不相交特殊化，否则称 G 为 E 的重叠特殊化。S_1，S_2，…，S_n 称为 E 的子实体集，E 称为 S_1，S_2，…，S_n 的超实体集。如果按照某一特征可将 n 个实体集 S_1，S_2，…，S_n 合并成一个实体集 E，则称这一过程为普遍化（Generalization）。显然特殊化与普遍化互为逆过程。图 1.8 是用扩充的 E-R 图表示特殊化的例子，例中，d 表示不相交特殊化，o 表示重叠特殊化，∪表示特殊化。

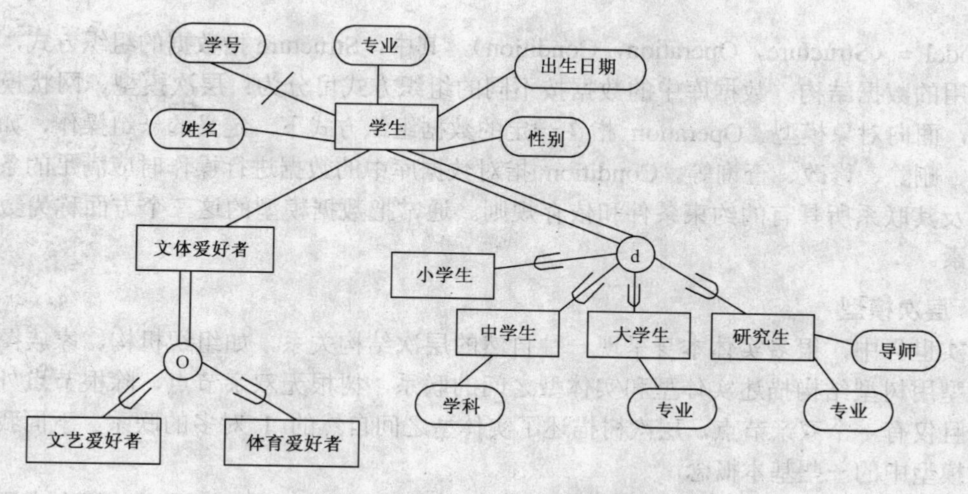

图 1.8　用扩充的 E-R 图表示特殊化的例子

（2）聚集

在扩充的 E-R 模型中，通过联系将多个实体集关联构成一个复合实体集，其属性为联系的属性及参与联系的各实体集的并，这样的复合实体集称为聚集（Aggregation）。图 1.9 为用扩充的 E-R 图表示聚集的例子。

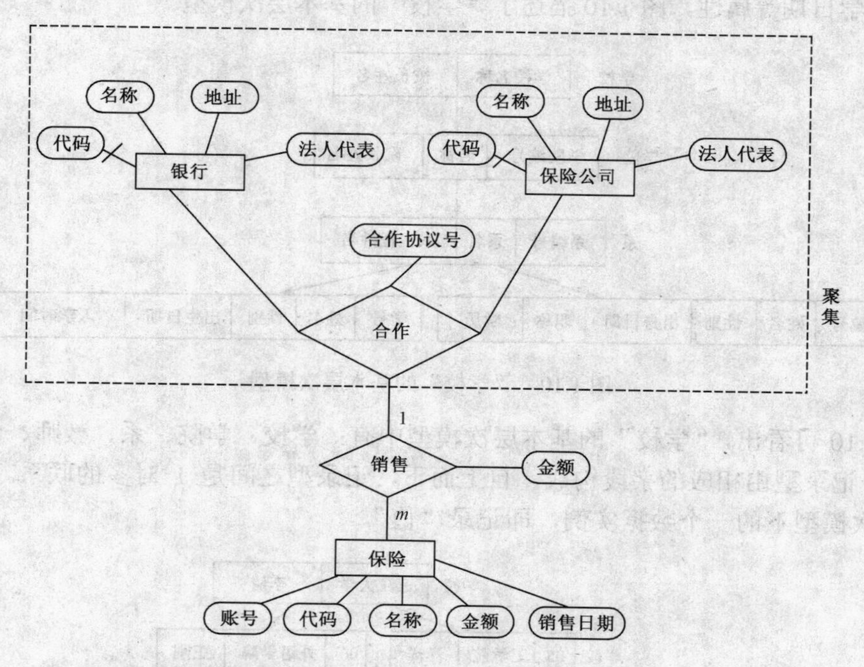

图 1.9　用扩充的 E-R 图表示聚集的例子

1.4.2　逻辑模型

逻辑模型是数据库管理系统呈现给用户的数据模型，即用户从数据库看到的数据的组织形式。用概念模型描述的数据，必须用逻辑数据模型表示才能由 DBMS 管理。数据的逻辑模型 Model 可用一个三元组描述：

Model =（Structure，Operation，Condition），其中，Structure 指数据的组织方式，即数据模型采用的数据结构。数据库中的数据按不同的组织方式可分为：层次模型、网状模型、关系模型，面向对象模型。Operation 指在一定的数据组织方式下，定义的一组操作，如对数据的添加、删除、修改、查询等。Condition 指对数据库中的数据进行操作时应满足的条件，这是数据及其联系所具有的约束条件和依存规则。通常把数据模型的这三个方面称为数据模型的三要素。

1．层次模型

现实世界中，很多实体本身呈现一种自然的层次结构关系，如组织机构、家族图谱等。层次模型用树型结构描述实体型和实体型之间的联系，树根无双亲节点，除根节点外的其他节点有且仅有一个双亲节点，层次树描述了实体型之间自然的 1 对多的联系。下面我们将介绍层次模型中的一些基本概念。

在层次模型中，用记录描述实体，字段描述实体的属性，一个记录由若干个字段构成，记录有“型”和“值”之分，记录型描述了实体型，而值是该结构下的实例。

例如，一个学校有若干学院，每个院有编号、名称、院长姓名等属性，一个学院又有若干个系，每个系有编号、系名、系主任姓名、专业等属性，每个系有学生和教师，而对于教师有编号、姓名、性别、出生日期、职称、学历等属性；对于学生有学号、姓名、性别、出生日期、入学日期等属性。图 1.10 描述了“学校”的基本层次模型。

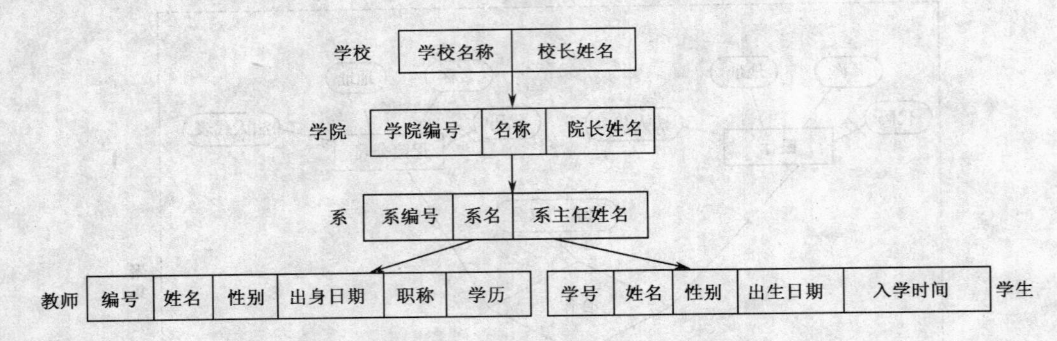

图 1.10 “学校”的基本层次模型

从图 1.10 可看出，“学校”的基本层次模型中有：学校、学院、系、教师、学生 5 个记录型，每个记录型由相应的字段构成，自上而下，记录型之间是 1 对多的联系。图 1.11 是图 1.10 层次模型下的一个数据实例，即记录“值”。

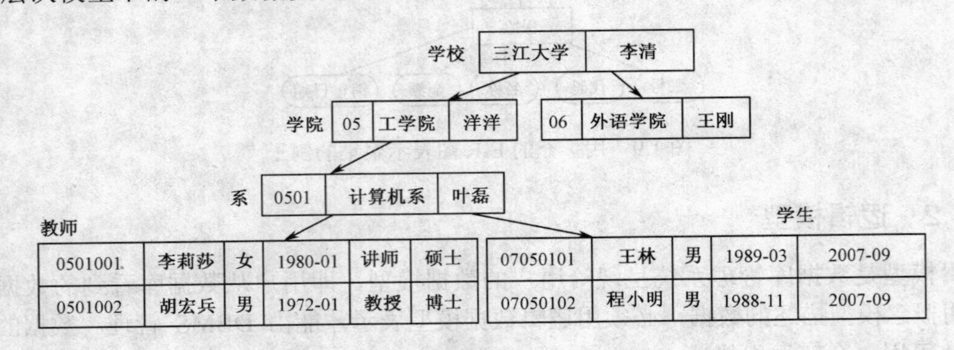

图 1.11 基于“学校”层次模型的数据实例

在层次模型中，两个记录型之间的联系称为双亲子女关系，层次树中的双亲子女关系能直接描述实体型之间 1 对 1 和 1 对多的联系，但对于多对多的联系却难以直接描述，另外，层次模型要求除根节点外的其他节点有且只有一个双亲节点，但在现实世界中，可能一个子女节点有两个或多个双亲节点，针对这两种情况，一般采用的方法是：将多对多的联系或有多个双亲节点的联系表示成多个双亲子女关系。图 1.12 为图 1.7 所示的实体型及实体型之间多对多联系在层次模型中的一种表达方式。在图 1.12 中，学生记录型表示学生实体型，课程记录型表示课程实体型，学号_1、课程号_1 记录型及它们之间的双亲关系描述了一个学生选修多门课程的联系；课程号_2、学号_2 记录型及它们之间的双亲关系描述了一门课程被多个学生选修的联系。图 1.13 为图 1.12（a）表示下的一个数据实例。图中虚线箭头表示为了减少数据冗余，通过指针实现虚拟记录。

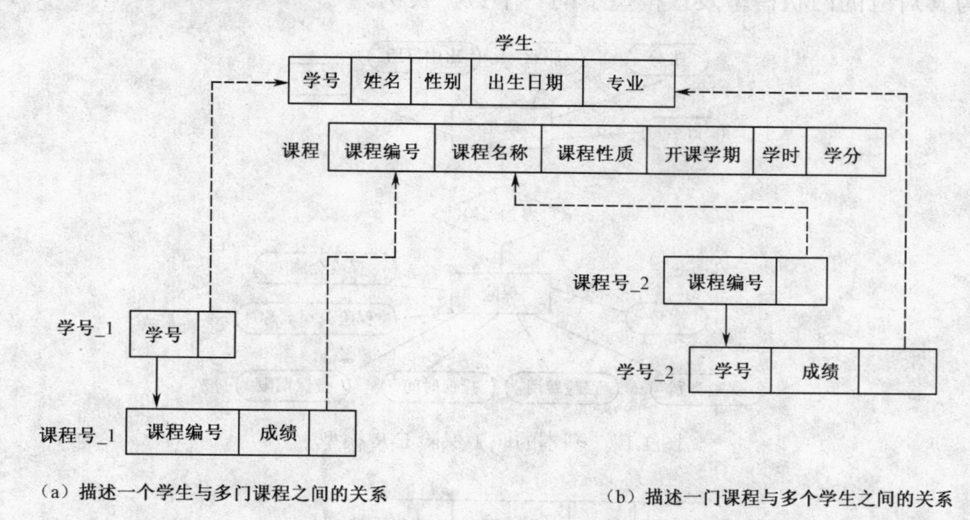

图 1.12 “学生”与“课程”（*m*:*n*）联系在层次模型中的一种表达方式

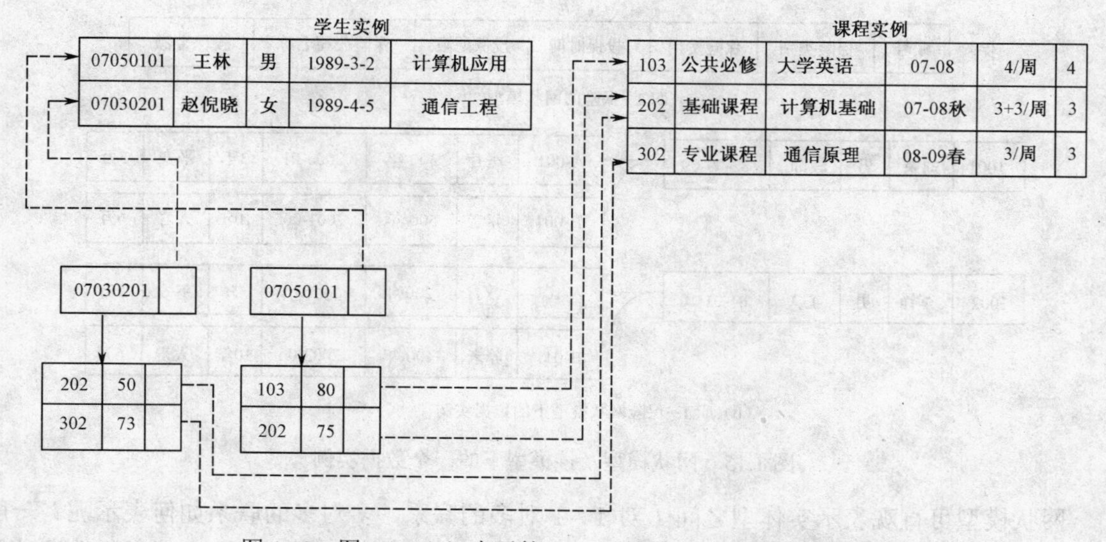

图 1.13 图 1.12（a）表示的（1:*n*）关系下的一个数据实例

层次模型存在的主要问题是用户需要了解层次模型中记录的结构，记录的插入、删除操作复杂，对于层次树中某一记录节点的访问必须通过其双亲节点。

2．网状模型

在网状模型中，一个节点可有 0 个或多个双亲。与层次模型一样，网状模型也是用记录型描述实体集，用字段描述实体集的属性，记录型之间的联系描述实体集之间的联系，将记录型之间的联系称为“系”，可用图 $G=(V, R)$ 表示一个网状模型，V 是描述实体集的记录型的节点集合，R 是表示实体集之间联系的弧的集合，如果一个记录型的节点与另一记录型节点有 $1:n$ 的联系，则用一条有向弧连接这两个节点，箭头指向 n 端节点，通常将“1”端节点称为“首记录”，将“n”端节点称为“属记录”。图 1.14 为基本的职工保险 E-R 模型，图 1.15 为其对应的网状模型及该模型下的一个数据实例。

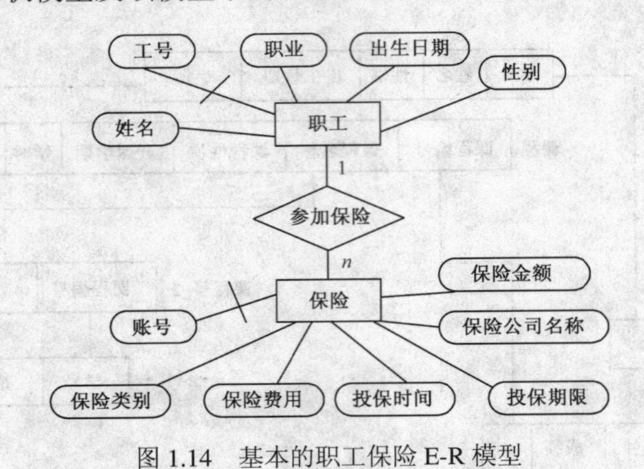

图 1.14　基本的职工保险 E-R 模型

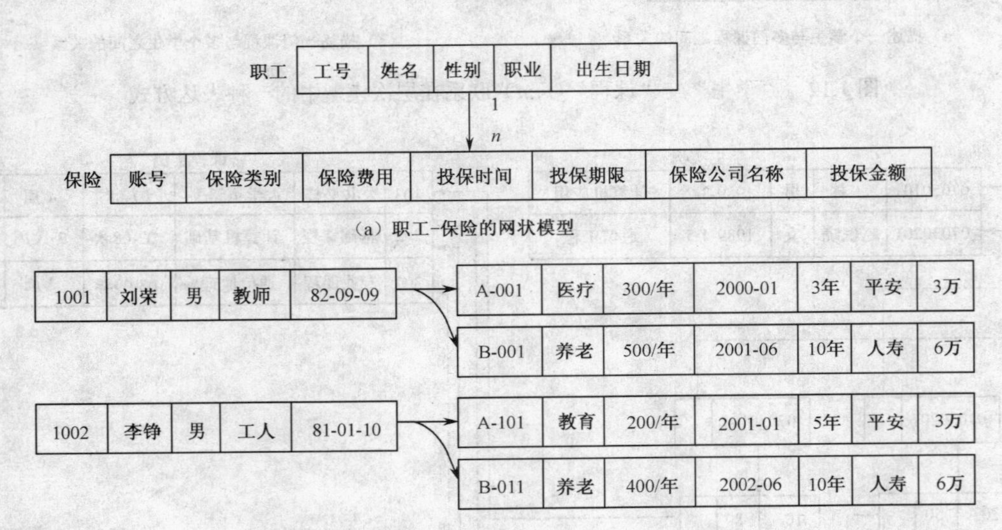

图 1.15　网状模型及该模型下的一个数据实例

网状模型可直观表示实体型之间 1 对 1、1 对多的联系，多对多的联系如何表示呢？一般采用的方法是将一个多对多的联系转化成两个 1 对多的联系。下面仍以图 1.7 学生选课的概念模型为例，介绍实体型之间多对多联系在网状模型中的表示，图 1.16 是图 1.7 概念模型对应的网状模型，在图 1.16 中，用“学生”记录型描述学生实体型、用“课程”记录型描述课程实体型，用“选课”记录型表示学生的选课，通过“学生”记录型与“选课”记录型的联系表达一个学生可选多门课程的联系，通过“课程”记录型与“选课”记录型的联系表达一门课程可被多个学生选修的联系。图 1.17 是图 1.16 网状模型下的一个数据实例。

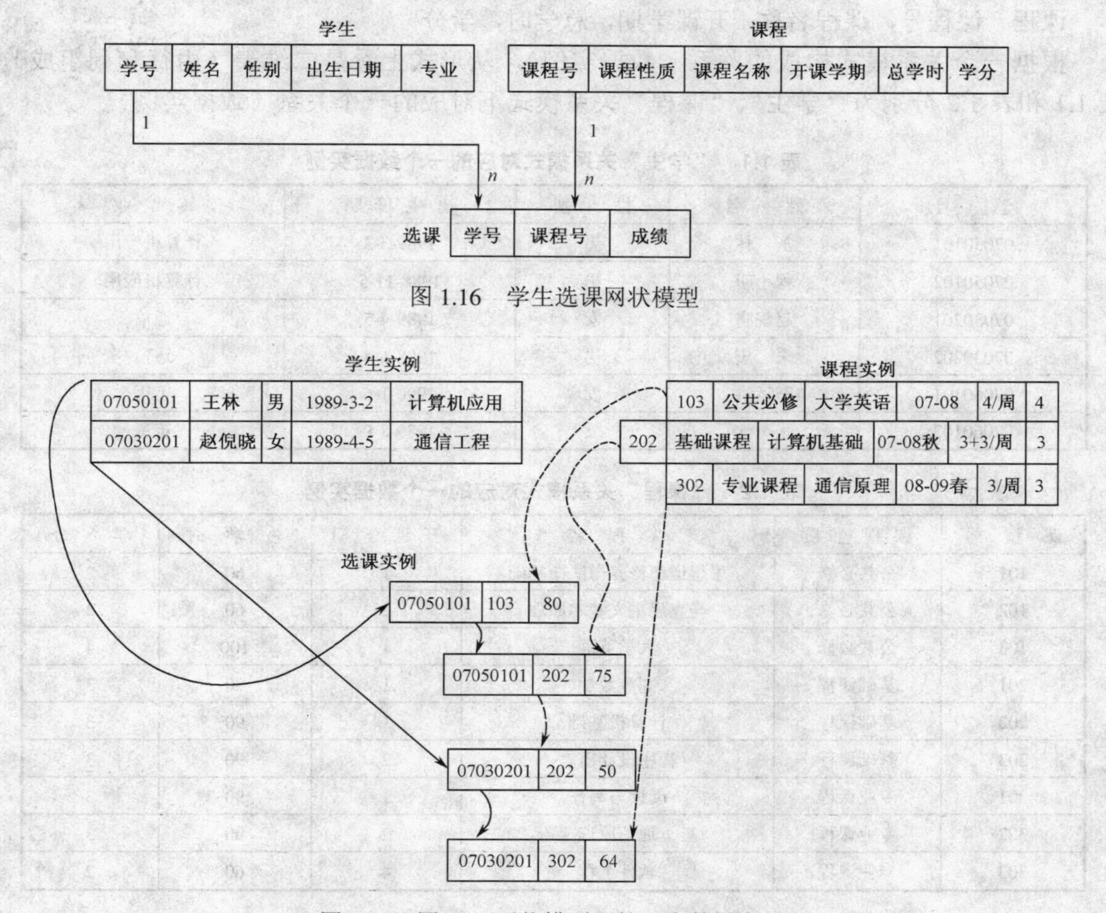

图 1.16　学生选课网状模型

图 1.17　图 1.16 网状模型下的一个数据实例

网状模型主要的缺点：记录之间的联系通过存取路径实现，记录的插入、删除操作复杂，使用时，用户必须了解数据结构的细节，因此很难推广使用。

3. 关系模型

由于关系模型具有完备的关系理论作为基础，以用户易于理解的二维表作为数据的表现形式，因此，关系型的数据库系统得到广泛应用，下面将介绍关系模型的一些主要概念。

在关系模型中，用关系模式描述概念模型中的实体型及实体型之间的联系。关系模式 R 可以表示为：关系名（属性 1，…，属性 n），在此，关系名对应于实体型的名，属性 1，…，属性 n 对应于实体型中的相应属性，每个属性的取值范围称为该属性的域。第 2 章将给出关系模式的形式化定义。

如果属性 1，…，属性 n 的域分别为：D_1，…，D_n，则 $D_1\times\cdots\times D_n$ 的任一子集 r 称为定义在该关系模式下的关系，因此，r 可表示为 $r=\{<v_1, \cdots, v_n>|v_i\in D_i, i=1, \cdots, n\}$，$r$ 中的任一

元素 $t=<v_1, \cdots, v_n>$称为元组。

在关系模型中，一般是用一个关系模式表示概念模型中的一个实体型，例如，对于图 1.7 概念模型中的“学生”实体型和“课程”实体型可分别用如下关系模式描述：

学生（学号，姓名，性别，出生日期，专业）

课程（课程号，课程名称，开课学期，总学时，学分）

根据一个关系模式构成的关系（数据实例），从形式上看是二维表（由行和列组成），表 1.1 和表 1.2 分别为“学生”、“课程”关系模式下对应的一个关系（数据实例）。

表 1.1　“学生”关系模式对应的一个数据实例

学号	姓名	性别	出生日期	专业
07050101	王林	男	1989-3-2	计算机应用
07050102	程小明	男	1988-11-5	计算机应用
07030201	赵倪晓	女	1989-4-5	通信
07030202	朱庆	男	1988-6-4	通信
07060101	李运洪	女	1990-1-6	英语
07060102	张美红	女	1989-8-9	英语

表 1.2　“课程”关系模式对应的一个数据实例

课程号	课程性质	课程名	开课学期	总学时	学分
101	公共必修	思想道德修养与法律基础	1	60	2
102	公共必修	马克思主义基本原理	2	60	2
103	公共必修	大学英语	1	100	4
201	基础课程	高等数学	1	90	3
202	基础课程	计算机基础	1	90	3
203	基础课程	程序设计语言	2	90	3
301	专业课程	阅读与写作	1	90	3
302	专业课程	通信原理	2	90	3
303	专业课程	软件工程	4	60	2

关系表中的一行称为一条记录，一列称为一个字段（域），每列的标题称为字段名。在表中，如果一个字段或字段最小组合的值可唯一标识其对应记录，则称该字段或字段组合为码，例如，学号是“学生”关系模式的码，课程号是“课程”关系模式的码。有时一个表可能有多个码，比如规定：表 1.1 中，姓名不允许重名，则“学号”、“姓名”均是码。对于每一个关系表通常指定一个码为“主码”，在关系模式中，一般用下横线标出主码，这样，“学生”、“课程”关系模式可表示为：

学生（学号，姓名，性别，出生日期，专业）

课程（课程号，课程性质，课程名，开课学期，学时，学分）

在关系模型中，如何表达实体型之间的联系呢？如前所述，实体型之间的联系主要有 1 对 1、1 对多和多对多 3 种联系，下面介绍概念模型中的 3 种联系在关系模型中的表达。

(1)（1:1）联系在关系模型中的表达

对于（1:1）的联系既可单独对应一个关系模式，也可以不单独对应一个关系模式。

如果联系单独对应一个关系模式，则由联系属性、参与联系的各实体集的主码属性构成关系模式，其主码可选参与联系的实体集的任一方的主码。

如果联系不单独对应一个关系模式，联系的属性及一方的主码加入另一方实体集对应的关系模式中。例如，考虑“班级”与“正班长”这两个实体集的主要属性及二者之间的联系，有如图 1.18 所示的 E-R 模型。

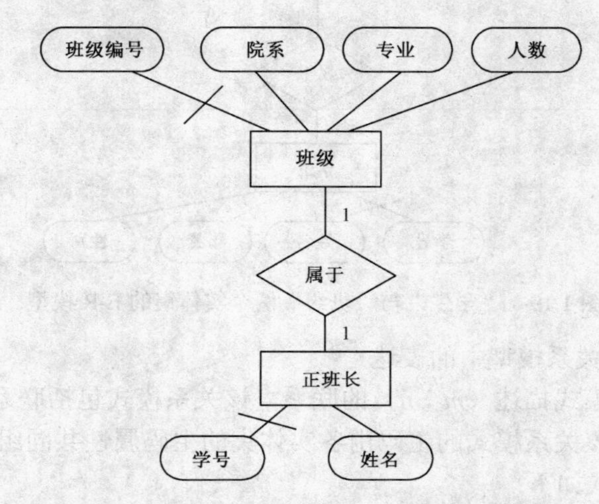

图 1.18 “班级”与“正班长”实体集的主要属性及二者的联系

按照上述方法，如果联系不单独对应关系模式，可设计如下关系模式描述图 1.18 的概念模型：

班级（<u>班级编号</u>，院系，专业，人数）

班长（<u>学号</u>，姓名，班级编号）

如果联系单独对应关系模式，可设计如下关系模式描述图 1.18 的概念模型：

班级（<u>班级编号</u>，院系，专业，人数）

班长（<u>学号</u>，姓名）

属于（<u>学号</u>，班级编号）

(2)（1:*n*）联系在关系模型中的表达

对于（1:*n*）的联系，既可单独对应一个关系模式，也可以不单独对应一个关系模式。

如果联系单独对应一个关系模式，则由联系的属性、参与联系的各实体集的主码属性构成关系模式，*n* 端的主码作为该关系模式的主码。

如果联系不单独对应一个关系模式，则将联系的属性及 1 端的主码加入 *n* 端实体集对应的关系模式中，主码仍为 *n* 端的主码。

图 1.19 为“学生”与“班级”两个实体集的 E-R 模型。

如果联系不单独对应关系模式，可设计如下关系模式描述图 1.19 的概念模型：

班级（<u>班级编号</u>，院系，专业，人数）

学生（<u>学号</u>，姓名，年龄，性别，班级编号）

如果联系单独对应一个关系模式，可设计如下关系模式描述图 1.19 的概念模型：

班级（班级编号，院系，专业，人数）

学生（学号，姓名，年龄，性别）

属于（学号，班级编号）

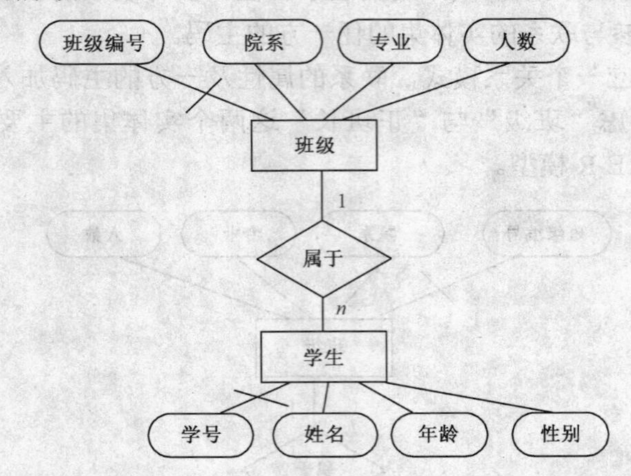

图 1.19 “学生”与“班级”两个实体集的 E-R 模型

（3）（$m:n$）联系在关系模型中的表达

一般单独用一关系模式描述（$m:n$）的联系，该关系模式包括联系的属性、参与联系的各实体集的主码属性，该关系模式的主码由各实体集的主码属性共同组成。图 1.7 学生选课概念模型对应的关系模式如下：

学生（学号，姓名，性别，出生日期，专业）

课程（课程号，课程性质，课程名，开课学期，总学时，学分）

选课（学号，课程号，成绩）

在此要说明的是：关系模式选课的主码是由“学号”和“课程号”两个属性组合起来构成的一个主码。

一个关系模式只能有一个主码。

关系模型主要有以下特点：

① 关系模型以完备的关系理论为基础，数据结构单一，用关系表示实体和实体之间的联系；

② 数据的物理存储路径对用户是不可见的，用户不必了解详细的数据存储细节即可方便地访问数据库。

关系数据库在各个领域的广泛应用推动了数据库技术的发展，同时，也反映了关系模型描述能力的不足，例如，难以直接描述超文本、图像、声音等复杂的对象；难以表达工程、地理、测绘等领域一些非格式化的数据语义；不能提供用户定义复杂类型及数据抽象的功能；由于宿主语言应用程序通过 SQL 语言访问数据库，两种语言有着不同的类型子系统和计算模型，应用程序将数据存储到数据库时，必须将数据转换成数据库系统所要求的格式，这样就丢失了原数据结构的语义，这种现象称为“语义断层”。为解决上述问题，将面向对象技术与数据库技术结合成了数据库管理技术研究和应用的一个新亮点。

4. 面向对象模型

面向对象数据库管理系统是支持面向对象模型，持久的、可共享的对象库的存储和管理者。目前对支持面向对象模型数据库管理系统的研究主要有如下方案：

① 对基于关系模型的数据库管理系统进行扩展，使其具有复杂的面向对象的管理能力，例如，Oracle，Sybase，Informix 等关系数据库厂商都对关系型数据库产品进行了扩展，推出了对象-关系数据库产品；

② 开发新的面向对象数据库产品，支持面向对象数据模型；

对于上述方案，可能对象-关系型数据库管理系统是未来的主流。

面向对象模型（Object Oriented Model）就是用面向对象的观点及一组抽象概念描述现实世界的对象、对象之间的联系，下面将介绍这些概念。

- 对象（Object）：现实世界的任一实体都被统一地描述为一个对象，每个对象有一个唯一的标识，称为对象标识（OID）。
- 封装（Encapsulation）：每一个对象是其属性与行为的封装，其中属性描述了该对象的一组状态特征，行为是对属性的操作集合，操作也称为方法（Method）。
- 类（C1ass）：具有相同属性和方法集的所有对象集合构成了一个对象类（简称类），而类中的一个对象成员通常称为该类的一个实例（Instance）。
- 继承（Inherit）：在一个面向对象数据库中，可以以某个类为基础，定义该类的子类，例如：以类 A1 为基础定义子类 A2，此时，称 A1 为超类（或父类），A2 为子类，通常我们说 A2 是从 A1 继承得到的。子类可嵌套定义，即根据需要可以以某个子类为基础，定义新的子类。在类的嵌套定义中涉及的所有类形成了一个层次结构，将该层次结构称为类层次。
- 消息（Message）：由于对象是封装的，对象与外部的通信一般只能通过显式的消息传递，从外部将消息传送给对象，存取和调用对象中的属性和方法，在内部执行所要求的操作，操作的结果仍以消息的形式返回。

面向对象模型的引入，可以在数据库中支持数据类型的扩展，描述复杂对象，能将对象的属性及方法作为一个整体进行处理，并体现对象间的继承关系。支持面向对象模型的数据库产品呈现了诱人的前景，但目前关系型数据库管理系统的应用占主导地位，因此，本书的后继章节将以 Microsoft 公司的 SQL Server 2005 为背景，介绍关系数据库的理论与应用。

1.4.3 物理模型

数据的物理模型即指数据的存储结构，如对数据库物理文件、索引文件的组织方式、文件的存取路径、内存的管理等。物理模型不仅与数据库管理系统有关，还和操作系统甚至硬件有关，物理模型对用户是不可见的。

1.5 数据库系统模式与映像结构

数据库管理系统产品繁多，它们采用不同的逻辑模型组织数据，基于不同的操作系统运行，数据的存储结构也各不相同，但它们在体系结构上通常具有相同的特征，一般采用外模式、概念模式和内模式三级模式结构，通过这三级模式结构实现了外模式/概念模式、概念模式/内模式的两级映像。

- 外模式（External Schema）：又称为子模式（Subschema）或用户模式，是对某一应用涉及的局部数据的逻辑结构和特征的描述，由于不同的应用有不同的外模式，因此，一个数据库可以有若干个外模式。
- 概念模式（Schema）：又称为逻辑模式，是对数据库全体数据的逻辑结构和特征的描述，是所有外模式的集合。概念模式实际上是一个数据库所采用的逻辑数据模型的数据结构的具体体现，一个数据库选用的逻辑模式通常又称为数据库模式。
- 内模式（Internal Schemal）：又称为物理模式。数据库中数据按照一定的物理模型进行组织，物理模式是物理模型的具体体现。

数据库的外模式、概念模式及内模式三者之间的关系如图 1.20 所示。

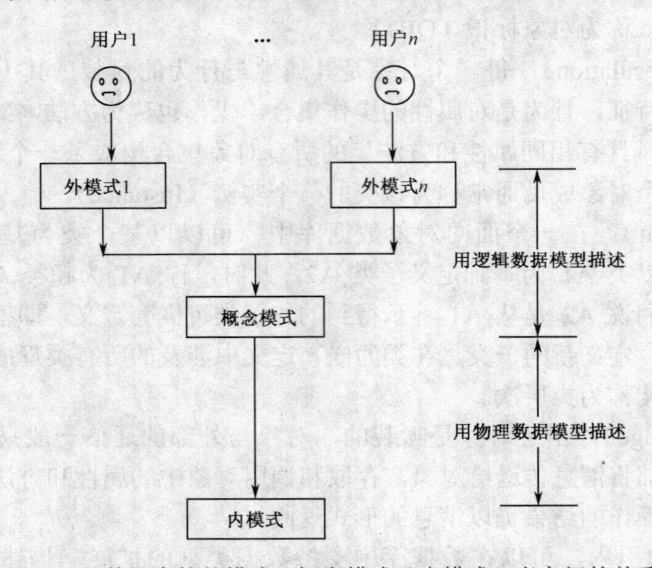

图 1.20　数据库的外模式、概念模式及内模式三者之间的关系

数据库的外模式、概念模式及内模式统称为数据模式。在此，应注意数据模型与数据模式两个概念的区别：前者是描述数据的手段；后者是用给定数据模型对具体数据组织结构的描述。

数据库的三级数据模式反映了三个层次：用户模式是面向用户的，反映了不同用户对所涉及的局部数据的逻辑要求；概念模式处于中间层，它反映了数据库设计者通过综合所有用户的数据需求，并考虑数据库管理系统支持的逻辑数据模型而设计出的数据的全局逻辑结构。

内模式处于最低层，反映了数据在计算机辅助存储器上的存储结构。只有内模式是真正存在的，其他两种模式是以内模式为基础，由 DBMS 映射而得到的。

DBMS 通过将外模式映射到概念模式，使得每个用户只涉及与其有关的数据，可屏蔽大量无关的信息，有助于数据的安全保护。另一方面，如果由于应用的需要，对概念模式进行修改，可不影响原来的数据库应用，这称为数据的逻辑独立性。

DBMS 通过将概念模式映射到内模式，使得数据库中数据的存储结构对用户是不可见的，用户不必考虑对数据库数据文件进行操作的细节。另一方面，如果由于系统软硬件的更新、扩展，对物理模式的修改，不会影响数据库应用，这称为数据的物理独立性。

习题 1

1. 什么是数据、数据库、数据库管理系统、数据库系统？

2. 说明文件与数据库的相同点和不同点。

3. 说明数据库管理系统的主要功能。

4. 解释下列术语：

实体，属性，码，实体—联系图（E-R 图）

5. 给出产品、客户和产品客户销售的 E-R 图，说明其中的 1 对 1、1 对多、多对多的联系。

6. 为什么数据库系统具有数据与程序的独立性？

第2章　关系数据库

1970 年，IBM 公司 San Jose 研究室的研究员 E. F. Codd 提出数据库的关系模型，之后，又提出了关系代数和关系演算以及范式的概念，开始了数据库关系方法和关系理论的研究，这是对数据库技术的一个重大突破。在 20 世纪 70 年代末，关系数据库的软件系统研制也取得了很大成果，最具代表性的实验系统有 IBM 研制的 System R 和美国加州大学伯克利分校的 INGRES，商用系统则有由 System R 发展而来的 SQL/DS，以及由 INGRES 实验系统发展而来的 INGRES 关系数据库软件产品。自 20 世纪 80 年代以来，计算机厂商推出的数据库管理系统产品几乎都是支持关系模型的。经过 30 多年的历程，关系数据库系统的研究和开发取得了辉煌的成就。关系数据库成为最重要、应用最广泛的数据库系统。

2.1　关系数据结构

根据数据模型的三要素（Structure，Operation，Condition），关系模型由关系数据结构、关系操作集合和关系完整性约束三部分组成。本章将介绍关系模型的前两个方面，其中 2.1 节讨论关系数据结构，2.2 节讨论关系运算。关系完整性约束将在第 4 章介绍。

2.1.1　关系

1. 二维表

在日常工作中，经常会碰到成绩册、职工表等二维表格，这些二维表的共同特点是由多个行和列组成。每个列有列名，表示了某个方面的属性，每行由多个值组成。例如，见表 2.1，学生基本情况表就是一个二维表，体现了某个班级的学生基本情况，定义表名为 XS。

表名 → 表 2.1　XS（学生基本情况表）

表头 →

学　号	姓　名	性　别	出 生 日 期	专　业
07050101	王　林	男	1989-3-2	计算机应用
07050102	程小明	男	1988-11-5	计算机应用
07030201	赵倪晓	女	1989-4-5	通信工程
07030202	朱　庆	男	1988-6-4	通信工程
07060101	李运洪	女	1990-1-6	英语
07060102	张美红	女	1989-8-9	英语

数据（以上各行）

二维表具有如下特点：

① 每个表具有表名；

② 表由表头和若干行数据两部分构成；

③ 表头有若干列，每列都有列名；

④ 同一列的值必须取自同一个域。例如，专业只能取自该学校有的专业；

⑤ 每一行的数据代表一个实体的信息。

对二维表可以进行如下操作：

① 增加数据。例如，向“学生基本情况表”中增加一个同学的数据（07050103，王俊，男，1989-10-1，计算机应用）。

② 修改数据。例如，改正“学生基本情况表”中的错误数据。

③ 删除数据。例如，从“学生基本情况表”中去掉一个学生的数据。

④ 查询数据。例如，在“学生基本情况表”中按某些条件查找满足条件的学生。

2．关系

关系模型的数据结构非常简单，只包含单一数据结构，即关系。从用户角度看，一个关系就是一个规范化的二维表。关系模型就是用关系这种二维表格结构来表示实体及实体之间联系的模型，即关系模型是各个关系框架的集合。

一个关系由关系模式和关系实例组成。通常，它们分别对应于二维表的表名、表头和数据。若将表 2.1 的“学生基本情况表”表示成关系，则如图 2.1 所示。

关系模式　XS（学号，姓名，性别，出生日期，专业）

关系实例

07050101	王林	男	1989-3-2	计算机应用
07050102	程小明	男	1988-11-5	计算机应用
07030201	赵倪晓	女	1989-4-5	通信工程
07030202	朱庆	男	1988-6-4	通信工程
07060101	李运洪	女	1990-1-6	英语
07060102	张美红	女	1989-8-9	英语

图 2.1　二维表的关系表示图

在人们日常理解中，学生是一个抽象的概念，而学生王林是一个具体的学生，是学生中的一员。在数据库领域中把学生称为实体“型”，学生王林则称为一个实体“值”或简称实体。在关系模型中，关系模式描述了一个实体型，而关系实例则是关系模型的“值”，关系实例通常由一组实体组成。

以下介绍关系模型中一些常用的术语。

- 关系：以非形式化的描述，一个关系（Relation）就是指一张二维表。例如，“学生基本情况表”就是一个关系。
- 元组：一个元组（Tuple）指二维表中的一行。例如，（07050101，王林，男，1989-3-2，计算机应用）就是一个元组。
- 属性：一个属性（Attribute）指二维表中的一列，表中每列均有名称，即属性名。例如，“学生基本情况表”有 6 列，对应 6 个属性：学号、姓名、性别、出生日期、专业、班级。
- 码：码（Key）也称为键、关键字、关键码，指其值可唯一确定表中元组的属性或最小属性组合。例如，“学生基本情况表”中的“学号”属性即为码。
- 域：域（Domain）指属性的取值范围。例如，按照学校对学生学号的编排方法，学号具有一定的范围限制，性别只能取（男，女）之一等。
- 分量：分量指元组中的一个属性值。例如，元组（07050101，王林，男，1989-3-2，计算机应用）中的“07050101”即为其分量。

- 关系模式：关系模式是对关系“型”的描述，通常表示为：关系名（属性 1，属性 2，…，属性 n）。例如，XS（学号，姓名，性别，出生日期，专业），关系名为 XS，该关系包括 5 个属性，分别是：学号、姓名、性别、出生日期、专业。

关系模型中，要求关系必须是规范化的，即关系要满足规范条件。规范条件最基本的一条就是要求关系的每个分量必须是原子项，是不可再分的数据项，即不允许出现表中表的情形。例如，表 2.2 的学生情况表中，出生日期是可再分的数据项，因此不符合关系数据库的要求。

表 2.2 学生情况表

学 号	姓 名	性 别	出生日期			专 业
			年	月	日	
07050101	王林	男	1989	3	2	计算机应用
07050102	程小明	男	1988	11	5	计算机应用
07030201	赵倪晓	女	1989	4	5	通信工程
07030202	朱庆	男	1988	6	4	通信工程
07060101	李运洪	女	1990	1	6	英语
07060102	张美红	女	1989	8	9	英语

表 2.3 将关系与现实世界中的二维表格各自使用的术语进行了对照。

表 2.3 术语对照表

关系术语	现实世界术语
关系名	表名
关系模式	表头
关系	二维表
元组	记录
属性	列
属性名	列名
属性值	列值

2.1.2 关系的形式化描述

在关系模型中，数据是以二维表的形式存在的，这个二维表就叫做关系，这是一种非形式化的定义，而关系模型是建立在集合代数基础之上的，这里从集合论的角度给出关系数据结构的形式化描述。为此，先引入域和笛卡儿积的概念。

1．域（Domain）

定义 2.1 域是一组具有相同数据类型的值的集合，又称为值域（用 D 表示）。

例如，整数、实数和字符串的集合都是域。

域中所包含的值的个数称为域的基数（用 m 表示）。域表示了关系中属性的取值范围。例如：

D_1={07050101，07050102 ，07030201，07030202，07060101，07060102}

D_2={王林，程小明，赵倪晓，朱庆，李运洪，张美红}

D_3={男，女}

其中，D_1，D_2，D_3 为域名，分别表示学生关系中的学号、姓名和性别的取值范围。这 3 个域的基数分别是 6，6，2。

2．笛卡儿积（Cartesian Product）

定义 2.2　给定一组域 D_1，D_2，…，D_n（它们可以包含相同的元素），D_1，D_2，…，D_n 的笛卡儿积为

$$D_1 \times D_2 \times \cdots\cdots \times D_n = \{ (d_1, d_2, \cdots, d_n) \mid d_i \in D_i, i=1, 2, \cdots, n \}$$

其中：

① 每一个元素（d_1，d_2，d_3，…，d_n）称为一个 n 元组（n-tuple），简称元组（Tuple）。注意元组中的每个分量 d_i 是按序排列的，如（07050101，王林，男）≠（王林，07050101，男）≠（男，王林，07050101）。

② 元组中的每一个值 d_i 叫做一个分量（Component），分量来自相应的域（$d_i \in D_i$）。

③ 笛卡儿积也是一个集合。若 D_i（i=1，2，…，n）为有限集，其基数为 m_i（i=1，2，…n），则笛卡儿积 $D_1 \times D_2 \times \cdots \times D_n$ 的基数 M（即元素（d_1，d_2，…，d_n）的个数）为所有域的基数的累积，即

$$M = \prod_{i=1}^{n} m_i$$

例如，上述学生关系中姓名、性别两个域的笛卡儿积为：

$D_1 \times D_2$={（王林，男），（王林，女），（程小明，男），（程小明，女），（赵倪晓，男），（赵倪晓，女），（朱庆，男），（朱庆，女），（李运洪，男），（李运洪，女），（张美红，男），（张美红，女）}

其中，王林、程小明、赵倪晓、朱庆、李运洪、张美红和男、女都是分量，（王林，男），（王林，女）等是元组。该笛卡儿积的基数 $M=m_1 \times m_2=6 \times 2=12$，即 $D_1 \times D_2$ 的元组个数为 12。

笛卡儿积也可用二维表的形式表示。例如，上述 $D_1 \times D_2$ 可表示为表 2.4。

表 2.4　D_1，D_2 的笛卡儿积

D_1	D_2
王　林	男
王　林	女
程小明	男
程小明	女
赵倪晓	男
赵倪晓	女
朱　庆	男
朱　庆	女
李运洪	男
李运洪	女
张美红	男
张美红	女

可见，笛卡儿积实际是一个二维表，表的任意一行就是一个元组，表中的每一列来自同一个域，如表 2.4 中第一个分量来自 D_1，第二个分量来自 D_2。

3．关系（Relation）

定义 2.3　笛卡儿积 $D_1 \times D_2 \times \cdots \times D_n$ 的任一子集称为域 D_1，D_2，…，D_n 上的关系。

关系可用 R（D_1，D_2，…，D_n）的形式表示，其中 R 为关系名，n 是关系的度（Degree），也称目。

通常，笛卡儿积 $D_1 \times D_2 \times \cdots \times D_n$ 的许多子集是没有实际意义的，只有其中的某些子集才有实际意义。例如，表 2.4 所示的 $D_1 \times D_2$ 笛卡儿积中的许多元组都是没有实际意义的，因为一个学生的性别只有一种。因

此表 2.4 中的一个子集才是有意义的，见表 2.5，表示了学生的性别，将其取名为 R_1。

表 2.5　R_1 关系

$D1$	D_2
王　林	男
程小明	男
赵侃晓	女
朱　庆	男
李运洪	女
张美红	女

下面是对定义 2.3 的几点说明。

① 关系中元组个数是关系的基数。如关系 R_1 的基数为 6。

② 关系是一个二维表，表的任意一行对应一个元组，表的每一列来自同一域。由于域可以相同，为了加以区别，必须为每列起一个名字，称为属性。n 元关系有 n 个属性，属性的名字唯一。

③ 在数学上，关系是笛卡儿积的任意子集，但在数据库系统中，关系是笛卡儿积中所取的有意义的有限子集。

2.1.3　关系的性质

2.1.1 节中已指出，关系模型要求关系必须是规范化的。关系是一种规范化了的二维表中行的集合，为了使相应的数据操作简化，在关系模型中，对关系做了种种限制，因此关系具有以下 6 条性质：

① 列是同质的（Homogeneous），即每列中的分量必须是同一类型的数据；

② 不同的列可以出自同一个域，但不同的属性必须赋予不同的属性名；

③ 列的顺序可以任意交换。交换时，应连同属性名一起交换；

④ 任意两个元组不能完全相同；

⑤ 关系中元组的顺序可任意，即可任意交换两行的次序；

⑥ 分量必须取原子值，即要求每个分量都是不可再分的数据项。

2.1.4　关系模式

在第 1 章已提到，在数据库中要区分“型”和“值”。关系数据库中，关系模式是“型”，关系是“值”。

定义 2.4　关系的描述称为关系模式（Relation Schema）。关系模式可形式化地表示为

$$R（U，D，\mathrm{dom}，F）$$

其中，R 为关系名；U 为组成关系的属性名集合；D 为属性组 U 中属性所来自的域；dom 为属性与域之间的映象集合；F 为属性间依赖关系的集合。

由定义 2.4 可看出，关系模式是关系的框架，是对关系结构的描述。它指出了关系由哪些属性构成，属性所来自的域以及属性之间的依赖关系等。关于属性间的依赖关系将在第 5 章讨论，本章中关系模式仅涉及关系名 R、属性集合 U、域 D、属性到域的映像 dom 这 4 个部分，即 R（U，D，dom）。

关系模式通常可简记为：R（U）或 R（A_1，A_2，…，A_n）。其中 R 为关系名，A_1，A_2，…，A_n 为属性名（i=1，2，…，n）。而域名、属性到域的映像则常以属性的类型、数据长度来说明。

例如，在学生成绩数据库（XSCJ）中，有学生（XS）、课程（KC）、学生选课（XS_KC）三个关系，其关系模式分别为：

XS（学号，姓名，性别，出生日期，专业，总学分，班干否，备注）

KC（课程号，课程性质，课程名，开课学期，总学时，学分）

XS_KC（学号，课程号，成绩）

关系模式是静态的、稳定的，而关系是动态的、随时间不断变化的。关系是关系模式在某一时刻的状态或内容，关系的各种操作将不断地更新数据库中的数据。

2.1.5 关系数据库

关系模型中，实体、实体间的联系都是以关系来表示的。例如，学生成绩数据库中，学生（XS）和课程（KC）关系是用于表示实体的，而学生选课（XS_KC）关系则用于表示“学生”实体与“课程”实体间的联系。

定义 2.5 在给定的应用领域，所有实体及实体之间联系的关系的集合构成一个关系数据库。

例如，在研究学生选修课程的问题域中，学生（XS）、课程（KC）、学生选课（XS_KC）三个关系的集合就构成学生成绩数据库。

关系数据库也区分“型”和“值”。关系数据库的型即关系数据库模式，是对关系数据库结构的描述。关系数据库模式包括若干域的定义，以及在这些域上定义的若干关系模式，通常以关系数据库中包含的所有关系模式的集合来表示关系数据库模式。例如，学生成绩数据库模式即为学生（XS）、课程（KC）、学生选课（XS_KC）三个关系模式构成的集合。

关系数据库的值是指关系数据库模式中的各关系模式在某一时刻对应的关系的集合。

例如，若学生数据库模式中各关系模式在某一时刻对应的关系分别见表 2.6、表 2.7 和表 2.8，那么它们就是学生数据库的值。

表 2.6 XS 关系

学号	姓名	性别	出生日期	专业	总学分	班干否	备注
07050101	王 林	男	1989-3-2	计算机应用	14		党员
07050102	程小明	男	1988-11-5	计算机应用	6	是	
07030201	赵倪晓	女	1989-4-5	通信工程	8	是	国家二级运动员
07030202	朱 庆	男	1988-6-4	通信工程	5		
07060101	李运洪	女	1990-1-6	英语	5	是	钢琴十级
07060102	张美红	女	1989-8-9	英语	5		

表 2.7 KC 关系

课程号	课程性质	课程名称	开课学期	总学时	学分
101	公共必修	思想道德修养与法律基础	1	60	2
102	公共必修	马克思主义基本原理	2	60	2
103	公共必修	大学英语	1	100	4
201	基础课程	高等数学	1	90	3
202	基础课程	计算机基础	1	60+60	3
203	基础课程	程序设计语言	2	60+60	3
301	专业课程	阅读与写作	1	90	3
302	专业课程	通信原理	2	90	3
303	专业课程	软件工程	4	60	2

表 2.8　XS_KC 关系

学　号	课 程 号	成　绩
07050101	101	80
07050101	102	68
07050101	103	65
07050101	202	75
07050101	203	82
07050102	101	45
07050102	103	88
07030201	101	65
07030201	202	50
07030201	203	73
07030202	101	86
07030202	302	78
07060101	101	72
07060101	301	88
07060102	101	90
07060102	301	65

2.2　关系操作

关系模型给出了关系操作应达到的能力说明，但不对关系数据库管理系统如何实现操作能力做具体的语法要求。因此，不同的关系数据库管理系统可以定义和开发不同的语言来实现关系操作。

基本的关系操作包括查询和更新两大类，更新操作又包括插入、删除和修改 3 种。关系操作的特点是集合方式操作，即操作的对象和结果都是关系。

早期的关系操作通常用代数方式或逻辑方式来表示，分别称为关系代数和关系演算。两者的区别在于表达查询的方式不同。关系代数通过对关系的运算来表达查询要求，而关系演算则使用谓词来表达查询要求。关系演算又可按谓词变元的不同分为元组关系演算和域关系演算两类。关系代数语言的代表是 ISBL（Information System Base Language），它是由 IBM 在一个实验性的系统上实现的一种语言。元组关系演算语言的代表是 APLHA 和 QUEL。域关系演算语言的代表是 QBE 语言。

关系代数、元组关系演算和域关系演算 3 种语言都是抽象的查询语言，它们在表达能力上是等价的。这 3 种语言常用做评估实际数据库管理系统中的查询语言表达能力的标准和依据。实际 RDBMS 的查询语言除了提供关系代数或关系演算的功能外，往往还提供更多附加功能，包括集函数、算术运算等，因此，实际 RDBMS 的查询语言功能更强大。

2.3 关系完整性

2.3.1 关系的码

2.1.1 节中已给出了码（Key）的非形式化定义，本小节将更深入地讨论码的概念。

1. 候选码

由 2.1.1 节给出的定义可知，能唯一标识关系中元组的一个属性或几个属性的最小组合，称为候选码（Candidate Key），也称候选关键字、候选键或码。如学生关系中的“学号”能唯一标识每一个学生，则属性“学号”是学生关系的候选码。

下面给出候选码的形式化定义。

定义 2.6 设关系 R（A_1，A_2，…，A_n），其属性为：A_1，A_2，…，An，属性集 K 为 R 的子集，K=（A_i，A_j，…，A_k），1≤i，j，…，k≤n。当且仅当满足下列两个条件时，K 被称为候选码：

① 唯一性。对关系 R 的任两个元组，其在属性集 K 上的值是不同的。

② 最小性。属性集 K=（A_i，A_j，…，A_k）是最小集，即若删除 K 中的任一属性，K 都不满足唯一性。

例如，“学生选课”关系包含属性学号、课程号、成绩，其中属性集（学号，课程号）为候选码，删除“学号”或“课程号”任一属性，都无法唯一标识选课记录。

2. 主码

若一个关系有多个候选码，则从中选择一个作为主码（Primary Key）。

例如，假设在“学生”关系中学生的姓名都不重名，那么“学号”和“姓名”都可作为学生关系的候选码，可指定“学号”或“姓名”作为主码。

包含在候选码中的各属性称为主属性（Prime Attribute）。

非码属性（Non-Prime Attribute）：不包含在任何候选码中的属性称为非码属性。

在最简单的情况下，一个候选码只包含一个属性，如学生关系中的“学号”，教师关系中的“教师号”。

若所有属性的组合是关系的候选码，这种情况称为全码（All-Key）。例如，设有“教师授课”关系，包含 3 个属性：教师号、课程号和学号。一个教师可讲授多门课程，一门课程可有多个教师讲授，一个学生可以选修多门课程，一门课程可被多个学生选修。在这种情况下，教师号、课程号、学号三者之间是多对多关系，（教师号，课程号，学号）3 个属性的组合是“教师授课”关系的候选码，称为全码，教师号、课程号、学号都是主属性。

3. 外码

定义 2.7 如果关系 R_1 的属性或属性组 K 不是 R_1 的主码，而是另一关系 R_2 的主码，则称 K 为关系 R_1 的外码（Foreign Key），并称关系 R_1 为参照关系（Referencing Relation），关系 R_2 为被参照关系（Referenced Relation）。

例如，在学生选课（学号，课程号，成绩）关系中，“学号”属性与学生关系的主码“学号”相对应，“课程号”属性与课程关系的主码“课程号”相对应。因此，“学号”和“课程号”属性是选课关系的外码。学生关系和课程关系为被参照关系，学生选课关系为参照关系。

由外码定义可知，被参照关系的主码和参照关系的外码必须定义在同一个域上。例如，选课关系中“学号”与学生关系的主码“学号”必须定义在同一个域上，“课程号”属性与课程关系的主码“课程号”必须定义在同一个域上。并且参照关系的外码只能取被参照关系的主码所取的值，这点被称为关系的参照完整性。例如，在学生选课（学号，课程号，成绩）关系中，学号只能取在学生关系中出现的学号值。关于数据参照完整性更详细的介绍请见第 4 章。

2.3.2 完整性约束

关系模型的完整性规则是根据现实世界的要求，对关系的某种约束条件。可从不同角度对关系的完整性进行分类。根据完整性约束条件作用的对象，可分为：列约束、元组约束和关系约束。根据完整性定义的特征，可分为：实体完整性、用户定义完整性与参照完整性。在 4.2 节将具体介绍。

例如，在 XSCJ 数据库中，将 XS 表作为主表，学号字段为主码；XS_KC 为从表，表中的学号字段为外码，从而建立主表和从表之间的联系，即主表和从表之间应满足参照完整性的约束，此时，从表中学号字段的取值必须与主表中对应字段的值一致。

2.4 关系代数

关系代数是一种抽象的查询语言，是关系数据操纵语言的一种传统表达方式。它是用对关系的运算来表达查询的，其运算对象是关系，运算结果也是关系。

关系代数用到的运算符主要包括 4 类：集合运算符、专门的关系运算符、比较运算符和逻辑运算符，其中比较运算符和逻辑运算符是用来辅助专门的关系运算符进行操作的。这 4 类运算的含义列于表 2.9 中。

表 2.9 关系代数的 4 类运算符

运算符类别	记 号	含 义
集合运算符	∪	并
	−	差
	∩	交
	×	笛卡儿积
专门的关系运算符	σ	选择
	Π	投影
	∞	连接
	÷	除法
比较运算符	<	小于
	≤	小于等于
	>	大于
	≥	大于等于
	=	等于
	<>	不等于
逻辑运算符	¬	非
	∧	与
	∨	或

关系代数的运算可分为两类：①传统的集合运算，其运算是以元组作为集合中元素来进行的，从关系的“水平”方向即行的角度进行，包括并、差、交和笛卡儿积；②专门的关系运算，其运算不仅涉及行，也涉及列，这类运算是为数据库的应用而引进的特殊运算，包括选择、投影、连接和除法等。

1．传统的集合运算

传统的集合运算是二目运算，包括并、差、交和笛卡儿积 4 种运算。传统集合运算除笛卡儿积外，都要求参与运算的两个关系满足“相容性”条件。

定义 2.8　设两个关系 R，S，若 R，S 满足以下两个条件：① 具有相同的度 n；② R 中第 i 个属性和 S 中第 i 个属性来自同一个域。则称关系 R，S 满足“相容性”条件。

设 R，S 为两个满足“相容性”条件的 n 目关系，t 为元组变量，$t \in R$ 表示 t 是关系 R 的一个元组。可定义关系的并、差、交运算如下。

（1）并（Union）

关系 R 和关系 S 的并由属于 R 或属于 S 的元组组成，即 R 和 S 的所有元组合并，删去重复元组，组成一个新关系，其结果仍为一个 n 目关系。记为

$$R \cup S=\{t \mid t \in R \vee t \in S\}$$

对于关系数据库，记录的插入和添加可通过并运算实现。

（2）差（Difference）

关系 R 与关系 S 的差由属于 R 而不属于 S 的所有元组组成，即 R 中删去与 S 中相同的元组，组成一个新关系，其结果仍为一个 n 目关系。记为

$$R-S = \{t \mid t \in R \wedge \neg\ t \in S\}$$

通过差运算，可实现关系数据库记录的删除。

（3）交（Intersection）

关系 R 与关系 S 的交由既属于 R 又属于 S 的元组组成（即 R 与 S 中相同的元组），其结果仍为一个 n 目关系。记为

$$R \cap S = \{t \mid t \in R \wedge t \in S\}$$

两个关系的并和差运算是基本运算（即不能用其他运算表示的运算），而交运算是非基本运算，它可以用差运算来表示

$$R \cap S=R-(R-S)$$

笛卡儿积对参与运算的两个关系 R，S 没有“相容性”条件要求。因为参与运算的是关系的元组，因此这里的笛卡儿积实际上指的是广义笛卡儿积。

（4）广义笛卡儿积（Extended Cartesian Product）

设 n 目关系 R 和 m 目关系 S，R 与 S 的广义笛卡儿积是一个（$n+m$）列的元组的集合，元组的前 n 列是关系 R 的一个元组，后 m 列是关系 S 的一个元组。若 R 有 k_1 个元组，S 有 k_2 个元组，则关系 R 和关系 S 的广义笛卡儿积有 $k_1 \times k_2$ 个元组，记作

$$R \times S = \{t_r \cap t_s \mid t_r \in R \wedge t_s \in S\}$$

关系的广义笛卡儿积可用于两关系的连接操作（连接操作将在下一节介绍）。

【例 2.1】　表 2.10、表 2.11 的两个关系 R 与 S 为相容关系，表 2.12 为 R 与 S 的并，表 2.13 为 R 与 S 的差，表 2.14 为 R 与 S 的交，表 2.15 为 R 与 S 的广义笛卡儿积。

表 2.10 关系 R

A	B	C
a_1	b_1	c_1
a_2	b_2	c_2
a_3	b_3	c_3

表 2.11 关系 S

A	B	C
a_1	b_2	c_2
a_2	b_2	c_2

表 2.12 关系 $R \cup S$

A	B	C
a_1	b_1	c_1
a_2	b_2	c_2
a_3	b_3	c_3
a_1	b_2	c_2

表 2.13 关系 $R\text{-}S$

A	B	C
a_1	b_1	c_1
a_3	b_3	c_3

表 2.14 关系 $R \cap S$

A	B	C
a_2	b_2	c_2

表 2.15 关系 $R \times S$

$R.A$	$R.B$	$R.C$	$S.A$	$S.B$	$S.C$
a_1	b_1	c_1	a_1	b_2	c_2
a_1	b_1	c_1	a_2	b_2	c_2
a_2	b_2	c_2	a_1	b_2	c_2
a_2	b_2	c_2	a_2	b_2	c_2
a_3	b_3	c_3	a_1	b_2	c_2
a_3	b_3	c_3	a_2	b_2	c_2

2．专门的关系运算

传统的集合运算只是从行的角度对关系进行，而要灵活地实现关系数据库多样的查询操作，还必须引入专门的关系运算。

在介绍专门的关系运算之前，为方便叙述，先引入几个概念。

① 设关系模式为 R（A_1，A_2，…，A_n），它的一个关系为 R，$t \in R$ 表示 t 是 R 的一个元组，$t[A_i]$则表示元组 t 相对于属性 A_i 的分量。

② 若 $A=\{A_{i1}$，A_{i2}，……，$A_{ik}\}$，其中 A_{i1}，A_{i2}，…，A_{ik} 是 A_1，A_2，…，A_n 中的一部分，则 A 称为属性列或域列，$t[A]=\{t[A_{i1}]$，$t[A_{i2}]$，…，$t[A_{ik}]\}$表示元组 t 在属性列 A 上各分量构成的子集；$\bar{A}$ 则表示$\{A_1$，A_2，…，$A_n\}$中去掉$\{A_{i1}$，A_{i2}，…，$A_{ik}\}$后剩余的属性组。

③ R 为 n 目关系，S 为 m 目关系，$t_r \in R$，$t_s \in S$，$t_r \frown t_s$ 称为元组的连接（Concatenation），它是一个 $n+m$ 列的元组，前 n 个分量为 R 的一个 n 元组，后 m 个分量为 S 中的一个 m 元组。

④ 给定一个关系 R（X，Z），X 和 Z 为属性组，定义当 $t[X]=x$ 时，x 在 R 中的像集（Image Set），为 $Z_x=\{t[Z] \mid t \in R，t[X]=x\}$，它表示 R 中的属性组 X 上值为 x 的各元组在 Z 上分量的集合。

以下定义选择、投影、连接和除法 4 个专门的关系代数运算。

（1）选择（Selection）

选择运算是单目运算，是根据一定的条件在给定的关系 R 中选取若干个元组，组成一个新关系，记为：

$$\sigma_F(R)=\{t|t\in R\wedge F(t)='真'\}$$

其中，σ 为选择运算符，F 为选择的条件，它是由运算对象（属性名、常数、简单函数）、算术比较运算符（>，≥，<，≤，=，≠）和逻辑运算符（∨,∧,┐）连接起来的逻辑表达式，结果为逻辑值“真”或“假”。

选择运算实际上是从关系 R 中选取使逻辑表达式为真的元组，是从行的角度对关系进行的操作。

以下例题均是以表 2.6、表 2.7 和表 2.8 的 3 个关系为例进行的运算。

【例 2.2】 查询计算机专业的全体学生。

$\sigma_{专业='计算机'}(XS)$

或者

$\sigma_{5='计算机'}(XS)$ （其中 5 为“专业”属性的列号）

运算结果见表 2.16。

表 2.16 计算机系的全体学生

学　号	姓　名	性　别	出生日期	专　业	总学分	班干否	备　注
07050101	王林	男	1989-3-2	计算机应用	14		党员
07050102	程小明	男	1988-11-5	计算机应用	6	是	

【例 2.3】 查询在“1989-1-1”以后出生的男同学。

$\sigma_{(出生年月)>'1989-1-1'\wedge 性别='男'}$（XS）

运算结果见表 2.17。

表 2.17 “1987-1-1”以后出生的男同学

学　号	姓　名	性　别	出生日期	专　业	总学分	班干否	备　注
07050101	王林	男	1989-3-2	计算机应用	14		党员

（2）投影（Projection）

投影运算也是单目运算，关系 R 上的投影是从 R 中选择出若干属性列，组成新的关系，即对关系在垂直方向进行的运算，从左到右按照指定的若干属性及顺序取出相应列，删去重复元组。记为：

$$\Pi_A(R)=\{t[A]|\ t\in R\}$$

其中，A 为 R 中的属性列，Π为投影运算符。

从其定义可看出，投影运算是从列的角度进行的运算。

【例 2.4】 查询学生的学号、姓名及专业。

$\Pi_{学号,姓名,专业}$（XS）或$\Pi_{1,2,5}$（XS）（其中，1，2，5 分别为学号、姓名及专业的属性列号）

运算结果见表 2.18。

表 2.18　学生学号、姓名和专业

学　号	姓　名	专　业
07050101	王林	计算机应用
07050102	程小明	计算机应用
07030201	赵倪晓	通信工程
07030202	朱庆	通信工程
07060101	李运洪	英语
07060102	张美红	英语

（3）连接（Join）

连接运算是二目运算，是从两个关系的笛卡儿积中选取满足连接条件的元组，组成新的关系。

设有两个关系 R（A_1，A_2，…，A_n）及 S（B_1，B_2，…，B_m），连接属性集 X 包含于{A_1，A_2，…，A_n}，Y 包含于{B_1，B_2，…，B_m}，X 与 Y 中属性列数目相等，且对应属性有共同的域。关系 R 和 S 在连接属性 X 和 Y 上的连接，就是在 $R\times S$ 笛卡儿积中，选取 X 属性列上的分量与 Y 属性列上的分量满足“θ 条件”的那些元组组成的新关系。记为：

$$R\underset{X\theta Y}{\infty}S=\{t_r \frown t_s | t_r\in R\wedge t_s\in S\wedge t_r[X]\theta\, t_s[Y]\text{为真}\}$$

其中，∞ 是连接运算符；θ 为算术比较运算符，也称θ 连接；$X\theta Y$ 为连接条件，其中：

θ 为“=”时，称为等值连接；

θ 为“<”时，称为小于连接；

θ 为“>”时，称为大于连接。

【例 2.5】 设有表 2.10 和 2.11 的两个关系 R 与 S，则表 2.19 为 R，S 的等值连接（$R.B$=$S.B$）。

表 2.19　R 与 S 的等值连接（$R.B$=$S.B$）

R.A	R.B	R.C	S.A	S.B	S.C
a_2	b_2	c_2	a_1	b_2	c_2
a_2	b_2	c_2	a_2	b_2	c_2

连接运算为非基本运算，可以用选择运算和广义笛卡儿积运算来表示：

$$R\underset{X\theta Y}{\infty}S=\sigma_{X\theta Y}（R\times S）$$

在连接运算中，一种最常用的连接是自然连接。所谓自然连接就是在等值连接的情况下，当连接属性 X 与 Y 具有相同属性组时，把在连接结果中重复的属性列去掉。即如果 R 与 S 具有相同的属性组 Y，则自然连接可记为：

$$R\infty S=\{t_r \frown t_s | t_r\in R\wedge t_s\in S\wedge t_r[Y]=t_s[Y]\}$$

自然连接是在广义笛卡儿积 $R\times S$ 中选出同名属性上符合相等条件的元组，再进行投影，去掉重复的同名属性，组成新的关系。

【例 2.6】 设有表 2.10 和表 2.11 的两个关系 R 与 S，则表 2.20 为 R，S 在属性 B 上的自然连接。

表 2.20　*R* 与 *S* 在属性 *B* 上的自然连接

R.A	*B*	*R.C*	*S.A*	*S.C*
a_2	b_2	c_2	a_1	c_2
a_2	b_2	c_2	a_2	c_2

结合例 2.5 和例 2.6，可看出等值连接与自然连接的区别在于：

① 等值连接中不要求相等属性值的属性名相同，而自然连接要求相等属性值的属性名必须相同，即两关系只有同名属性才能进行自然连接。

② 等值连接不将重复属性去掉，而自然连接去掉重复属性，也可以说，自然连接是去掉重复列的等值连接。

（4）除法（Division）

除法运算是二目运算，设有关系 *R*（*X*，*Y*）与关系 *S*（*Y*，*Z*），其中 *X*，*Y*，*Z* 为属性集合，*R* 中的 *Y* 与 *S* 中的 *Y* 可以有不同的属性名，但对应属性必须出自相同的域。关系 *R* 除以关系 *S* 所得的商是一个新关系 *P*（*X*），*P* 是 *R* 中满足下列条件的元组在 *X* 上的投影：元组在 *X* 上分量值 *x* 的象集 Y_x 包含 *S* 在 *Y* 上投影的集合。记为：

$$R \div S=\{t_r[X] \mid t_r \in R \wedge \Pi_y(S) \ Y_x\}$$

其中，Y_x 为 *x* 在 *R* 中的象集，$x=t_r[X]$。

除法运算为非基本运算，可以表示为：

$$R \div S=\Pi_x(R)-\Pi_x(\Pi_x(R)\times S-R)$$

【例 2.7】　已知关系 *R* 和 *S* 分别见表 2.21、表 2.22，则 *R*÷*S* 见表 2.23 所示。

表 2.21　关系 *R*

A	*B*	*C*
a_1	b_1	c_1
a_2	b_2	c_2
a_3	b_3	c_3
a_1	b_2	c_1

表 2.22　关系 S

B	*C*
b_1	c_1
b_2	c_1

表 2.23　关系 *R*÷*S*

A
a_1

除法运算同时从行和列的角度进行运算，适合于包含“全部”之类的短语的查询。

【例 2.8】　查询选修了全部公共必修课程的学生学号。

$\Pi_{学号}$（$\Pi_{学号，课程号}$（XS_KC）÷$\Pi_{课程号}$（$\sigma_{课程性质=“公共必修”}$（KC）））

运算结果见表 2.24。

本节介绍了 8 种关系代数运算，其中并、差、笛卡儿积、选择和投影是基本运算，交、连接和除法都可以用 5 种基本运算来表达。关系代数中，运算经过有限次复合之后形成的式子称为关系代数表达式。

表 2.24　运算结果

学号
07050101

【例 2.9】　查询选修了“程序设计语言”课程的学生学号、姓名和成绩。

$\Pi_{学号，姓名，成绩}$（XS∞（$\Pi_{课程号，成绩}$（$\sigma_{课程号='程序设计语言'}$（KC））∞XS_KC））

运算结果见表 2.25。

表 2.25　运算结果

学　　号	姓　　名	成　　绩
07050101	王　林	82
07030201	赵倪晓	73

习题 2

1．试述关系模型的 3 个组成部分。

2．试述关系数据库的特点。

3．定义并理解下列术语，说明它们之间的联系与区别：

① 域、笛卡儿积、关系、元组、属性

② 主码、候选码、外码

③ 关系模式、关系、关系数据库

4．试述关系模型的完整性规则。在参照完整性中，为什么外码属性的值也可以为空？什么情况下才可以为空？

5．现有“出版社”和“作者”两个实体集，实体之间是多对多的联系，请自己设计适当的属性，画出 E-R 图，再将其转换为关系模型（包括关系名、属性名、码和完整性约束条件）。

第 3 章　关系数据库语言 SQL

结构化查询语言 SQL（Structured Query Language）最早是由 IBM 的 San Jose Research Laboratory 为其关系数据库管理系统 System R 开发的一种查询语言，由于它简单易学，所以从 IBM 公司 1981 年推出以来，备受用户及计算机界的欢迎，被众多计算机公司和软件公司所采用。自 1982 年起，美国国家标准学会（ANSI）开始着手 SQL 语言的标准化工作，1986 年确认 SQL 为数据库系统的工业标准，并公布了第一个 SQL 标准——SQL—86。1987 年 6 月，国际标准化组织（ISO）也将其作为国际标准，此后 SQL 标准不断得到扩展，相继推出了 SQL—89（1989 年）、SQL—92（也称 SQL—2，1992 年）、SQL—93（也称 SQL—3，1993 年）、SQL-99（1999 年），SQL 语言的功能不断丰富和完善，目前，多数 DBMS 支持的 SQL 语言在标准 SQL 上都有所扩展，例如：IBM 公司以其 DB2 的 SQL 作为标准；微软公司的 SQL Server 以 SQL—99 为基础进行扩展，实现的 SQL 称为 Transact-SQL（简记为 T-SQL）。

本章以大多数 DBMS 支持的 SQL 语言的语法形式为基础，以 SQL Server 2005 为平台，介绍 SQL 语言的应用，附录中详细给出了 SQL Server 2005 支持的 T-SQL 的语法。

3.1　SQL 简介

SQL 语言按功能可分为如下 3 部分：

① 数据定义语言 DDL（Data Definition Language）：定义数据库对象，包括定义表、视图和索引等。

② 数据操纵语言 DML（Data Manipulation Language）：主要对数据库中数据进行查询、插入、删除和修改操作。

③ 数据控制语言 DCL（Data Control Language）：主要包括数据库的安全性控制、完整性控制，以及事务并发控制和故障恢复等语句。

3.1.1　SQL 语言的特点

SQL 语言具有以下特点：

1．综合统一

数据库用户利用 SQL 可以定义关系模式、建立数据库、对数据库中的数据进行查询、更新、维护和重构，以及定义数据库安全性控制等操作要求，为数据库应用系统开发提供良好的环境。用户在数据库系统投入运行后可根据需要修改模式，而不影响数据库的运行，从而使系统具有良好的可扩充性。在关系模型中实体和实体间的联系均用关系表示，数据结构的单一性带来了数据操作的统一性，即对实体及实体间联系的每一种操作（如查找、插入、删除、修改）都以统一的语法形式呈现给用户。

2．高度非过程化

非关系数据模型的数据操纵语言是面向过程的，用其完成某项操作请求，必须指定存取路径。而用 SQL 语言进行数据操作，用户只需提出“做什么”，而不必指明“怎么做”，整个操作过程由系统自动完成，这不但大大减轻了用户负担，而且有利于提高数据独立性。

3．面向集合的操作方式

非关系数据模型采用的是面向记录的操作方式，任何一个操作其对象都是一条记录，用户必须说明完成该请求的具体处理过程。SQL 语言采用集合操作方式，操作对象及操作结果都是元组的集合。

4．两种应用方式

SQL 语言既是交互式语言，又是嵌入式语言。

作为交互式语言，用户可以在终端直接输入 SQL 语句对数据库进行操作；作为嵌入式语言，SQL 语句能够嵌入到高级语言（如 VC++，VB，Delphi，Java）程序中，而在两种不同的使用方式下，SQL 语言的语法结构基本一致，这为用户提供了极大的灵活性。

5．语言简洁，易学易用

SQL 语言的语法形式类似英语，易学易用。

3.1.2　SQL 语言的应用方式

SQL 语言的应用一般以两种方式体现。

1．交互方式

用户通过 DBMS 提供的数据库管理工具或第三方提供的软件工具直接输入 SQL 语句对数据库进行操作，并通过界面返回对数据库的操作结果。这种使用方式的特点是：语句独立执行，非过程性，与上下文环境无关。本书将使用 SQL Server 2005 提供的 SQL Server Management Studio 为工具进行交互式操作。

2．嵌入式方式

即根据应用需要将 SQL 语句嵌入到程序设计语言的程序中使用，利用程序设计语言的过程性结构弥补 SQL 语言实现复杂应用的不足。通常将嵌入 SQL 的程序设计语言称为宿主语言。嵌入式使用方式的主要特点是：SQL 语句的应用与宿主语言程序的上下文环境融为一体，编译时，宿主语言编译系统首先对应用程序进行预处理，然后将嵌入式 SQL 语句传递给 DBMS 进行统一处理，并提供给宿主语言程序调用。每种宿主语言支持的嵌入式 SQL 的语法形式可能不完全一样，但其应用模式是一致的。本书通过基于 VB，ASP.NET 开发一个学生成绩管理系统，介绍 SQL 语言以嵌入式方式使用的方法。

3.1.3　基本概念

SQL 语言支持数据库的 3 级模式结构，如图 3.1 所示。

1．基本表（Base Table）

基本表是独立存在于数据库中的表。一个关系对应一个基本表，一个或多个基本表对应一个存储文件。

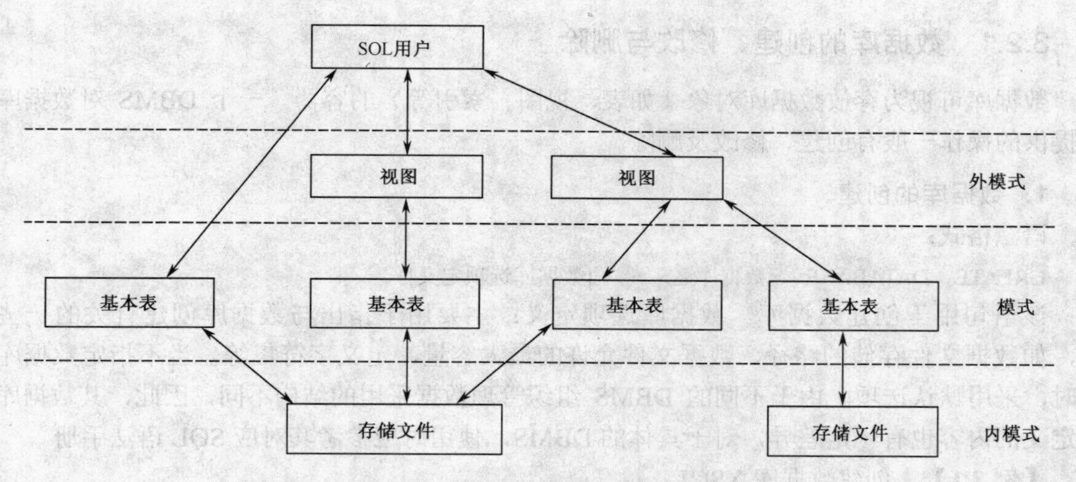

图 3.1　SQL 语言支持的关系数据库的 3 级模式结构

2．视图（View）

视图是从一个或几个基本表（或视图）导出的虚表。它本身不独立存在于数据库中，数据库中只存放视图的定义，而对应的数据仍存放在导出视图的基本表中，当基本表中的数据发生变化时，从视图中查询出来的数据也随之改变。

3．存储文件

数据库的所有信息都保存在存储文件中。数据库是逻辑的，存储文件是物理的。用户对数据库的操作，最终都映射为对存储文件的操作。一个基本表可以用一个或多个文件存储，一个文件也可以存储一个或多个基本表。

4．索引

表中的记录通常按输入顺序存放，这种顺序称为记录的物理顺序。为了实现对表记录的快速查询，可以对表文件中的记录按某个和某些属性进行排序，这种顺序称为逻辑顺序。索引即根据索引表达式的值进行逻辑排序的一组指针，它可以实现对数据的快速访问。索引的实现技术一般对用户是不可见的。

5．模式

在图 3.1 的 3 级模式中，外模式对应于视图和基本表，模式对应于基本表，内模式对应于存储文件。

3.2　数据定义

从图 3.1 可看出关系数据库中的基本对象有表、视图和索引等，要使用数据库必须先创建数据库及其对象，不同的数据库管理系统在逻辑上组织数据库及其对象的方式可能不同，一些典型的 DBMS 采用了数据库（DataBase）—模式（Schemas）—数据库对象（DataBase Objects）这样一种逻辑结构，下面介绍相关的 SQL 语句。

3.2.1 数据库的创建、修改与删除

数据库可视为存放数据库对象（如表、视图、索引等）的容器。一个 DBMS 对数据库本身提供的操作一般有创建、修改及删除。

1. 数据库的创建

语法格式：

```
CREATE   DATABASE   <数据库名>        [数据库选项定义]
```

该语句用于创建数据库。数据库选项定义：主要用于指出与数据库创建有关的一些属性，如数据文件存储的路径、数据文件允许的最大容量、定义字符集等，当不指定数据库选项时，采用默认选项。由于不同的 DBMS 组织管理数据采用的结构不同，因此，其数据库选项定义的内容也有一定差异，对于具体的 DBMS，使用时应参考其对应 SQL 语法手册。

【例 3.1】 创建数据库 XSCJ。

```
CREATE   DATABASE   XSCJ
ON
（         NAME=xs1_dat,
           FILENAME = 'c:\program files\microsoft sql server\mssql\data\xs1dat1.mdf '
）
GO
```

语句格式中 NAME 属性指定逻辑文件名，逻辑文件名在数据库中必须唯一，并且符合标识符命名规则。FILENAME 属性指定物理文件的路径和文件名。

【例 3.2】 创建一个名为 DB2 的数据库，它有 3 个数据文件，其中主数据文件为 10MB，最大容量为 100MB，按 10MB 增长；2 个辅数据文件为 10MB，最大容量不限，按 10%增长；有 2 个日志文件，大小均为 5MB，最大容量均为 50MB，按 5MB 增长。

```
CREATE DATABASE DB2
ON
PRIMARY
（    NAME = 'DB2_data1',
           FILENAME = 'C: \Program files\Microsoft SQL Server\MSSQL\data\db2_data1.mdf ',
           SIZE = 10MB,
           MAXSIZE = 100MB,
           FILEGROWTH = 10MB
），
（    NAME = 'DB2_data2',
           FILENAME = 'C: \Program files\Microsoft SQL Server\MSSQL\data\db2_data2.ndf ',
           SIZE = 10MB,
           MAXSIZE = UNLIMITED,
           FILEGROWTH = 10%
），
（    NAME = 'DB2_data3',
           FILENAME = 'C: \Program files\Microsoft SQL Server\MSSQL\data\db2_data3.ndf ',
```

```
        SIZE = 10MB,
        MAXSIZE = UNLIMITED,
        FILEGROWTH = 10%
)
    LOG ON
(   NAME = 'DB2_log1',
        FILENAME = 'C:\Program files\Microsoft SQL Server\MSSQL\data\db2_log1.ldf ',
        SIZE = 5MB,
        MAXSIZE = 50MB,
        FILEGROWTH = 5MB
),
(   NAME = 'DB2_log2',
        FILENAME = 'C: \Program files\Microsoft SQL Server\MSSQL\data\db2_log2.ldf ',
        SIZE = 5MB,
        MAXSIZE = 50MB,
        FILEGROWTH = 5MB
)
GO
```

2．使用数据库

语法格式：

```
USE 数据库名
```

该语句用于选择当前数据库，以便进行下一步操作。

【例 3.3】 使用数据库 XSCJ。

```
USE   XSCJ
```

一旦选择了当前数据库，若不对操作的数据库对象加以限定，则其后的命令均是针对当前数据库中的对象进行的。

3．更新数据库

语法格式：

```
ALTER   DATABASE    <数据库名>
<添加数据库选项定义>|<更改数据库选项定义>|<删除数据库选项定义>
```

该语句用于增加、删除或修改与一个数据库文件有关的一些属性，如变更数据库物理文件的存储路径、增加、删除数据库物理文件等。

【例 3.4】 设已创建了数据库 DB，它只有一个主数据文件，其逻辑文件名为 db_data，物理文件名为 C:\Program files\Microsoft SQL Server\MSSQL\data\db_data.mdf，大小为 10MB，最大容量为 100MB，增长方式为按 10%增长；有一个日志文件，逻辑名为 db_log，物理名为 C:\ Program files\Microsoft SQL Server\MSSQL\data\db_log.ldf，大小为 2MB，最大容量为 10MB，每次增长 2MB。对数据库 DB 按如下要求进行修改：

修改数据库 DB 现有数据文件的属性，将主数据文件的最大容量改为不限，增长方式改为按每次 5MB 增长。

分析：因为需修改主数据文件的两个属性，而使用 ALTER DATABASE 语句一次只能修改数据文件的一个属性，所以需要执行两次 ALTER DATABASE 命令。

```
ALTER DATABASE DB
    MODIFY FILE
    (   NAME = db_data,
        MAXSIZE = UNLIMITED
    )
    GO              /*第一次修改，将主数据文件的最大容量改为不限制。*/
ALTER DATABASE DB
    MODIFY FILE
    (
        NAME = db_data,
        FILEGROWTH = 5MB
    )
GO                  /*第二次修改，将主数据文件的增长方式改为按 5MB 增长。*/
```

4．删除数据库

语法格式：

```
DROP   DATABASE   <数据库名>
```

该语句会删除整个数据库，使用时一定要小心。

【例 3.5】 删除 XSCJ 数据库。

```
DROP   DATABASE   XSCJ
```

3.2.2 模式的定义与撤销

“模式”指在数据库中定义的由用户、角色拥有的命名空间，在这个空间中可以进一步定义其包含的数据库对象，如基本表、视图、索引等。如果把数据库看成是一个“房子”，模式则是房子的一个一个“房间”，每个房间有相应的“主人”，每个“房间”存放的“物品”就是数据库对象。是否支持“模式”这一概念与具体的 DBMS 有关。需要注意的是：此处“模式”的概念完全不同于数据库三级模式中的“模式”概念。

1．创建模式

语法格式：

```
CREATE   SCHEMA [<模式名>]   AUTHORIZATION   <用户名>
```

执行该语句的用户必须拥有 DBA 权限，或者获得了由 DBA 授予的 CREATE SCHEMA 权限。如果语句中默认模式名，则模式名同用户名。

【例 3.6】 定义一个学生课程模式 XS_KC。

```
CREATE   SCHEMA   'XS_KC'   AUTHORIZATION   马玉
```

2．撤销模式

当一个 SQL 模式及其所属的基本表、视图等都不需要时，可撤销模式。

语法格式：

```
DROP   SCHEMA   <模式名>   <CASCADE | RESTRICT>
```

该语句中 CASCADE（级联），表示执行 DROP 语句时，同时把该模式下的所有数据库对象（基本表、视图、索引等）一并删除；RESTRICT（约束），表示执行 DROP 语句时，只有当 SQL 模式中没有任何下属元素时，才能执行，否则拒绝该语句的执行。

【例 3.7】 撤销学生课程模式 XS_KC。

```
DROP SCHEMA XS_KC CASCADE
```

3.2.3 表的创建、修改与删除

表是数据库最基本的对象，在数据库中，通过表有效地对数据进行管理。一个表由表结构和表数据两部分构成，在创建数据库、模式之后，下一步就是创建表。

1. 创建表

语法格式：

```
CREATE TABLE <表名称>
( < 列定义> | [ ,< 列定义> ][ , < 表级完整性定义 > ] )
```

其中，<表名称>为：

```
[<数据库名>. <模式名> . | <模式名>. ] <表名>
```

<列定义>为：

```
<列名> <数据类型> [ <not null | null> ] [<列级完整性定义>]
```

注：列级、表级完整性请参考第 4 章。

在 CREATE TABLE 的语法结构中，除了必须定义表名称、列名及其数据类型外，还可以根据应用的需要定义列级、表级完整性约束条件。如果创建表结构时，未指定数据库及模式，则默认为当前数据库和系统默认定义的 dbo 模式。

执行 CREATE TABLE 语句的用户将自动成为数据库拥有者（.dbo），属于同一个数据库同一模式的两个表不能同名，但同一数据库不同模式的两个表可以同名。列定义包含列名、数据类型、为空性、列完整性定义。表 3.1、表 3.2、表.3.3 列出常用的数据类型，实际应用中，不同的 DBMS 可能有些差异。空值（NULL）等同于“未知值”或“没有值”，当某个字段使用 NOT NULL 时，表示此列不能为空值。

表 3.1 数值型

数 据 类 型	注 释
INTEGER	长整型，可缩写为 INT，范围 -2^{31}～$+2^{31}-1$
SMALLINT	短整型，范围 -2^{15}～$+2^{15}$
DECIMAL（m，n）	实型数，有 m 位数，其中小数点后 n 位数字
NUMERIC（m，n）	实型数，有 m 位数字，其中小数点后 n 位数字
FLOAT（n）	浮点数，精度为 n 位数字

表 3.2 字符型

数 据 类 型	注 释
CHAR（n）	长度为 n 的定长字符串，最大 254 个字符
VARCHAR（n）	长度为 n 的变长字符串，最大 32767 个字符
LONG VARCHAR（n）	长度为 n 的变长字符串，最大 32700 个字符

表 3.3　时间型

数据类型	注　释
DATE	日期，形式为 YYYY－MM－DD
TIME	时间，形式为 HH：MM：SS
TIMESTAMP	时间戳类型

【例 3.8】　定义学生数据库（XSCJ）的学生表（XS）、课程表（KC）和选课表（XS_KC）。

```
CREATE  DATABASE  XSCJ
CREATE TABLE XS
(
    学号 char （8）  not  null ,
    姓名 varchar （8）  not  null ,
    性别 bit not null ,                    /*值为 0：表示男生，值为 1：表示女生*/
    出生日期 smalldatetime not null ,
    专业  varchar （20） ,
    班级  char （4 ）,
    总学分 tinyint ,
    班干否 bit,
    备注  text
)
CREATE TABLE KC
(
    课程号 char （3）  not null ,
    课程名 varchar （8）  not null ,
    开课学期 tinyint not null ,
    学时 tinyint not null ,
    学分 tinyint
)
CREATE TABLE XS_KC
(
    学号 char （8）  not  null ,
    课程号 char （3）  not null ,
    成绩 tinyint
)
GO
```

后继章节的例中引用上述 3 个表时，将不再说明。

2．更改表

更改表包括修改表名、增加列、删除列、修改已有列的属性等操作。

语法格式：

```
ALTER TABLE  < 表名称 ><表结构修改>
```

<表结构修改>定义如下：

```
<定义新列>|<修改列定义>|<删除列>
<定义表级完整性>|<删除表级完整性>
```

【例 3.9】 设已在数据库 XSCJ 中创建了学生表 XS，现在对 XS 表按如下要求进行修改：

① 在表 XS 中增加一个新字段“政治面貌”。

```
USE XSCJ                                    /*打开 XSCJ 数据库*/
ALTER TABLE XS
    ADD  政治面貌 varchar（12）
```

② 在表 XS 中删除名为“班级”的字段。

```
USE XSCJ
ALTER TABLE XS
    DROP COLUMN 班级
```

注意：在学号中已经包含了班级信息，班级字段增加了 XS 表的数据冗余度，因此删除班级字段。另外，在删除一个列以前，必须先删除基于该列的所有索引和约束。

③ 修改表 XS 中已有字段的属性：将名为“姓名”的字段长度由原来的 8 改为 10；将名为“出生日期”的字段的数据类型由原来的 smalldatetime 改为 datetime。

```
USE XSCJ
ALTER TABLE XS
    ALTER COLUMN 姓名 char（10）
    ALTER COLUMN 出生日期 datetime
```

3．删除表

语法格式：

```
DROP  TABLE  <表名称>
```

该语句执行时，要求被删除的表不被其他表引用，如果被引用了，必须先删除相关的外键或是整个引用表。删除表的同时所有链接的数据库对象，如索引、视图、权限等也会被删除。

【例 3.10】 删除 XS 表。

```
DROP  TABLE  XS
```

3.2.4 索引的创建与删除

1．创建索引

在应用中，常常需要对表中的一列或几列按其值的升序或降序创建索引，建立索引值与数据记录之间的对应关系，从而提高对数据的查询效率。

语法格式：

```
CREATE  [UNIQUE|CLUSTERED] INDEX <索引名>
ON  < 表名称>
（ <列名 [ ASC|DESC ]> [, <列名 [ ASC|DESC ]> ] ）
```

UNIQUE 表示创建唯一索引，即每一个索引值只对应唯一的数据记录。CLUSTER 表示创建聚簇索引，聚簇索引是指索引项的顺序与表中记录的物理顺序一致的索引组织方式，通常，更新该索引列上的数据时代价较大，因此对于经常更新的列一般不建立聚簇索引。ASC 指按升序建立索引，DESC 指按降序建立索引，默认值为 ASC。

【例 3.11】 为 XSCJ 数据库中的 XS，KC，XS_KC 三张表建立索引。其中 XS 表按学号升序创建唯一索引，KC 表按课程号升序创建唯一索引，XS_KC 按学号升序和课程号降序创建唯一索引。

```
CREATE UNIQUE INDEX XH ON XS （学号）
CREATE UNIQUE INDEX KCH ON KC （课程号）
CREATE UNIQUE INDEX XHKCH ON XS_KC （学号 ASC，课程号 DESC）
```

2．删除索引

语法格式：

```
DROP   INDEX   <索引名>
```

【例 3.12】 删除 XS 表的 XH 索引。

```
DROP INDEX   XH
```

3.3 数据操作

定义数据库的表之后，即可根据应用的需要，对表数据进行各种操作，例如，将数据插入表，对数据进行修改，以及删除表中某些过时的数据。

3.3.1 数据插入

（1）插入单一记录

语法格式：

```
INSERT INTO   <表名>[ （ <列名 1>,…,<列名 n> ）]   VALUES （ <表达式 1>,…, <表达式 n>）
```

此语句用于向指定表插入一条记录。〈表达式 1〉, …，〈表达式 n〉必须与<列名 1>,…,<列名 n>的顺序、个数、类型一一对应。如果 INTO 子句中没有指明任何列名，则相当于给每个列都赋值，顺序同列的默认顺序。

【例 3.13】 向 XSCJ 数据库的表 XS 中插入如下的一行：（07030203 周涛 男 1989-9-10 通信工程 8）

```
INSERT INTO XS
    VALUES（'07030203','周涛', '男','1983-9-10','通信工程',8 ）
```

【例 3.14】 设已用如下的语句建立了表 test。

```
CREATE TABLE test
（    姓名   char（20） NOT NULL,
      专业   varchar（30），
      年级   tinyint NOT NULL
）
```

那么，用如下的 INSERT 语句向 test 表中插入一条记录：

```
INSERT INTO test （姓名,年级）
      VALUES （'王林',3）
```

此时，插入到 test 表中的这条记录为：王林,3

（2）插入子查询结果

语法格式：

```
INSERT INTO  <表名> [ （ <列名 1>,…,<列名 n> ）] <子查询表达式>
```

此语句用于将一个子查询的结果插入到指定表中。子查询表达式对应于一条 SELECT 语句，SELECT 子句中表达式的顺序、类型及个数应与 INTO 子句中列的顺序、每列类型及列数一致。3.4 节将详细介绍 SELECT 语句的应用。

【例 3.15】 设在 XSCJ 数据库中用如下的 CREATE 语句创建了表 XS1：

```
USE XSCJ
CREATE TABLE XS1
（   num   char（8）  NOT NULL,
     name   char（10）  NOT NULL,
     speciality char（12）  NULL
）
```

那么，使用如下的 INSERT 语句向 XS1 表中插入数据：

```
INSERT INTO XS1
      SELECT 学号,姓名,专业
            FROM XS
            WHERE 专业='计算机应用'
```

3.3.2 更新记录

语法格式：

```
UPDATE  <表名称>
SET  <列名 1>=< 表达式 1 > [,…, <列名 n>=< 表达式 n> ]
[WHERE  <条件表达式>]
```

该语句的功能是对指定表中满足 WHERE 子句指定条件的记录进行修改，其中 SET 子句给出需修改的列及其新值。若不使用 WHERE 子句，则更新表中所有记录的指定列值。

【例 3.16】 将 XSCJ 数据库 XS 表中学号为“07050101”对应记录的“专业”字段值改为“网络工程”。

```
USE XSCJ
UPDATE XS
      SET 专业 ='网络工程'
      WHERE 学号 =  '07050101'
```

【例 3.17】 将 XS 表中学号为“07030202”记录的姓名字段值改为“朱静”，专业改为“英语”，性别改为“女”。

```
UPDATE XS
      SET 姓名 ='朱静', 专业 =  '英语', 性别 ='女'
      WHERE 学号 =  '07030202'
```

【例 3.18】 将 XS 表中专业为“计算机应用”的各记录“总学分”字段值增加 10。

```
UPDATE XS
    SET 总学分 = 总学分 + 10
    WHERE 专业='计算机应用'
```

3.3.3 删除记录

语法格式：

```
DELETE [FROM] <表名称 >
[WHERE 子句 ]
```

该语句的功能为从指定的表中删除满足条件的记录。若省略 WHERE 子句，表示删除表中的所有记录。

【例 3.19】 将 XSCJ 数据库 XS 表中性别为“男”的行删除。

```
DELETE FROM XS
    WHERE 性别='男'
```

【例 3.20】 删除所有学生记录。

```
DELETE  FROM  XS                    /*该语句删除 XS 表所有行，XS 成了空表。*/
```

3.4 数据查询

使用数据库的主要目的是对数据进行集中高效的存储和管理，可进行灵活多样的查询、统计和输出等操作。例如，我们在 3.2 节中创建了学生成绩数据库 XSCJ，就可以查询任一学生的选课及课程成绩等信息。

数据库查询是数据库的核心操作，SQL 语言提供了 SELECT 语句进行数据库查询，该语句具有强大的功能和十分灵活的使用方式。下面介绍 SELECT 语句，SELECT 语句很复杂，其基本的语法如下：

语法格式：

```
SELECT 子句                    /*指定要选择的目标表达式*/
FROM  子句                     /*指定表或视图*/
  [ WHERE 子句 ]               /*指定查询条件*/
  [ GROUP BY 子句              /*指定分组方式*/
  [ HAVING 子句 ] ]            /*指定分组统计条件*/
  [ ORDER BY 子句 ]            /*指定排序方式和顺序*/
```

SELECT 语句的含义是：根据 WHERE 子句指定的条件，从 FROM 子句指定的基本表或视图中查找满足条件的记录，再按 SELECT 子句指定的目标表达式形成结果输出。例如，如下查询语句从 XS 表中查找专业为“计算机应用”的各记录：

```
SELECT 学号,姓名,专业
    FROM XS
    WHERE 专业='计算机应用'
```

SELECT 语句中各子句的基本作用如下：

① SELECT 子句，指出输出结果的目标表达式。

② FROM 子句，指出查找的数据源。

③ WHERE 子句，指出查询条件。

④ GROUP BY 子句，指出需对结果进行的分组。

⑤ HAVING 子句，指出在 GROUP BY 子句的基础上需进行的条件筛选。

⑥ ORDER BY 子句，指出对结果的排序方式。

SELECT 语句可以完成单表查询、连接查询和嵌套查询。下面讨论 SELECT 语句中各子句的基本语法和主要用法。

3.4.1 单表查询

单表查询指仅涉及一个表的查询，下面从选择列、选择行、对查询结果排序、使用聚合函数、对查询结果分组、使用 HAVING 子句进行筛选等方面说明对单表的查询操作。

SELECT 子句说明了查询语句希望得到的结果，其使用形式定义如下：

```
SELECT [ DISTINCT | ALL ] <目标表达式> [ [ AS ] < 别名> ] [,<目标表达式> [ [ AS ] < 别名> ]]
```

其中，DISTINCT 表示查询结果中删除重复的行，ALL 表示不删除重复行，默认为 ALL；<别名>用于给目标表达式一列标题。

1. 选择列

目标表达式为表中的部分或全部列。

（1）选择一个表中指定的列

【例 3.21】 查询 XSCJ 数据库的 XS 表中各个学生的学号、姓名和专业。

```
SELECT 学号,姓名,专业
    FROM XS
```

（2）查询全部列

当在 SELECT 语句目标表达式的位置上使用“*”时，表示查询表的所有列。

【例 3.22】 查询 XS 表中的所有列。

```
SELECT * FROM XS
```

该语句等价于：

```
SELECT 学号,姓名,性别,出生日期,专业,班级,总学分,班干否,备注
    FROM XS
```

（3）修改查询结果中的列标题

【例 3.23】 查询 XS 表中计算机系同学的学号、姓名和性别，结果中各列的标题分别指定为 Sno、Sname 和 Ssex（其中的关键字“AS”可以省略）。

```
SELECT 学号 AS Sno,姓名 AS Sname,性别 AS Ssex  FROM XS
   WHERE 专业='计算机应用'
```

（4）替换查询结果中的数据

在对表进行查询时，有时对所查询的某些列希望得到的是一种概念而不是具体的数据。例如，查询 XS 表的总学分，所希望知道的是学生学习是否优秀的情况，这时，就可以用等级来替换总学分的具体值。

要替换查询结果中的数据，则要使用查询中的 CASE 表达式，格式为：

```
CASE
    WHEN 条件 1   THEN 表达式 1
    WHEN 条件 2   THEN 表达式 2
    ……
    ELSE 表达式
END
```

【例 3.24】 查询 XS 表中各学生的学号、姓名和性别，对其性别按以下规则替换：若性别为“男”，替换为“male”；为“女”，替换为“female”。所用的 SELECT 语句为：

```
SELECT 学号, 姓名,
    性别 =
        CASE
            WHEN 性别='男' THEN 'male'
            WHEN 性别='女' THEN 'female'
        END
    FROM XS
```

（5） 查询经过计算的值

使用 SELECT 语句对列进行查询时，不仅可以直接以列的原始值作为结果，而且可将列表达式的值作为查询结果。

【例 3.25】 给 XS 表所有“通信工程”专业的学生总学分加 2。所用的 SQL 语句为：

```
SELECT  学号, 姓名, 出生日期, 总学分 = 总学分+2
   FROM XS
```

列表达式中可使用的算术运算符有：+（加）、-（减）、*（乘）、/（除），这些算术运算符可以用于任何数字类型的列，包括：int，smallint，bigint，decimal，numeric，float，real，double。除法在不同的 SQL 产品中规则可能不同。

2．选择行

选择表中的部分或全部行作为查询的结果。

（1）查询满足条件的行

查询满足条件的行通过 WHERE 子句实现。WHERE 子句就像过滤器，可以从 FROM 子句的中间结果中筛选出满足条件的行。查询条件是由运算符和运算量构成的一个逻辑表达式，其运算结果为逻辑值（TRUE 或 FALSE）。逻辑表达式中可包含比较、指定范围、确定集合、字符匹配、空值比较和逻辑运算。为使读者更清楚地了解查询条件，我们将 WHERE 子句的查询条件列于表 3.4 中。在 SQL 中，返回逻辑值的运算符或关键字都称为谓词。

① 表达式比较

比较运算符用于比较两个表达式值，共有 6 个，分别是：=（等于）、<（小于）、<=（小于等于）、>（大于）、>=（大于等于）、<>（不等于）。比较运算的格式为：

```
表达式 1 { = | < | <= | > | >= | <> } 表达式 2
```

当两个表达式值均不为空值（NULL）时，比较运算返回逻辑值 TRUE（真）或 FALSE（假）；而当两个表达式值中有一个为空值或都为空值时，比较运算将返回 UNKNOWN。

表 3.4　常用查询条件

查询条件	谓　词
比较	<=，<，=，>=，>，<>
指定范围	BETWEEN AND，NOT BETWEEN AND，IN
确定集合	IN，NOT IN
字符匹配	LIKE，NOT LIKE
空值	IS NULL，IS NOT NULL
逻辑运算	AND，OR，NOT

【例 3.26】　查询 XSCJ 数据库 XS_KC 表中成绩在 80 分及以上的学生情况。

```
SELECT *
    FROM XS_KC
    WHERE 成绩 >= 80
```

【例 3.27】　查询 XS_KC 表中选修了课程号为“101”的所有学生情况。

```
SELECT *
    FROM XS_KC
    WHERE 课程号 = '101'
```

② 指定范围

用于范围比较的关键字有两个：BETWEEN 和 NOT BETWEEN，用于查找字段值是否在指定的范围内。BETWEEN（NOT BETWEEN）关键字格式为：

```
表达式 [ NOT ] BETWEEN 表达式 1 AND 表达式 2
```

其中 BETWEEN 关键字之后是范围的下限（即低值），AND 关键字之后是范围的上限（即高值）。当不使用 NOT 时，若表达式的值在表达式 1 与表达式 2 之间（包括这两个值），则返回 TRUE，否则返回 FALSE；使用 NOT 时，返回值刚好相反。

【例 3.28】　查询 XS 表中出生日期在“1989-1-1”与“1989-12-31”之间的学生情况。

```
SELECT *
    FROM XS
    WHERE 出生日期 BETWEEN '1989-1-1' AND '1989-12-31'
```

【例 3.29】　查询 XS 表中不在 1989 年出生的学生情况。

```
SELECT *
    FROM XS
    WHERE 出生日期 NOT BETWEEN '1989-1-1' and '1989-12-31'
```

③ 确定集合

使用 IN 关键字可以指定一个值表集合，值表中列出所有可能的值，当表达式与值表中的任一个匹配时，即返回 TRUE，否则返回 FALSE。使用 IN 关键字指定值表集合的格式为：

```
表达式 IN （表达式 1 [,…,表达式 n]）
```

【例 3.30】　查询 XS 表中专业为“计算机应用”、“通信工程”或“英语”的学生情况。

```
SELECT *
    FROM XS
    WHERE 专业 IN ('计算机应用','通信工程','英语')
```

与 IN 相对的是 NOT IN，用于查找列值不属于指定集合的行。

【例 3.31】 查询 XS 表中专业既不是“计算机应用”、“通信工程”，也不是“英语”的学生的情况：

```
SELECT *
    FROM XS
    WHERE 专业 NOT IN ('计算机应用','通信工程','英语')
```

④ 字符串匹配

LIKE 谓词用于字符串匹配，其运算对象可以是 char、varchar 等数据类型的数据，返回逻辑值 TRUE 或 FALSE。LIKE 谓词表达式的格式为：

```
指定列 [ NOT ] LIKE 匹配串
```

其含义是查找指定列值与匹配串相匹配的行。匹配串可以是一个完整的字符串，也可以是含有通配符%或_（下划线）的字符串。其中：

%代表任意长度（包括 0）的字符串。例如 a%c 表示以 a 开头、以 c 结尾的任意长度的字符串，abc，abcc，axyc 等都满足此匹配串。

_代表任意一个字符。例如，a_c 表示以 a 开头、以 c 结尾、长度为 3 的字符串，abc，acc，axc 等都满足此匹配串。

LIKE 匹配中使用通配符的查询也称模糊查询。如果没有%或_，则 LIKE 运算符等同于“=”运算符。

【例 3.32】 查询 XS 表中“计算机应用”专业的学生情况。

```
SELECT *
    FROM XS
    WHERE 专业 LIKE '计算机应用'
```

如果 LIKE 后面的匹配串不含通配符，那么可以用=（等号）运算符来替代 LIKE 谓词，用!=或<>（不等于）运算符来替代 NOT LIKE 谓词。

下面的 SELECT 语句与上面的语句等价：

```
SELECT *
    FROM XS
    WHERE 专业 ='计算机应用'
```

【例 3.33】 查询 XS 表中姓“王”且单名的学生情况。

```
SELECT *
    FROM XS
    WHERE 姓名 LIKE '王__'                /*一个汉字占两个字节*/
```

⑤ 空值比较

当需要判定一个表达式的值是否为空值时，使用 IS NULL 关键字，格式为：

```
表达式  IS [ NOT ] NULL
```

当不使用 NOT 时，若表达式 expression 的值为空值，返回 TRUE，否则返回 FALSE；当使用 NOT 时，结果刚好相反。

【例 3.34】 查询 XS 表中专业尚不定的学生情况。

```
SELECT *
    FROM XS
    WHERE 专业 IS NULL
```

⑥ 多重条件查询

逻辑运算符 AND 和 OR 可用来连接多个查询条件。AND 的优先级高于 OR，使用括号可以改变优先级。

【例 3.35】 查询“计算机应用”专业、性别为“男”的学生姓名和学号。

```
SELECT 学号,姓名
    FROM XS
    WHERE 专业 ='计算机应用'  AND 性别 ='男'
```

（2）消除结果集中的重复行

对于关系数据库来说，表中的每一行都必须是不完全相同的。但当我们对表只选择其中的某些列时，就可能会出现重复行。例如，若对 XSCJ 数据库的 XS_KC 表只选择学号，就出现多行重复的情况。

【例 3.36】 对 XSCJ 数据库的 XS_KC 表只选择查询学号、课程号列，消除结果集中的重复行。SQL 语句为：

```
SELECT DISTINCT 学号, 课程号
    FROM XS_KC
```

注意：关键字 DISTINCT 的含义是对结果集中的重复行只选择一个，保证行的唯一性。与 DISTINCT 相反，当使用关键字 ALL 时，将保留结果集的所有行。

3．对查询结果排序

在应用中经常要对查询的结果排序输出，例如按借书的数量对学生排序、按价格对书进行排序等。SELECT 语句的 ORDER BY 子句可用于对查询结果按照一个字段、多个字段、表达式或序号进行升序（ASC）或降序（DESC）排列，默认值为升序（ASC）。ORDER BY 子句的格式为：

```
ORDER BY <排序表达式> [ ASC | DESC ] [ , <排序表达式> [ ASC | DESC ]]
```

【例 3.37】 将 XS 表中的所有学生的学号和出生日期按升序排序。

```
SELECT *
    FROM XS
    ORDER BY 学号,出生日期
```

4．使用聚合函数

对表数据进行检索时，经常需要对结果进行计算或统计，例如，在学生借书数据库中求学生借书的总数、统计各书的价值等。SELECT 子句的表达式可以包含一些聚合函数（也称为统计、组、集合或列函数）用来增强检索功能。如果没有 GROUP BY 子句，则 SELECT 子句中的聚合函数会对所有的行进行操作。

常用的聚合函数列于表 3.5 中，下面介绍这些聚合函数的应用。

表 3.5　常用聚合函数表

函 数 名	说　明
AVG	求组中值的平均值
COUNT	求组中项数，返回 int 类型整数
MAX	求最大值
MIN	求最小值
SUM	返回表达式中所有值的和

（1）SUM 和 AVG

SUM 和 AVG 分别用于求表达式中所有值项的总和与平均值，语法格式为：

SUM | AVG （ [ALL | DISTINCT] 表达式 ）

其中表达式可以是常量、列、函数或表达式，其数据类型只能是数值类型：int、smallint，decimal，numeric，float，real。ALL 表示对所有值进行运算，DISTINCT 表示去除重复值，默认为 ALL。

【例 3.38】　查询 XS_KC 表中所有学生的平均成绩。

```
SELECT  AVG（成绩）  AS  '平均成绩'
   FROM  XS_KC
```

（2）MAX 和 MIN

MAX 和 MIN 分别用于求表达式中所有值项的最大值与最小值，语法格式为：

```
MAX | MIN （ [ ALL | DISTINCT ] 表达式 ）
```

其中表达式可以是常量、列、函数或表达式，其数据类型可以是数字、字符和时间日期类型。ALL、DISTINCT 的含义及默认值与 SUM/AVG 函数相同。

【例 3.39】　查询 XS_KC 表中最高和最低的成绩。

```
SELECT MAX（成绩） AS '最高成绩', MIN（成绩） AS '最低成绩'
FROM XS_KC
```

SUM、AVG、MAX 和 MIN 都适用以下规则：

- 如果某个给定行中的一列仅包含 NULL 值，则函数的值等于 NULL 值；
- 如果一列中的某些值为 NULL 值，则函数的值等于所有非 NULL 值的平均值除以非 NULL 值的数量（不是除以所有值）；
- 对于必须计算的 SUM 和 AVG 函数，如果中间结果为空，则函数的值等于 NULL 值。

（3）COUNT

COUNT 用于统计组中满足条件的行数或总行数，格式为：

```
COUNT （ { [ ALL | DISTINCT ] 表达式 } | * ）
```

ALL，DISTINCT 的含义及默认值与 SUM/AVG 函数相同。选择*时将统计总行数。COUNT 用于计算列中非 NULL 值的数量。

【例 3.40】　查询学生总数。

```
SELECT  COUNT（*）  AS  '学生总数'
   FROM XS
```

【例 3.41】　查询选修了课程号为 101 的学生数。

```
SELECT  COUNT（*）  AS '学生数'
```

```
    FROM   XS_KC
    WHERE 课程号 ='101'
```

5. 对查询结果分组

SELECT 语句的 GROUP BY 子句用于将查询结果表按某列或多列值进行分组，对查询结果分组的目的是为了细化聚合函数的作用对象。GROUP BY 子句的语法格式如下：

```
GROUP BY < 表达式 >[, < 表达式 >]   [ WITH { ROLLUP | CUBE} ]
```

用于分组的< 表达式 >可为字段名，WITH 指定 CUBE 或 ROLLUP 操作符，CUBE 或 ROLLUP 与聚合函数一起使用，在查询结果中增加附加记录。

注意：使用 GROUP BY 子句后，SELECT 子句中的列表中只能包含在 GROUP BY 中指出的列或在聚合函数中指定的列。

【例 3.42】 将 XS_KC 表中的学生按课程号分组。

```
SELECT 课程号
    FROM XS_KC
    GROUP BY 课程号
```

【例 3.43】 查询各课程选修的学生数。

```
SELECT 课程号,COUNT（*） AS '学生数'
    FROM XS
    GROUP BY 课程号
```

【例 3.44】 查询每个专业的男生、女生人数、总人数及学生总人数。

```
SELECT 专业, 性别 , COUNT（*） AS '人数'
    FROM XS GROUP BY 专业,性别 WITH ROLLUP
```

若使用了带 ROLLUP 操作符的 GROUP BY 子句，那么在查询结果表中不仅包含由 GROUP BY 提供的正常行，还包含汇总行。

【例 3.45】 统计各专业男生、女生人数及学生总人数，标志汇总行。

```
SELECT 专业, 性别 , COUNT（*） AS '人数',
    GROUPING （专业） AS 'spec', GROUPING（性别） AS 'XS'
    FROM XS GROUP BY 专业,性别 WITH CUBE
```

如果使用带 CUBE 操作符的 GROUP BY 子句，CUBE 操作符将对 GROUP BY 子句中各列的所有可能组合均产生汇总行。

6. 使用 HAVING 子句进行筛选

如果分组后还需要按一定的条件对这些组进行筛选，最终只输出满足指定条件的组，那么可以使用 HAVING 子句来指定筛选条件。HAVING 子句的目的类似于 WHERE 子句，差别在于 WHERE 子句在 FROM 子句已被处理后选择行，而 HAVING 子句在执行 GROUP BY 子句后选择行，因此 HAVING 子句只能与 GROUP BY 子句结合使用。例如，查找男生数超过 2 的专业（这是针对我们的样本数据做的假设），就是在 XS 表上按专业、性别分组后筛选出符合条件的专业。HAVING 子句的格式为：

```
[ HAVING <条件表达式 > ]
```

其中<条件表达式 >与 WHERE 子句的查询条件类似，并且可以使用聚合函数。

【例 3.46】 查找男生数或女生数不少于 2 的专业及学生人数。

```
SELECT 专业,性别=
   CASE
      WHEN 性别=0   THEN '男生'
      WHEN 性别=1   THEN '女生'
    END, count（*）  AS '人数'
    FROM XS
GROUP BY 专业, 性别
      HAVING count（*） > =2
```

在 SELECT 语句中，当 WHERE、GROUP BY 与 HAVING 子句都被使用时，要注意它们的作用和执行顺序：WHERE 用于筛选由 FROM 指定的数据对象；GROUP BY 用于对 WHERE 的结果进行分组；HAVING 则是对 GROUP BY 以后的分组数据进行过滤。

【例 3.47】 查找男生人数超过 2 的专业。

```
SELECT 专业
    FROM XS
    WHERE 性别=0   /*表示男生*/
    GROUP BY 专业
          HAVING count（*）  >= 2
```

分析：本查询将 XS 表中性别值为 0 的记录按专业分组，对每组记录计数，选出记录数大于 2 的各组的专业值形成结果表。

3.4.2 连接查询

前面的查询都是针对一个表进行的。若一个查询同时涉及两个或两个以上的表，则称为连接查询。连接是两元运算，可以对两个或多个表进行查询，结果通常是含有参加连接运算的两个表（或多个表）的指定列的表。例如，在 XSCJ 数据库中需要查询选修了课程名称为“计算机基础”的学生的学号、姓名、专业时，就需要将 XS、XS_KC 和 KC 三个表进行连接，才能查找到结果。

连接查询是关系数据库中最主要的查询。连接的方式有两种：一种是由 FROM 子句和 WHERE 子句指定连接条件组成，有时称这种连接为隐式连接；另一种是通过关键词 JOIN 显示连接。

以下是 FROM 子句的定义：

```
FROM   <表名称> [ [ AS ] <别名> ] [,<表名称> [ [ AS ] <别名> ]]
```

1. 连接谓词

可以在 SELECT 语句的 WHERE 子句中使用比较运算符给出连接条件对表进行连接，将这种表示形式称为连接谓词表示形式。连接谓词又称为连接条件，其一般格式为：

```
[<表名 1.>] <列名 1> <比较运算符> [<表名 2.>] <列名 2>
```

其中比较运算符主要有：<、<=、=、>、>=、<>、，当比较符为“=”时，称为等值连接。若在等值连接的目标列中去除相同的字段名，则称为自然连接。

此外，连接谓词还可以采用以下形式：

```
[<表名 1.>] <列名 1> BETWEEN [<表名 2.>] <列名 2>AND[<表名 2.>] <列名 3>
```

连接谓词中的列名称为连接字段。连接条件中的各连接字段类型必须是可比的，但不必是相同的。

【例 3.48】 查找 XSCJ 数据库中每个学生所选课程及其成绩信息。

```
SELECT XS.*, XS_KC.*
    FROM    XS, XS_KC
    WHERE   XS.学号 =XS_KC.学号
```

结果表将包含 XS 表和 XS_KC 表的所有列。

其中，XS.* 和 XS_KC.*是限定形式的列名，XS.*表示选择 XS 表的所有列，XS_KC.*表示选择 XS_KC 表的所有列。如果要指定某个表的某一列，则使用格式：表名.列名。例如，XS.学号，表示指定 XS 表的“学号”列。上述格式中“表名”前缀的作用是为了避免混淆。例如，表 XS 和 XS_KC 都包含“学号”列，如果在查询语句中不指定是哪个表中的该列，那么语句执行就会出错。

【例 3.49】 查找 XSCJ 数据库中每个学生所选课程及成绩信息，去除重复列。

```
SELECT DISTINCT XS.*, XS_KC.课程号, XS_KC.成绩
    FROM XS , XS_KC
    WHERE XS.学号 = XS_KC.学号
```

本例所得的结果表包含以下字段：学号、姓名、专业、性别、出生日期、课程号、成绩等。这种在等值连接中把重复列去除的情况称为自然连接查询。

若选择的列在各表中没有同名的，则可省略表名前缀。如本例的 SELECT 子句也可写为：

```
SELECT DISTINCT XS.*, 课程号, 成绩
    FROM XS , XS_KC
    WHERE XS.学号 = XS_KC.学号
```

【例 3.50】 查找选修了课程号为“101”的学生姓名及专业。

```
SELECT 姓名, 专业
    FROM XS, XS_KC
    WHERE XS.学号 = XS_KC.学号 AND XS_KC.课程号 = '101'
```

在表查询时，还可以使用表的别名。例如，例 3.49 所要求的查询语句也可以这样写：

```
SELECT 姓名, 专业
    FROM XS a, XS_KC b
    WHERE a.学号 = b.学号 AND b.课程号 = '101'
```

上述语句中“FROM XS a, XS_KC b”分别为表 XS 和 XS_KC 指定别名 a 和 b。为表指定别名后，引用表中的列时，可用别名作为表名前缀，如本例中的 a.学号、b.学号等。

【例 3.51】 在 XSCJ 数据库中查询选修了课程名为“计算机应用”的学生的学号、姓名、专业、课程名及对应课程的成绩。

```
SELECT XS.学号, XS.姓名, XS.专业, KC.课程名, XS_KC.成绩
    FROM XS, XS_KC, KC
    WHERE XS.学号 = XS_KC.学号 AND XS_KC.课程号 = KC.课程号
        AND KC.课程名 = '计算机应用'
```

2. 以 JOIN 关键字指定的连接

以 JOIN 关键字指定的连接，通过扩展 FROM 子句实现，其语法格式如下：

```
FROM   <表名称> [INNER | {LEFT | RIGHT | FULL} [OUTER] JOIN <表名称> ON <条件表达式>
```

在此，INNER JOIN 表示自然连接；OUTER JOIN 表示外连接，其中又可分为左外连接、右外连接、全外连接。

（1）内连接

内连接按照 ON 所指定的连接条件合并两个表，返回满足条件的行。

【例 3.52】 查找 XSCJ 数据库中每个学生的情况及学习课程的情况。

```
SELECT *   FROM XS
    INNER JOIN XS_KC ON XS.学号 = XS_KC.学号
```

结果表将包含 XS 表和 XS_KC 表的所有字段（不去除重复字段—学号）。若要去除重复的学号字段，可将 SELECT 子句改为：

```
SELECT XS.*, XS_KC.课程号, XS_KC.成绩
```

内连接是系统默认的，可以省略 INNER 关键字。使用内连接后仍可使用 WHERE 子句指定条件。

【例 3.53】 用 FROM 的 JOIN 关键字表达下列查询：查询选修了课程号为“102”的学生姓名及专业。

```
SELECT 姓名, 专业
    FROM XS
    JOIN XS_KC ON XS.学号 = XS_KC.学号
    WHERE 课程号 = '102'
```

内连接还可以用于多个表的连接。

【例 3.54】 用 FROM 的 JOIN 关键字表达下列查询：在 XSCJ 数据库中查询选修课程名为计算机应用的学生的学号、姓名、专业，及其成绩。

```
SELECT XS.学号, 姓名, 专业, KC.课程名, XS_KC.成绩
    FROM XS
    JOIN XS_KC JOIN KC ON XS_KC.课程号 = KC. 课程号 ON XS.学号 = XS_KC.学号
    WHERE 课程名 = '计算机应用'
```

作为一种特例，可以将一个表与它自身进行连接，称为自连接。若要在一个表中查找具有相同列值的行，则可以使用自连接。使用自连接时需为表指定两个别名，且对所有列的引用均要用别名限定。

（2）外连接

在通常的连接操作中，只有满足连接条件的行才能作为结果输出，但有些情况下，需要列出相应表的所有情况。以学生表为例，列出每个学生的基本情况和学习成绩情况，若某个学生没有选课，那么就只输出其基本情况，其课程成绩信息为空值即可，这时就需要使用外连接（OUTER JOIN），外连接包括 3 种：

- 左外连接（LEFT OUTER JOIN）：结果表中除了包括满足连接条件的行外，还包括左表的所有行；
- 右外连接（RIGHT OUTER JOIN）：结果表中除了包括满足连接条件的行外，还包括

右表的所有行；

- 完全外连接（FULL OUTER JOIN）：结果表中除了包括满足连接条件的行外，还包括两个表的所有行。

其中的 OUTER 关键字均可省略。

【例 3.55】 查找所有学生情况，以及他们的课程成绩，若学生没有任何课程成绩记录，也要包括该学生的基本信息。

```
SELECT XS.*, 课程号, 成绩 FROM XS
    LEFT OUTER JOIN XS_KC ON XS.学号 = XS_KC.学号
```

本例执行时，若有学生未选任何课程，则结果表中相应行的课程号字段值为 NULL。

注意：外连接只能对两个表进行。

3.4.3 嵌套查询

在 SQL 语言中，一个 SELECT-FROM-WHERE 语句称为一个查询块。在 WHERE 子句或 HAVING 子句所表示的条件中，可以使用另一个查询的结果（即一个查询块）作为条件的一部分，例如判定列值是否与某个查询结果集中的值相等。如果在一个查询的 WHERE 子句或 HAVING 子句的条件中嵌套有查询块，则称这种查询为嵌套（子）查询。

【例 3.56】 在学生表中查找选修了“101”课程的学生学号。

```
SELECT 学号
    FROM XS
    WHERE 学号 IN
        (SELECT 学号
            FROM XS_KC
            WHERE 课程号='101'
        )
```

本例中，下层查询块 SELECT 学号 FROM XS_KC WHERE 课程号='101' 是嵌套在上层查询块 SELECT 姓名 FROM XS WHERE 学号 IN 的条件中的。上层的查询块称为外层查询或父查询，下层的查询块称为内层查询或子查询。

嵌套查询一般的求解方法是由内向外处理，即每个子查询在上一层查询处理之前求解，子查询的结果用于建立其父查询的查找条件。以这种层层嵌套的方式来构造查询语句正是 SQL 中“结构化”的含义所在。

需要特别指出的是，子查询的 SELECT 语句中不能包含 ORDER BY 子句，ORDER BY 子句只能对最终查询结果进行排序。

子查询除了可用在 SELECT 语句中，还可用在 INSERT、UPDATE 及 DELETE 语句中。

子查询通常与 IN、EXIST 谓词及比较运算符结合使用。以下分别介绍 IN 子查询、比较子查询和 EXISTS 子查询。

1. IN 子查询

在嵌套查询中，子查询的结果往往是一个集合，所以 IN 是嵌套查询中最常使用的谓词。IN 子查询常用于判定一个给定值是否在子查询结果集中，格式为：

```
表达式 [ NOT ] IN （子查询 ）
```

当表达式与子查询的结果集中的某个值相等时，IN 谓词返回 TRUE，否则返回 FALSE；若使用了 NOT，则返回的值刚好相反。

注意：IN 和 NOT IN 子查询只能对单列数据进行测试。

【例 3.57】 查找与学号为 07050101 的学生选修同样课程的学生情况。

我们先分步来完成此查询，然后再构造嵌套查询。

第一步先确定学号为 07050101 的学生所选的课程：

```
SELECT 课程号
    FROM XS_KC
    WHERE 学号='07050101'
```

第二步查找所有选修了第一步查询结果中的课程号的学生：

```
SELECT *
    FROM XS_KC
    WHERE 课程号 IN （'101', '102', '103', '202', '203'）
```

现在我们来构造嵌套查询，把第一步查询嵌入到第二步查询的条件中，所构造的嵌套查询语句如下：

```
SELECT * FROM XS_KC
     WHERE 课程号 IN
          （SELECT 课程号 FROM XS_KC
               WHERE 学号='07050101'
          ）
```

当执行包含子查询的 SELECT 语句时，系统实际上也是分步进行的：先执行子查询，产生一个结果表，再执行父查询。该查询也可以用自连接来完成：

```
SELECT a.学号, a.课程号, a.成绩
    FROM XS_KC as a, XS_KC as b
    WHERE a.课程号 = b.课程号 AND b.学号 = '07050101'
```

可见，实现同一个查询可以有多种方法，有的查询既可以用子查询来表达，也可以用连接表达。通常使用子查询表示时可以将一个复杂的查询分解为一系列的逻辑步骤，条理清晰，易于构造；而使用连接表示有执行速度快的优点。

有些嵌套查询可以用连接查询替代，有些则不能。

【例 3.58】 查找未选修课程名为“程序设计语言”的学生情况。

```
SELECT XS.学号, 姓名, 性别, 出生日期, 专业
     FROM XS
     WHERE 学号 NOT IN
          （ SELECT 学号
               FROM XS_KC
               WHERE 课程号 IN
                    （ SELECT 课程号
                         FROM KC
                         WHERE 课程名 ='程序设计语言'
                    ）
```

```
)
```

本例的执行过程：

首先，在 KC 表中找到课程名为“程序设计语言”的课程号“203”；

然后，在 XS_KC 表中找到选修了课程号为“203”的学生的学号， 07050101、07030201；

最后，在 XS 表中取出学号不在集合（07050101，07030201）中的学生情况，作为结果表。

在例 3.56 和 3.57 中，各个子查询都只执行一次，其结果用于父查询，即子查询的查询条件不依赖于父查询，这类子查询称为不相关子查询，不相关子查询是最简单的一类子查询。

2．比较子查询

比较子查询是指父查询与子查询之间用比较运算符进行关联。如果我们能够确切地知道子查询返回的是单个值时，就可以使用比较子查询。这种子查询可以认为是 IN 子查询的扩展，它使表达式的值与子查询的结果进行比较运算，格式为：

```
表达式 { < | <= | = | > | >= | <> } { ALL | SOME | ANY } （子查询 ）
```

其中表达式为要进行比较的表达式，ALL，SOME 和 ANY 说明对比较运算的限制，

ALL 指定表达式要与子查询结果集中的每个值都进行比较，当表达式与每个值都满足比较的关系时，才返回 TRUE，否则返回 FALSE。

SOME 和 ANY 只是不同的叫法，当表达式只要与子查询结果集中的某个值满足比较的关系时，就返回 TRUE，否则返回 FALSE。

如果子查询的结果是一个值，可以用“=”代替 IN。

【例 3.59】 查询“王林”所在专业的所有学生的课程成绩。

```
SELECT 姓名, XS_KC.*
        FROM XS, XS_KC
        WHERE XS.学号 = XS_KC.学号 AND 专业 =
              (SELECT 专业
                  FROM XS
                  WHERE 姓名 = '王林'
)
```

【例 3.60】 查找计算机应用专业年龄最小的学生的信息。

```
SELECT 学号, 姓名, 性别, 出生日期
      FROM XS
      WHERE   专业 = '计算机应用' AND 出生日期 >= ALL
          (SELECT 出生日期
               FROM XS
               WHERE 专业 = '计算机应用'
)
```

【例 3.61】 查找比计算机应用专业某个学生年龄小的所有其他专业的学生。

```
SELECT *
    FROM XS
```

```
    WHERE 专业 <> '计算机应用' AND 出生日期 > ANY
        (SELECT 出生日期
            FROM XS
            WHERE 专业= '计算机应用'
)
```

执行该查询时，首先处理子查询，找出“计算机应用”专业所有学生的出生日期，构成一个集合；然后处理父查询，找出所有不是“计算机应用”专业且出生日期比上述集合中任一个值小的学生。

本查询也可以用聚合函数来实现。首先用子查询找出“计算机应用”专业中“出生日期”最小（即年龄最大）值；然后在父查询中查找所有非“计算机应用”专业且“出生日期”值大于上述最小值的学生。SQL 语句如下：

```
SELECT *
FROM XS
    WHERE 专业 <> '计算机应用' AND 出生日期 >
        ( SELECT MIN（出生日期）
            FROM XS
            WHERE 专业 = '计算机应用'
        )
```

通常，使用聚合函数实现子查询比直接用 ANY 或 ALL 查询效率高。

3．EXISTS 子查询

EXISTS 谓词用于测试子查询的结果是否为空集，若子查询的结果集不为空，则 EXISTS 返回 TRUE，否则返回 FALSE。EXISTS 还可与 NOT 结合使用，即 NOT EXISTS，其返回值与 EXISTS 刚好相反。EXISTS 子查询的语法格式：

```
[ NOT ] EXISTS  （ 子查询 ）
```

【例 3.62】 查找选修了课程号为“101”的学生姓名。

分析：本查询涉及 XS 和 XS_KC 表，我们可以在 XS 表中依次取每一记录的“学号”值，用此值去检查 XS_KC 表，若 XS_KC 表中存在“学号”值等于 XS.学号的值，并且其课程号等于“101”，那么就取该行的 XS.姓名值送入结果表，将此思路表述为 SQL 语句：

```
SELECT 学号, 姓名
    FROM XS
    WHERE EXISTS
        （SELECT *
            FROM XS_KC
            WHERE 学号 = XS.学号 AND 课程号 = '101'
        ）
```

本例与前面子查询例子的不同点：在前面的例子中，内层查询只处理一次，得到一个结果集，再依次处理外层查询；而本例的内层查询要处理多次，因为内层查询与 XS.学号有关，外层查询中 XS 表的不同行有不同的学号值。这类子查询称为相关子查询，因为子查询的条件依赖于外层查询中的某些值，其处理过程是：

首先查找外层查询中 XS 表的第一行，根据该行的学号列值处理内层查询，若结果不为空，则 WHERE 条件就为真，就把该行的姓名值取出作为结果集的一行；然后再找 XS 表的第 2，3，…行，重复上述处理过程直到 XS 表的所有行都查找完为止。

本例的查询也可以用连接查询实现：

SELECT DISTINCT 姓名 FROM XS, XS_KC

WHERE XS_KC.学号 = XS.学号 AND 课程号 = '101'

【例 3.63】 查找选修了所有课程的同学的姓名。

本例即查找没有任何一门课程没有选修的学生姓名，其 SQL 语句为：

```
SELECT 姓名
    FROM XS
    WHERE NOT EXISTS
      （SELECT *
         FROM KC
         WHERE NOT EXISTS
           （SELECT *
              FROM XS_KC
              WHERE 学号 = XS.学号 AND 课程号 = KC.课程号
           ）
      ）
```

连接和子查询可能都要涉及两个或多个表，要注意连接与子查询的区别：连接可以合并两个或多个表中数据，而带子查询的 SELECT 语句的结果只能来自一个表，子查询的结果是用来作为选择结果数据时进行参照的。

前面提到，子查询除了可用在 SELECT 语句中，还可用在 INSERT，UPDATE 及 DELETE 语句中。下面举一个例子。

【例 3.64】 删除计算机应用专业的所有学生的课程记录。

```
DELETE FROM XS_KC
   WHERE '计算机应用' =
      （SELECT 专业
         FROM XS
         WHERE XS.学号 = XS_KC.学号
      ）
```

3.4.4 SELECT 语句的其他子句

1. INTO 子句

使用 INTO 子句可以将 SELECT 查询所得的结果保存到一个新建的表中。INTO 子句的格式为：

```
[INTO 新表名]
```

包含 INTO 子句的 SELECT 语句执行后所创建的表结构由 SELECT 所选择的列决定，新建表中的记录由 SELECT 的查询结果决定，若 SELECT 的查询结果为空，则创建一个只有结构而没有记录的空表。

【例 3.65】 由 XS 表创建“计算机系学生借书证”表，包括学生学号和姓名。

```
SELECT 学号, 姓名
    INTO 计算机系学生借书证
    FROM XS
    WHERE 专业='计算机应用'
```

本例所创建的“计算机系学生借书证”表包括 2 个字段：学号、姓名，其数据类型与 XS 表中的同名字段相同。

2．UNION 子句

使用 UNION 子句可以将两个或多个 SELECT 查询的结果合并成一个结果集，其格式为：

```
<查询语句>|（<查询表达式>）
UNION [ A LL ] <查询语句>|（<查询表达式>）
[ UNION [ A LL ] <查询语句>|（<查询表达式>）]
```

使用 UNION 组合两个查询的结果集的基本规则是：

① 所有查询中的列数和列的顺序必须相同；

② 数据类型必须兼容。

关键字 ALL 表示合并的结果中包括所有行，不去除重复行，不使用 ALL 时，则在合并的结果中去除重复行。含有 UNION 的 SELECT 查询也称为联合查询，若不指定 INTO 子句，结果将合并到第一个表中。

【例 3.66】 查询选修了课程号为“101”或“102”的学生的学号。

```
SELECT 学号
    FROM XS_KC
    WHERE 课程号 ='101'
    UNION
    SELECT 学号
            FROM XS_KC
            WHERE 课程号 ='102'
```

UNION 操作常用于归档数据，例如，归档月报表形成年报表，归档各部门数据等。注意 UNION 还可以与 GROUP BY 及 ORDER BY 一起使用，用来对合并所得的结果表进行分组或排序。

3.5 视图

视图是从一个或多个表（或视图）导出的表，是数据库系统提供给用户以多种角度观察数据库中数据的重要机制。例如，对于一个学校，其学生的情况存于数据库的一个或多个表中，而作为学校的不同职能部门，所关心的学生数据的内容是不同的，即使是同样的数据，也可能有不同的操作要求，于是就可以根据他们的不同需求，在数据库上定义他们对数据库所要求的数据结构，这种根据用户观点所定义的数据结构就是视图。

视图与表（有时为与视图区别，也称表为基本表）不同，它是一个虚表，数据库中只存储视图的定义，而不存放视图对应的数据，这些数据仍然存放在原来的基本表中，对视图的数据进行操作时，系统根据视图的定义去操作与视图相关联的基本表，因此，如果基本表中的数据发生变化，那么从视图查询出的数据也就随之发生变化，从这个意义上说，视图就像一个窗口，透过它可以看到数据库中自己感兴趣的数据及其变化。

视图一经定义以后，就可以像表一样被查询、修改、删除和更新。使用视图有下列优点：

① 为用户集中数据，简化用户的数据查询和处理。有时用户所需要的数据分散在多个表中，定义视图可将它们集中在一起，从而方便用户的数据查询和处理。

② 屏蔽数据库的复杂性。用户不必了解数据库中的表结构，并且数据库表的更改也不影响用户对数据库的使用。

③ 简化用户权限的管理。只需授予用户使用视图的权限，而不必指定用户只能使用表的特定列，也增加了安全性。

④ 便于数据共享。各用户不必都定义和存储自己所需的数据，可共享数据库的数据，这样同样的数据只需存储一次。

⑤ 可以重新组织数据以便输出到其他应用程序中。

使用视图时，要注意下列事项：

① 只有在当前数据库中才能创建视图。视图的命名必须遵循标识符命名规则，不能与表同名，每个视图名必须是唯一的。

② 不能把规则、默认值或触发器与视图相关联。

③ 不能在视图上建立任何索引。

3.5.1 定义视图

创建视图前，要保证创建视图的用户已被数据库所有者授权可以使用 CREATE VIEW 语句，并且有权操作视图所涉及的表或其他视图。

语法格式：

```
CREATE VIEW <视图名>
[ （<列名>[ ,<列名> ] ） ]      AS
<SELECT  查询语句>
[WITH   [ CASCADED | LOCAL ] CHECK   OPTION]
```

对 SELECT 语句有如下限制：

- 不能使用 COMPUTE 或 COMPUTE BY 子句；
- 不能使用 ORDER BY 子句；
- 不能使用 INTO 子句。

WITH CHECK OPTION：指出在视图上进行 UPDATE，INSERT 和 DELETE 操作时所有的更改都会进行有效性检查，即保证修改、插入和删除的行满足视图定义中的条件。如果指定 WITH CASCADED CHECK OPTION，则会检查所有视图；如果指定 WITH LOCAL CHECK OPTION，则只对与被更新视图相关的条件进行检测，默认为 CASCADED。

【例 3.67】 创建 VIEW_XS 视图，要求进行修改和插入操作时，该视图仍只有计算机应用专业的学生。

```
CREATE VIEW VIEW_XS
    AS
    SELECT *
        FROM XS
        WHERE 专业 ='计算机应用'
        WITH CHECK OPTION
```

【例 3.68】 创建 View_XSKC 视图，包括计算机应用专业各学生选修课程的情况，要求对该视图的修改都符合专业为“计算机应用”这一条件。

```
CREATE VIEW View_XSKC
    AS
    SELECT XS.学号, 姓名, 专业, 出生日期, 课程号, 成绩
        FROM XS, XS_KC
        WHERE XS.学号 =XS_KC. 学号 AND 专业 ='计算机应用'
        WITH CHECK OPTION
```

由于在 View_XSKC 视图的定义中有 WITH CHECK OPTION 子句，所以对该视图进行插入、修改和删除操作时，都会自动加上专业 ='计算机应用'的条件。

视图不仅可以建立在一个或多个基本表上，也可以建立在一个或多个已存在的视图上。

【例 3.69】 创建计算机应用专业选修了课程号为“101”的所有学生情况的视图 View_2。

```
CREATE VIEW View_2
    AS
    SELECT 学号, 姓名, 课程号, 成绩
        FROM View_XSKC
        WHERE 课程号 ='101'
```

定义基本表时，为了减少数据冗余，表中只存放基本数据，而由基本数据经过各种计算派生出的数据一般是不存储的。由于视图中并不存储数据，所以在定义视图时，可根据应用的需要，设置一些派生的列。

【例 3.70】 定义一个学生选修课程平均成绩的视图。

```
CREATE VIEW View_3 （学号,平均成绩）
    AS
    SELECT 学号,平均成绩 =AVG（成绩）
        FROM XS_KC
        GROUP BY 学号
```

3.5.2 删除视图

语法格式：

```
DROP VIEW <视图名>
```

该语句用于删除视图，即从数据字典中删除视图的定义，如果从该视图还导出了其他视图，则执行该语句时，将删除该视图及由其导出的所有视图。

【例 3.71】 删除视图 VIEW_XSKC

```
DROP VIEW VIEW_XSKC
```

3.5.3 查询视图

视图定义后，就可以像查询基本表那样对其进行查询，执行查询操作时，首先进行有效性检查，检查查询的表、视图是否存在，如果存在，则从系统表中取出视图的定义，把定义中的子查询和其他相关查询结合起来，转换成等价的对基本表的查询，然后执行转换后的查询。

【例 3.72】 查找计算机应用专业在 1989 年 1 月 1 日以后出生的学生情况。

本例对 VIEW_XS 视图进行查询：

```
SELECT *
    FROM VIEW_XS
    WHERE 出生日期 >' 1989-01-01'
```

【例 3.73】 查找选修了课程号为“101”的学生信息。

本例对 View_XSKC 视图进行查询：

```
SELECT 学号, 姓名
    FROM View_XSKC
    WHERE 课程号 = '101'
```

【例 3.74】 查找选修了课程号为“101”且该门课成绩在 80 分以上的学生的学号及姓名。

本例对 View_2 视图进行查询：

```
SELECT 学号, 姓名
    FROM View_2
    WHERE 成绩 > 80
```

【例 3.75】 查询平均成绩不及格的学生。

本例对 View_3 视图进行查询：

```
SELECT   *
    FROM View_3
    WHERE 平均成绩 < 60
```

从以上的例子可以看出：利用视图可以向最终用户隐藏复杂的表连接，简化用户的 SQL 程序设计，在创建视图时通过指定限制条件和指定列可限制用户对基本表的访问。例如，若限定某用户只能查询视图 VIEW_XS，实际上就是限制了他只能访问 XS 表的专业字段值为“计算机”的记录；在创建视图时指定列，实际上也就是限制用户只能访问这些列，因此视图也可看做是数据库的一种安全措施。

3.5.4 更新视图

更新视图是指通过视图实现数据的插入、删除和修改，由于视图是不存储数据的虚表，因此对视图的更新最终要转换为对基本表的更新。并不是所有视图都是可更新的，只有满足如下条件的视图才是可更新的（称为可更新视图）。

① 创建视图的 SELECT 语句中没有聚合函数，且没有 TOP、GROUP BY、UNION 子句

及 DISTINCT 关键字；

② 创建视图的 SELECT 语句不包含计算列；

③ 创建视图的 SELECT 语句的 FROM 子句至少包含一个基本表。

1．插入数据

通过视图使用 INSERT 语句可向基本表插入数据，有关 INSERT 语句的语法同前。

【例 3.76】 向视图 VIEW_XS 中插入一学生记录，学号为 07050103，姓名为赵红平，性别为女，出生日期为“1989-4-29”。

```
INSERT INTO VIEW_XS（学号,姓名,专业,性别,出生日期）
    VALUES（'07050103','赵红平', '女', '1989-4-29','计算机应用',）
```

使用 SELECT 语句查询基本表 XS：

```
SELECT * FROM XS
```

将会看到该表已添加了一行记录。

当视图所依赖的基本表有多个时，不能向该视图插入数据。

2．修改数据

通过视图使用 UPDATE 语句可修改基本表的数据，有关 UPDATE 语句的语法同前。

【例 3.77】 将视图 VIEW_XS 中学号为“07050102”的学生姓名改为“孙正宇”。

```
UPDATE VIEW_XS
    SET 姓名='孙正宇'
    WHERE 学号 = '07050102'
```

3．删除数据

通过视图使用 DELETE 语句可删除基本表的数据，但要注意：对于依赖于多个基本表的视图，不能使用 DELETE 语句。例如，不能通过对 View_XSKC 视图执行 DELETE 语句而删除与之相关的基本表 XS 及 XS_KC 表的数据。

【例 3.78】 删除视图 VIEW_XS 中学号为“07050102”的记录。

```
DELETE FROM VIEW_XS
    WHERE 学号 = '070501024'
```

3.5.5 修改视图

语句格式：

```
ALTER VIEW <视图名>[ （<列名>[ ,<列名>] ） ]
AS <SELECT 语句> [ WITH CHECK OPTION ]
```

语句中 WITH CHECK OPTION 表示强制视图上执行的所有数据修改语句必须符合由定义视图的查询语句设置的准则。

【例 3.79】 将 VIEW_XS 视图修改为只包含计算机应用专业学生的学号、姓名。

```
ALTER VIEW VIEW_XS
    AS
    SELECT 学号,姓名,
        FROM XS
        WHERE 专业= '计算机应用'
```

注意：和 CREATE VIEW 一样，ALTER VIEW 也必须是批命令中的第一条语句。

习题 3

1．试述 SQL 语言的特点和分类。

2．为什么说数据库是一个容器？创建数据库的主要参数。

3．关于创建数据库的表的字段类型：

① 字符型数据什么时候使用 CHAR，什么时候使用 VARCHAR？

② 学号是使用字符型还是使用数值型？

③ 性别使用字符型还是使用位（逻辑）型？

④ 照片使用什么类型？

⑤ 年龄是使用数值型还是使用日期型？

⑥ 学分是使用短整型还是使用长整型？

⑦ 工资是使用整型数还是使用实型数？

4．修改表数据，可以采用 UPDATE，也可以采用 DELETE 和 INSERT，哪一种更好一点？

5．DROP TABLE 和 DELETE 删除表使用数据功能上有什么不同？

6．SELECT 中，WHERE 和 HAVING 的功能分别是什么？

7．SELECT 中，什么时候需要多表连接查询？

8．什么是基本表？什么是视图？两者的区别和联系是什么？

9．说明查询和视图的关系。

10．试述视图的优点。哪类视图是可以更新的？举例说明。

第 4 章　数据库的完整性

数据库的完整性是指数据库中数据在逻辑上的一致性和准确性。例如，学生的学号必须唯一，性别只能是男或女等。数据库是否满足完整性的约束条件关系到数据库系统能否真实地反映现实世界，因此维护数据库的完整性是非常重要的。

数据库的完整性就是为了防止加入不合语义、不正确的数据到数据库中。

4.1　数据库的完整性

4.1.1　DBMS 的完整性控制机制

DBMS 的完整性控制机制应具有两方面的功能：

（1）定义功能：为数据库用户提供定义完整性约束条件的机制。

（2）检查功能：检查用户发出的操作请求是否违背了完整性约束条件，如果发现用户的操作请求使数据违背了完整性约束条件，则执行相应的处理，以保证数据库中数据的完整性。如下的二元组描述了 DBMS 实现一个数据库完整性的机制：

数据库完整性机制=（完整性约束集，完整性约束检查）

完整性约束集中的每个成员可抽象为一个五元组：完整性约束集成员=（数据对象，约束，触发 DBMS 完整性检查的操作，触发条件，违反完整性约束时的操作）。

数据对象指完整性约束作用的数据对象，可以是表、记录、字段等；触发 DBMS 进行完整性检查的操作，可以是增、删、改、建表、创建主码等；对数据对象触发完整性检查时，相关的数据对象应满足一定的触发条件；当数据违反完整性约束时，执行相应的操作。

例如，对于 XSCJ 数据库的 KC 表插入或修改记录时，要求专业课的学分取值为 3～5，当不满足约束条件时，则提示“数据输入越界”，并拒绝更新。该完整性约束对应的各元素如下。

对象：“学分”字段；

对象满足的约束条件：学分>=3 AND 学分<=5；

触发 DBMS 进行完整性检查的操作：INSERT 或 UPDATE 操作；

触发检查时相关数据对象应满足的条件：课程性质=“专业课”

数据违反完整性约束时执行的操作：提示“数据输入越界”，并拒绝更新。

数据库完整性机制中的完整性约束检查是由 DBMS 自动完成的。

4.1.2　数据库完整性的分类

可从不同角度对数据库的完整性分类，例如，完整性约束条件作用的对象可以是关系、元组、列 3 种，根据完整性约束条件作用的对象，可分为：

① 列约束。又称为字段约束，主要是对字段的类型、取值范围等定义约束。

② 元组约束。主要是对元组中各字段间的联系定义约束。

③ 关系约束。是定义表内若干元组间的约束，或定义表之间联系的约束。

按照完整性约束对象的状态来分，可将完整性分为静态完整性约束和动态完整性约束。

① 静态完整性约束：指数据库处于一确定状态时，数据对象应满足的约束条件，它是反映数据库状态合理性的约束，这是最重要的一类完整性约束。例如，规定学号的前两位表示入学年份，中间两位表示系的编号，后三位为顺序编号；出生日期的格式为 YYYY/MM/DD 等。

② 动态约束：指数据库从一种稳定状态转变为另一稳定状态时，新、旧值之间应满足的约束，它是反映数据库状态变迁的约束。例如，在图书管理系统中，当读者借一本书时，该读者的借书数量应在原来的基础上加 1，但借书的总数量不能超过图书馆允许出借的最大数。

根据完整性的应用特征，可将完整性分为：实体完整性、用户定义完整性与参照完整性。

① 实体完整性：又称为行的完整性，要求每个表的主码值不能为空且能唯一地标识对应的记录。例如，将 XSCJ 数据库 XS 表的学号字段定义为主码，则 XS 表中每一记录学号字段的取值必须满足两个条件：不能取空值；不能与其他记录的学号相同。

② 用户定义完整性：是用户根据应用的需要，利用 DBMS 提供的数据库完整性定义机制定义的数据必须满足的语义要求。

③ 参照完整性：又称为引用完整性。参照完整性通过定义主表（被参照表）中主码与从表（参照表）中外码的对应关系，来保证主表数据与从表数据的一致性。

例如，在 XSCJ 数据库中，将 XS 表作为主表，学号字段为主码；XS_KC 为从表，表中的学号字段为外码，从而建立主表和从表之间的联系，即主表和从表之间应满足参照完整性的约束，此时，从表中学号字段的取值必须与主表中对应字段的值一致。表 4.1、表 4.2 说明了 XS 表和 XS_KC 表的参照完整性关系。

表 4.1　XS 表

⇩主码

学　号	姓　名	性　别	出生日期	专　业	总学分	班干否	备　注
07050101	王林	男	1989-3-2	计算机应用	182		
07050102	程小明	男	1988-11-5	计算机应用	182	是	
07030201	赵倪晓	女	1989-4-5	通信工程	180	是	
07030202	朱庆	男	1988-6-4	通信工程	180		
07060101	李运洪	女	1990-1-6	英语	170	是	
07060102	张美红	女	1989-8-9	英语	170		

表 4.2　XS_KC 表

⇩外码

学　号	课程号	成　绩
07050101	101	80
07050101	102	68
07050101	103	65
07050101	202	75
07050101	203	82

续表

外码

学　号	课 程 号	成　绩
07050102	101	45
07050102	103	88
07050102	202	85
07030201	202	50
07030201	203	73
07030202	101	86
07030202	302	78
07060101	101	72
07060101	301	88
07060102	101	90
07060102	301	65

4.2 数据库完整性定义机制

DBMS 根据各类数据库完整性的特征，为用户提供相应的完整性定义机制，以便实现数据库的完整性。下面介绍常见的完整性定义机制及其应用。

4.2.1 列级完整性约束的定义

对于数据列的约束主要有以下几方面：① 定义主键；② 定义候选键；③ 定义默认值约束，为某个字段指定默认值；④ 定义 CHECK 约束，为某个字段的取值指定一个约束范围或条件；⑤ 定义外码。

列级完整性约束可在建表结构时定义，建表结构的语法表述如下：

```
CREATE TABLE  <表名>
(  <列名>  <数据类型>   [<NOT NULL>]
   [<列完整性约束条件>]  [ DEFAULT <默认值表达式>]
   [,<列名>  <数据类型>   [<NOT NULL>]
   [<列完整性约束条件>]  [ DEFAULT <默认值表达式>]]
)
```

其中，列完整性约束条件定义的语法如下：

```
[CONSTRAINT <约束名>]
{PRIMARY  KEY  |UNIQUE  |  <CHECK  （ <条件表达式>） >  |  <外码定义 >}
```

如果考虑删除约束的方便，在定义约束时，应给出约束名。

PRIMARY KEY 用于定义主键，UNIQUE 用于定义候选键，CHECK 表达式用于定义约束条件。

候选键和主键有两个重要区别：① 一个表中可以有多个候选键，但只能有一个主键；② 主键的取值不能为空值（NULL），候选键如果没有 NOT NULL 约束，则可以取空（NULL）值。

DEFAULT 选项：为指定字段定义默认值。

外码的定义及实现参照完整性的方法见 4.3 节。

【例 4.1】 在 XSCJ 数据库中定义 XS_1 表，并将总学分字段的初始默认值定义为 0。

```
USE XSCJ
CREATE TABLE XS_1
(  学号 char（6）   NOT NULL,
   姓名 char（8）   NOT NULL,
   性别 bit   NOT NULL,
   出生日期 smalldatetime   NOT NULL,
   总学分 tinyint   NULL default 0              /*定义默认值为 0*/
)
GO
```

【例 4.2】 在数据库 XSCJ 中定义 KC_1 表，学生的学分取值范围在 0～10 之间，定义学分的约束条件。

```
USE XSCJ
CREATE TABLE KC_1
(  课程号 char（6）  NOT NULL,
   课程名 char（8）  NOT NULL,
   学分 tinyint NULL CHECK （学分 >=0 AND 学分<=10）
)
GO
```

【例 4.3】 在 XSCJ 数据库中定义 XS_1 表结构，对学号字段创建 PRIMARY KEY 约束，身份证号字段定义 UNIQUE 约束，入学日期的初始值定义为当前日期。

```
USE XSCJ
CREATE TABLE XS_1
(  学号 char（6）  NOT NULL
        CONSTRAINT XH_PK PRIMARY KEY,                /*定义主键约束*/
   身份证号 char（15）  NOT NULL UNIQUE ,             /*定义 UNIQUE 约束*/
   姓名 char（8）  NOT NULL,
   性别 bit NOT NULL,
   出生日期 smalldatetime NOT NULL,
   总学分 tinyint NULL,
   入学日期 datetime CONSTRAINT datedflt DEFAULT getdate（）
)
GO
```

如果需要对一个已存在的表结构增加列及列级完整性约束，或者删除列级完整性约束，可通过修改表结构达到这一目的，语法如下：

```
ALTER TABLE <表名>
{ADD  <列名>  <数据类型>  [NOT NULL ] [列完整性约束条件] |
 DROP  <约束名>}
```

列级完整性约束定义的语法格式与创建表结构时的相同。

【例 4.4】 修改 XSCJ 数据库中 XS_1 表，增加入学日期字段，并将当前日期定义为该字段的初始默认值。

```
USE XSCJ
ALTER TABLE XS_1
    ADD 入学日期 datetime   DEFAULT getdate（）  WITH VALUES
GO
```

例 4.4 中 getdate（ ）表示默认值日期为当前日期，WITH VALUES 仅用在对表添加新字段的情况下。若使用了 WITH VALUES，则将为表中各现有行添加的新字段提供默认值；如果没有使用 WITH VALUES，那么每行的新列中都将为 NULL 值。

【例 4.5】 修改例 4.1 中定义的 XS_1 表，增加电话号码字段，并且要求输入的电话号码为 8 个数字字符。

```
USE XSCJ
ALTER TABLE XS_1
    ADD 电话号码 CHAR（15） NULL
    CONSTRAINT   tel_con CHECK （电话号码 like '[0-9][0-9][0-9][0-9][0-9][0-9][0-9][0-9]' ）
GO
```

运算符 like 表示选择 0～9 之间的数字作为电话号码，并且保证是 8 个数字。

【例 4.6】 删除例 4.5 中定义的 CHECK 约束 tel_con。

```
USE XSCJ
ALTER TABLE XS_1
    DROP   tel_con
GO
```

4.2.2 表级完整性约束的定义

表级完整性约束主要用于如下几方面：① 若主键、候选键、外键由单一列构成时，则可将其定义为列级完整性约束或表级完整性约束，但如果主键、候选键、外键由多列构成，则应将其定义为表级完整性约束；② 如果 check 约束仅涉及单列，则可将其定义为列级完整性约束或表级完整性约束，但若该 check 约束涉及多列，则应将其定义为表级完整性约束。

在创建表结构时，定义表级完整性约束的语法如下：

```
CREATE TABLE   <表名>
（ {<列定义> }|   <表级完整性约束条件>[,<表级完整性约束条件>]）
```

其中，表级完整性约束条件定义如下：

```
[ CONSTRAINT   <约束名>]
{ <PRIMARY KEY  （ <列> [ ,<列> ] ） >   |
  <UNIQUE   （ <列> [ ,<列> ] ） >          |
  <外键定义>                               |
  <CHECK   （ <条件表达式> ）>              }
```

【例 4.7】 在 XSCJ 数据库中定义 XS_KC_1 表结构，对学号和课程号字段创建 PRIMARY KEY 约束。

```
USE XSCJ
CREATE TABLE XS_KC_1
(  学号 char（6） NOT NULL,
   课程号 char（3） NOT NULL,
   成绩 tinyint NULL,
      CONSTRAINT  pk_key  PRIMARY KEY（学号,课程号） /*定义主键约束*/
)
GO
```

如果 INSERT，UPDATE 或 DELETE 语句执行时违反完整性约束，将返回一条出错信息并拒绝更新。为正确指出已被违反的完整性约束，必须为每个完整性约束指定名称，这通过 CONSTRAINT 子句指定。

通过修改表结构创建或删除表级完整性约束的语法如下：

```
ALTER TABLE
{ADD < 表级完整性约束条件>|DROP CONSTRAINT <约束名>}
```

【例 4.8】 在 XSCJ 数据库中先定义 XS_KC_1 表结构，然后通过修改表结构，将学号和课程号字段定义为主键。

```
USE XSCJ
CREATE TABLE XS_KC_1
(  学号 char（6） NOT NULL,
   课程号 char（3） NOT NULL,
   成绩 tinyint NULL
)
GO
ALTER TABLE XS_KC_1
   ADD CONSTRAINT pk_key PRIMARY KEY（学号 ASC,课程号）
GO
```

4.3 利用完整性定义机制实现参照完整性

4.3.1 定义参照完整性应考虑的问题及处理策略

实现两个表之间的参照完整性，在以下几方面，应根据主表与从表之间数据一致性的要求及应用环境的语义要求，采用不同的策略。

（1）向从表中插入记录，一般采用受限插入，即仅当主表中存在对应的记录时，DBMS 才执行插入操作，否则拒绝插入。例如，对于 XS_KC 表插入一条记录（07030201，103，80），仅当 XS 表中存在学号为 07030201 的记录，KC 表中存在课程号为 103 的记录时，DBMS 才执行相应的插入操作，否则拒绝执行。

（2）修改从表中的外码值可能破坏主从表间的参照完整性，一般采用拒绝修改的策略。

（3）在主表中删除一记录时，可采用以下策略之一。

① 对主表进行受限删除，即仅当从表中不存在任何记录的外码值与主表待删除记录的主码（唯一码）值相同时，DBMS 才执行删除操作，否则拒绝删除。例如，若要删除 XS 表中学号为 07030201 的记录，则首先要检查 XS_KC 表中是否有学号为 07030201 的对应记录，若有，则拒绝执行删除 XS 表中学号为 07030201 记录的操作。

② 进行级联删除。即删除主表记录的同时删除从表中的对应记录。例如，若要删除 XS 表中学号为 07030201 的记录，首先要检查 XS_KC 表中是否有学号为 07030201 的对应记录，若有，则先删除 XS_KC 表中的这些对应记录，然后删除 XS 表中学号为 07030201 的记录。

采用级联删除时，可能导致大量数据丢失，因此，应谨慎使用，但如果数据是临时的，并且最终将被删除，则使用这一策略较为方便。另外，使用级联删除时，可能对系统存在潜在的影响，例如，如果要删除的记录很多，则应考虑执行撤销操作所需要的回滚空间。

③ 设置为空值，即删除主表中的记录时，可能导致从表中一些记录的数据不一致，设置这些记录的外码值为空，采用此策略的前提是，从表的外码值必须允许为空。

（4）对主表中主码值进行修改，可采用以下策略之一。

① 拒绝修改，即如果要修改主表中主码（唯一码）的值，则首先检查从表中是否有对应的记录，若有，则拒绝执行修改操作。

② 级联修改，即修改主表中主码值的同时修改从表中对应记录的外码值，以保证从表中对该码值引用的一致性。例如，对 XS 表中的某一学号修改，XS_KC 表中所有对应记录学号字段的值也要进行一致的修改。

③ 设置为空值，即修改主表中记录的主码值时，可能导致从表中一些记录的数据不一致，设置这些记录的外码值为空，采用此策略的前提是，从表的外码值必须允许为空。

4.3.2 外码约束的定义

视具体情况，外码约束既可作为列级完整性定义，也可作为表级完整性定义。4.2.2 节给出了创建表结构时表级完整性约束条件定义的语法，其中，外键定义的格式如下：

```
FOREIGN KEY （<列> [ , <列> ] ）
REFERENCES <表名> （<列> [ , <列> ] ）
[ON UPDATE {CASCADE | NO ACTION | SET NULL}]
[ON DELETE {CASCADE | NO ACTION | SET NULL}]
```

参数含义：

外键的定义由三个部分组成，第一部分 FOREIGN KEY 子句指出了构成外键的列（或列的组合）；第二部分 REFERENCES 子句指出被引用表及其对应的主码（或候选码）；第三部分指出了引用动作，引用动作 ON DELETE 表示当删除主表中的记录时，对从表中的相应记录应执行的操作。如果指定 CASCADE，则删除主表中的记录时，对从表进行级联删除；若指定 RESTRICT，则拒绝删除操作；如果指定 SET NULL，则设置空值。引用动作 ON UPDATE 表示当更新主表时，对从表的相应记录应执行的操作。如果指定 CASCADE，则更新主表中主码（唯一码）的值时，也应更新从表中相应的外码值；如果指定 RESTRICT，则拒绝更新操作；如果指定 SET NULL，则设置空值。

如果一个表结构已存在，通过修改表结构也可定义外码约束，其语法格式如下：

```
ALTER TABLE <表名>
ADD  < 列定义>|< 表级完整性约束条件 >
     [< 列定义>|< 表级完整性约束条件 >]
```

列定义和表级完整性约束条件含义同上。

【例 4.9】 在 XSCJ 数据库中创建主表 XS_1，XS_1.学号为主键，然后定义从表 XS_KC_1，XS_KC_1.学号为外码，修改主表中主码值时，从表中对应外码采用级联修改；若要删除主表中某一记录，如果从表中有对应记录，则拒绝删除。

```
USE XSCJ
CREATE TABLE XS_1
 (
    学号 char（6）NOT NULL
    CONSTRAINT XH_PK PRIMARY KEY,
    姓名 char（8） NOT NULL,
    专业名 char（10） NULL,
    性别 bit NOT NULL,
    出生日期 smalldatetime NOT NULL,
    总学分 tinyint NULL,
    备注 text  NULL
)
GO
CREATE TABLE XS_KC_1
 (
    学号 char（6） NOT NULL  FOREIGN KEY
    REFERENCES XS_1（学号） ON DELETE NO ACTION ON UPDATE CASCADE,
    课程号 char（3） NOT NULL,
    成绩 smallint
)
GO
```

【例 4.10】 在 XSCJ 数据库中，XS 为主表，XS_KC 为从表，如下示例用于将 XS_KC 的学号字段定义为外码，修改主表中主码值时，从表中若有对应记录，则拒绝修改；删除主表中一记录时，若从表中存在相应记录，则采用级联删除。

```
USE XSCJ
ALTER TABLE XS_KC
        ADD  CONSTRAINT xs_kc_foreign
        FOREIGN KEY （学号）
        REFERENCES  XS（学号）
        ON UPDATE NO ACTION ON DELETE CASCADE
```

习题 4

1．什么是数据库的完整性？RDBMS 的完整性控制机制应具有哪些功能？

2．说明如何实现列级、表级完整性。

3．在关系系统中，当操作违反实体完整性、参照完整性和用户定义的完整性约束条件时，一般是如何分别进行处理的？

4．定义表时如何同时定义完整性？已经定义表后如何增加完整性定义？已经定义表后如何修改完整性定义？

5．如何实现参照完整性，如何检测参照完整性？如何检测其他完整性定义的正确性？

6．如果数据库表之间没有联系，那么它就没有什么完整性？

第 5 章　关系数据理论

一个合理的数据库应该既尽量减少冗余信息的存储，又可方便对数据库进行操作。如何评价一个数据库的数据模式是合适的呢？下面以学生成绩管理应用为例说明数据库模式的“好”与“坏”。设数据库模式 schema_1：

学生（学号，姓名，性别，出生日期，专业，课程号，课程名，学分，成绩）。

表 5.1 为该数据库模式在某时刻的一个数据实例。

表 5.1　学生表

学　号	姓　名	性　别	出生日期	专　业	课　程　号	课程名	学　分	成　绩
07050101	王林	男	1989-3-2	计算机应用	101	思想道德修养与法律基础	2	80
07050101	王林	男	1989-3-2	计算机应用	102	马克思主义基本原理	2	68
07050101	王林	男	1989-3-2	计算机应用	103	大学英语	4	65
07050101	王林	男	1989-3-2	计算机应用	202	计算机基础	3	75
07050101	王林	女	1989-3-2	计算机应用	203	程序设计语言	4	82
07060102	张美红	女	1989-8-9	英语	101	思想道德修养与法律基础	4	90
07060102	张美红	女	1989-8-9	英语	301	阅读与写作	3	65

让我们分析一下：如果某个同学是新生刚入校，还没有选课，则该同学的信息无法插入，这种情况称为插入异常；如果某个同学改了专业，则应修改与该同学有关的所有记录中的专业信息，若有一记录没修改，则可能导致数据不一致，这种情况称为修改异常；如果某门课程不再开设，需要删除课程信息，则也删除了选修该课的所有学生的信息，这种情况称为删除异常。另外，从表中可看出：相同信息重复存储严重，存在这些问题的原因是设计的数据库模式不合适。若将上述数据库模式分解为如下的数据库模式 schema_2：

学生（学号，姓名，性别，专业，出生日期）

课程（课程号，课程名，学分）

选课（学号，课程号，成绩）

则解决了插入异常、修改异常、删除异常的问题，数据冗余也得到了控制。什么样的数据库模式算一个好的数据库模式呢？一个好的数据库模式应有如下特点：

① 能客观地描述应用领域的信息；

② 无插入异常；

③ 无删除异常；

④ 无过度的数据冗余。

如何才能设计合理的数据库模式？一个数据库模式是由一组描述客观对象及其属性之间

联系的关系模式构成的，本章介绍的关系模式规范化理论是设计合理数据库模式的理论基础。

5.1 基本概念

数据依赖：是客观世界实体集内部或实体集之间属性相互联系的抽象，为了描述这些联系，人们提出多种类型的数据依赖，如函数依赖、多值依赖、连接依赖，但最重要的是函数依赖（Functional Dependency，FD）和多值依赖（Multivalued Dependency，MD）。数据依赖实际上反映了属性之间的相互约束关系。

函数依赖：若 X，Y 为单一属性或属性组，当给定 X 的值时，就可唯一地确定 Y 的值，则称 X 函数决定 Y，或 Y 函数依赖于 X，记为 $X \rightarrow Y$；若 Y 不函数依赖于 X，记为 $X \not\rightarrow Y$。若 $X \rightarrow Y$，则称 X 为决定因素。若 $X \rightarrow Y$，$Y \rightarrow X$，则记为：$Y \leftrightarrow X$。若 $X \rightarrow A_1$，$X \rightarrow A_2$，…，$X \rightarrow A_n$，则可写成：$X \rightarrow A_1A_2 \cdots A_n$。

平凡函数依赖：如果对于函数依赖 $X \rightarrow Y$，$Y \subseteq X$，则称该函数依赖为平凡函数依赖。

非平凡函数依赖：如果 $X \rightarrow Y$，$Y \not\subseteq X$，则称该函数依赖为非平凡函数依赖。

完全非平凡函数依赖：如果 $X \rightarrow Y$，且对于 X 的任一真子集 X'，都有 $X' \not\rightarrow Y'$，则称 Y 对 X 完全非平凡函数依赖，记为：$X \xrightarrow{F} Y$；否则称为部分函数依赖，记为：$X \xrightarrow{P} Y$。

传递函数依赖：若 $X \rightarrow Y$，$Y \rightarrow Z$，$Y \not\subseteq X$，且 $Y \not\rightarrow X$，则称 Z 对 X 传递函数依赖。

关系模式：一个关系模式 R 可描述为一个四元组：R（U，D，dom，F），其中，U 为属性的集合；D 为属性组 U 的值域；dom 为属性到域的映射；F 为定义在属性组 U 上的一组函数依赖集，F 取决于与应用有关的语义。

在具体关系模式的表示中，往往将一个关系模式表达为 R（U，F）的形式，若在上下文环境中，F 不是讨论的重点，则可将关系模式表达为 R（U）的形式，例如，我们在前面涉及关系模式时，都是以 R（U）的形式表达。

如果用图表示一个关系模式中属性之间的函数依赖关系，则称该图为函数依赖图，图 5.1 为完全函数依赖、部分函数依赖和传递函数依赖的图。

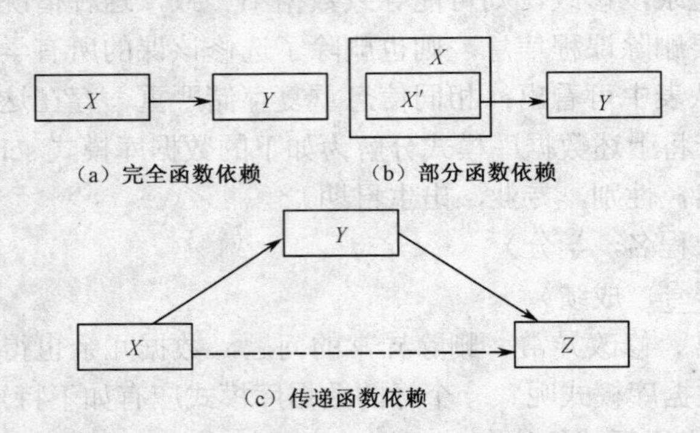

图 5.1 完全函数依赖、部分函数依赖和传递函数依赖图

有了函数依赖的概念，可从函数依赖的角度定义码（候选码）：

码：如果关系模式 R（U，F）的一个或多个属性的组合 $A_1A_2 \cdots A_n$ 满足如下条件，则该组合为关系模式 R 的码：

① 这些属性函数决定该关系模式的所有属性，即 $A_1 A_2 \cdots A_n \xrightarrow{F} U$

② $A_1 A_2 \cdots A_n$ 的任何真子集都不能函数决定 R 的所有属性。

最简单的情况，单个属性是码。最极端的情况，整个属性组是码，称为全码。

包含在任何一个码中的属性，称为主属性，反之，不包含在任何码中的属性称为非主属性或非码属性。下面通过具体实例说明对上述概念的理解。将数据库模式 schema_2 用符号表示如下：

student（sno，sname，ssex，specility，birthday）

course（cno，cname，credit）

selector（sno，cno，grade）

- 对于 student 关系模式有如下事实。

每个学生有唯一的学号，允许有同名学生，则存在如下函数依赖：

sno→sname ssex specility birtyday

从分析可知，sno 为码，主属性有 sno，非主属性有 sname，specility，birthday。

- 对于 course 关系模式有如下事实。

每门课有唯一的课程号，不同班级可能上相同课程，因此，课程名也可同名，则存在如下函数依赖：

cno → cname credit

从分析可知，cno 为码，主属性有 cno，非主属性有 cname，credit。

- 对于 selector 关系模式有如下事实。

每个同学可选修多门课程，每门课程可被多个同学选修，当一个同学选修一门课程后，有相应的成绩，则存在如下函数依赖：

sno cno → grade

从分析可知，sno，cno 两个属性组合构成码，主属性有 sno，cno，非主属性有 grade。

思考：如果在 student 关系模式中，不允许同学同名，请确定函数依赖集、码、主属性和非主属性。

5.2 范式

通过对数据库模式 schema_1 进行分析，我们知道：一个不好的数据库模式存在操作异常及大量冗余信息，究竟是什么原因引起的呢？实际上是由于构成数据库模式的关系模式的属性之间存在不恰当的数据依赖关系引起的。如果要求关系模式属性之间的数据依赖关系满足一定的约束条件，则可减少操作异常，减少冗余数据的存储。20 世纪 70 年代初，E.F.Codd 等人提出了范式的概念，将属性间的数据依赖关系满足给定约束条件的关系模式称为范式；同时，将属性之间的数据依赖关系按级别划分，如果一个关系模式属性之间的数据依赖关系满足某一级别，则称该关系模式为对应类的范式。E.F.Codd 等人将范式分为：第 1 范式～第 3 范式（3NF）、BCNF 范式及第 4 范式（4NF），后来，又有学者在此基础上提出了第 5 范式（5NF）。图 5.2 为范式的类别及各类范式之间的关系，从图中可看出：5NF⊂4NF⊂BCNF⊂3NF⊂2NF⊂1NF。

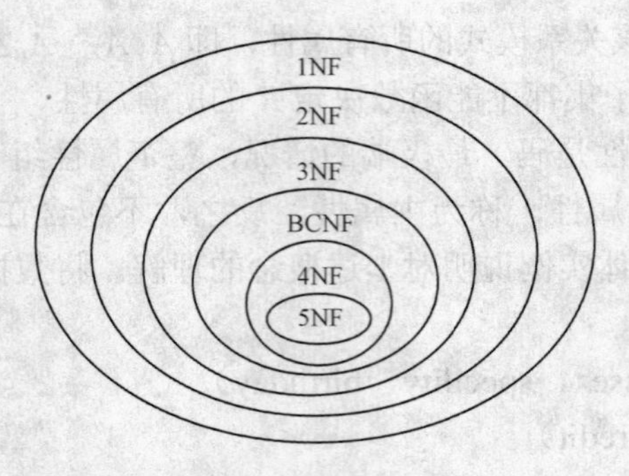

图 5.2　范式的类别及各类范式之间的关系

按照一定的理论方法设计满足指定范式要求的关系模式的过程称为规范化。在数据库设计中，可以用规范化的理论来指导我们设计数据库模式。下面将介绍第 1 范式～第 4 范式相关的基本概念、基本理论及有关的算法，第 5 范式用得较少，在此不做介绍，有兴趣的读者可参考相关资料。

1. 第 1 范式（1NF）

如果关系模式 R（U，F）中的每个属性都是不可再分的，则该关系模式属于第 1 范式。第 1 范式即要求关系模式的每个属性是原子的。根据定义可知：数据库模式 schema_1 的关系模式属于 1NF，而图 5.3 描述学生基本信息的结构不属于第 1 范式，因为“主要社会关系”属性是非原子项。

一般来说，关系型数据库管理系统要求数据库模式的每一个关系模式必须属于 1NF。

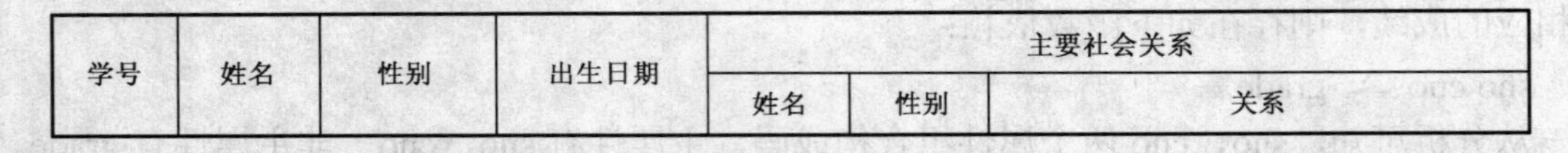

学号	姓名	性别	出生日期	主要社会关系		
				姓名	性别	关系

图 5.3　描述学生基本信息的非第 1 范式结构

2. 第 2 范式（2NF）

对于关系模式 R（U，F），若 R∈1NF，且每个非主属性都完全函数依赖于码，则 R∈2NF，即 2NF 要求非主属性不能部分依赖于码。

例如，对于本章开始给出的数据库模式 schema_1 用符号表示为：sudent（sno，sname，specility，birthday，cno，cname，credit，grade），码为（sno，cno），因此，主属性为 sno，cno，其他属性为非主属性。根据语义，确定各属性之间的函数依赖关系如下：

sno→sname ssex specility birthday

cno→cname credit

sno cno→grade

图 5.4 为对应的函数依赖图。

从上述函数依赖关系可看出：非主属性 sname，specility，birthday 是部分依赖于码，非主属性 cname，credit 也是部分依赖于码，因此，student 关系模式不属于 2NF。

一个关系 R 不属于 2NF，会产生插入异常、删除异常、修改异常等问题，产生这些问题的原因：非主属性对码不是完全函数依赖。如何解决这些问题呢？

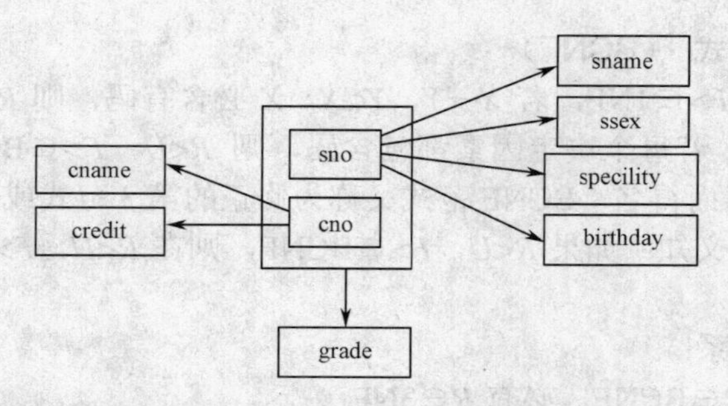

图 5.4　sudent 关系模式的函数依赖图

解决的办法：对原有模式进行分解，用新的一组关系模式代替原来的关系模式，在新的关系模式中，每一非主属性对码都是完全函数依赖的。例如，前面我们对数据库模式 schema_1 进行分解，构成数据库模式 schema_2，则解决了上述问题。

3．第 3 范式（3NF）

在关系模式 R（U，F）中，对任一非平凡函数依赖 $X \rightarrow Y$ 如果满足如下条件之一：

① X 是超码，

② Y 是主属性，

则称 $R<U, F> \in$ 3NF。

分析：从 3NF 的定义可知：$X \rightarrow Y$ 不满足 3NF 的约束条件分为两种情况：

① Y 是非主属性，而 X 是码的真子集，在此情况下，非主属性 Y 部分函数依赖于码；

② Y 非主属性，X 既不是码，也不是码的真子集，在此情况下，设 K 为一个码，因为 $X \not\subset K$，$Y \notin K$，有非平凡依赖：$K \rightarrow X$，$X \rightarrow Y$ 所以 Y 传递依赖于码。

由上述定义，得出如下推论：

① 若 R（U，F）$\in$ 3NF，则每个非主属性既不部分依赖于码也不传递依赖于码；

② 对于关系模式 R（U，F），若 R（U，F）$R \in$ 2NF，且每个非主属性都不传递依赖于码，则 R（U，F）$\in$ 3NF；

③ 若 $R \in$ 3NF，则主属性可以传递依赖于码。

对于数据库模式 schema_2 中的 student 关系模式，考虑增加两个属性：学生所在的院系及院系主任，此时，schema_2 对应的 student 关系模式如下：

student（<u>sno</u>，sname，ssex，specility，birthday，sdept，dept_manager）

sno 为码，根据语义确定函数依赖集 F 为：

sno→sname ssex specility sdept birthday

sdept→dept_manager

由此，存在非主属性对码的传递依赖：sno→dept_manager

所以 student 不属于 3NF。

一个关系模式不属于 3NF，有可能存在插入异常、删除异常，解决的办法：对关系模式进行分解。我们可将 schema_2 中的 student 关系模式分解为如下两个关系模式：

student（<u>sno</u>，sname，ssex，sdept，specility，　birthday）

dept（sdept，dept_manager）

4. Boyce/Codd 范式（BCNF）

设关系模式 $R<U, F>\in 1NF$，若 $X\rightarrow Y$，$Y\not\subset X$，X 必含有码，则 $R<U, F>\in BCNF$。即在关系模式 $R<U, F>$中，若每个决定因素都包含码，则 $R<U, F>\in BCNF$。BCNF 范式因由 Boyce 和 Codd 共同提出而得名，BCNF 范式又称为修正的第 3 范式或扩充的第 3 范式。

从 BCNF 范式的定义知：如果 $R<U, F>\in BCNF$，则在 $R<U, F>$中不存在决定因素不含码的非平凡函数依赖。

3NF 与 BCNF 的关系：

① 如果关系模式 $R\in BCNF$，必有 $R\in 3NF$；

② 如果 $R\in 3NF$，R 不一定属于 BCNF。

【例 5.1】 根据如下语义，设计一个关系模式，用于描述学生、课程及教师三实体集之间的联系，指出该关系模式的码，并说明其是否属于 BCNF 范式。

① 学生、教师可重名；

② 一个学生属于某个班级，一门课程可给多个班级开设；

③ 一个学生可选多门课程，一门课程可被多个学生选修，如果某个学生选修了某一课程，则应有相应的成绩；

④ 一门课程只能被一位教师讲授，一位教师只讲授一门课程。

答：

根据语义（1），（2），（3），（4）定义如下属性符号，sno：学号，sname：学生姓名，tno：教师编号，tname：教师姓名， cno：课程号，cname：课程名，class：班级，grade：成绩；

构造关系模式：student_teacher_course（U，F）

其中，U={sno， sname ，tno， tname ，cno， cname， class ， grade }；

根据语义（1），（2），（3），（4），定义函数依赖集 F 如下：

sno→sname

tno→tname

sno→class

cno→cname

sno cno→grade

cno→tno

tno→cno

F 表达的函数依赖关系如图 5.5 所示。分析图 5.5 得出：关系模式 student_teacher_course 的码为（sno，cno）和（sno，tno），根据范式的定义及 *F* 包括的函数依赖得知，*F* 中存在非主属性对码的部分依赖，所以它满足的最高范式为 1NF。因此该关系模式不满足 BCNF 的条件（因为 BCNF 要求 *F* 中每个函数依赖的决定因素必须含有码），它不属于 BCNF 范式。

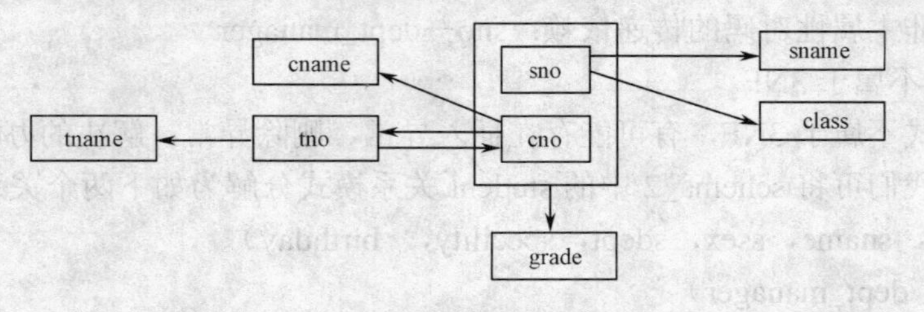

图 5.5 *F* 表达的函数依赖关系

【例 5.2】 设数据库模式 schema_2 的各关系模式如下：

student（{sno，sname，ssex，sdept，specility， birthday}，F1）

F1：

sno→sname ssex specility sdept birthday

dept（{sdept，dept_manager}，F2）

F2：

sdept→dept_manager

course（{cno，cname，credit}，F3）

F3：

cno→cname credit

selector（{sno，cno，grade}，F4）

F4：

sno cno→grade

请指出各关系模式是否属于 BCNF 范式。

答：对上述关系模式分析得知，关系模式 student 的码为 sno，从 F1 可看出，函数依赖的决定因素为码，所以 student 属于 BCNF。

同理得：关系模式 dept，course，selector 都属于 BCNF 范式。

5. 第 4 范式（4NF）

设关系模式 teacher_school_course（{teacher，school，course}，ϕ）有如下语义：

一位教师可在多个学校教多门课程，而且在每个学校都是教同样的几门课程，表 5.2 是该关系模式下某一时刻的数据实例，这一例子体现了关系模式属性间的多值依赖关系。

BCNF 是基于函数依赖的最高范式，但不是数据库模式设计的最高范式，如果一个数据库模式中的每个关系模式都属于 BCNF，那么在函数依赖范畴内，它已实现了彻底的分离，消除了插入和删除异常，但属性之间可能还存在多值依赖，多值依赖会导致不必要的数据冗余。下面介绍多值依赖的概念及消除多值依赖的方法。

表 5.2 teacher_school_course 表

teacher	school	course
王岩	一中	数学
王岩	一中	物理
王岩	二中	物理
王岩	二中	数学
李辉	一中	化学
李辉	三中	化学
刘庆	二中	生物
刘庆	二中	数学
刘庆	一中	生物
刘庆	一中	数学

多值依赖：设 $R(U)$ 是属性集 U 上的一个关系模式，X，Y，Z 是 U 的子集，且 $Z=U-X-Y$，对于 R 的任何关系 r，如果存在两个元组 s，t，则必然存在两个元组 u，v，使得：

$u[X]=v[X]$，$s[X]=t[X]$，

$u[Y]=t[Y]$ 且 $u[Z]=s[Z]$，

$v[Y]=s[Y]$，且 $v[Z]==t[Z]$，

即交换元组 s，t 在属性组 Y 上的值，得到两个新元组 u，v 必在关系 r 中，则称 Y 多值依赖于 X，记为：

$X \rightarrow\rightarrow Y$。

对于关系模式 teacher_school_course（U），U={teacher，school，course }，我们讨论几种情况：

① 如果限制一位教师只能在一个学校教一门课程，则前面的多值依赖蜕化为函数依赖，所以函数依赖可看成多值依赖的特例。② 如果一位教师可在多个学校教多门课程，但在不同学校可教不完全一样的课程，这种情况与多值依赖很相似，但并不是多值依赖。

平凡多值依赖：设 $R(U)$ 是属性集 U 上的一个关系模式，X，Y，Z 是 U 的子集，如果 $X \cup Y=U$，则称 $X \rightarrow\rightarrow Y$ 为平凡多值依赖。

多值依赖的性质

① 多值依赖的传递性

如果 $X \rightarrow\rightarrow Y$ 且 $Y \rightarrow\rightarrow Z$，则 $X \rightarrow\rightarrow Z-Y$。

② 多值依赖的对称性

如果 $X \rightarrow\rightarrow Y$ 且 $Z=U-X-Y$，则 $X \rightarrow\rightarrow Z$。

③ 扩展律

如果 $X \rightarrow\rightarrow Y$ 且 $V \subseteq W$，则 $WX \rightarrow\rightarrow VY$。

④ 如果 $X \rightarrow Y$，则 $X \rightarrow\rightarrow Y$

即函数依赖是多值依赖的特例。

4NF　设 FD，MVD 分别为定义在关系模式 $R<U$，FD，MVD$>$上的函数依赖集和多值依赖集，若 $R<U$，FD，MVD$>\in$ 1NF，且 MVD 中所有非平凡多值依赖 $X \rightarrow\rightarrow Y$ 的决定因素 X 都含有码，则称 $R<U$，FD，MVD$>\in$ 4NF。

4NF 实际上是要求关系模式的属性之间不存在非平凡且非函数依赖的多值依赖。根据 4NF 的定义，对于每个非平凡的多值依赖 $X \rightarrow\rightarrow Y$，$X$ 都含有码，则有 $X \rightarrow Y$，所以 4NF 所允许的非平凡多值依赖实际上是函数依赖，显然，如果一个关系模式为 4NF，则必为 BCNF。

【例 5.3】　将表 5.2 对应的关系模式 teacher_school_course（{teacher，school，course }）分解为 4NF。

从表 5.2 对应的语义可知：关系模式 teacher_school_course 的码为全码，属于 BCNF 范式，因其中存在多值依赖 teacher →→ school，teacher →→ course，所以 teacher_school_course 不属于 4NF。将 teacher_school_course 分解为如下的 4NF：

teacher_school （{teacher，school}，ϕ，ϕ）

teacher _course（{teacher， course}，ϕ，ϕ）

将 teacher_school_course 分解为两个关系模式后，每个关系模式都没有多值依赖，因此，分解后的每个

关系模式都属于 4NF。

模式分解的过程实际上是将非平凡多值依赖转化为平凡多值依赖或函数依赖的过程。

5.3 Armstrong 公理系统

将低级范式转化为高一级范式的基本方法是对低级范式进行模式分解，而模式分解算法的理论基础是 Armstrong 公理系统，下面介绍相关内容。

逻辑蕴涵：设有满足函数依赖集 F 的关系模式 $R<U, F>$，对于 R 的任一关系 r，若函数依赖 $X \to Y$ 都成立（即对于 r 中任意两元组 t，s，若 $t[X]=s[X]$，则 $t[Y]=s[Y]$），则称 F 逻辑蕴涵 $X \to Y$，记为：$F \Rightarrow X \to Y$。

对于关系模式 $R<U, F>$有以下推理规则：

（1）自反律

若 $Y \subseteq X \subseteq U$，则 $F \Rightarrow X \to Y$。

（2）增广律

若 $F \Rightarrow X \to Y$，且 $Z \subseteq U$，则 $F \Rightarrow ZX \to ZY$。

（3）传递律

若 $F \Rightarrow X \to Y$ 及 $F \Rightarrow Y \to Z$，则 $F \Rightarrow X \to Z$。

由于上述推理规则由 Armstrong 于 1974 年首先提出，因此将这些规则称为 Armstrong 公理系统。

根据 Armstrong 公理系统可得到如下推理规则：

① 合并规则。若 $X \to Y$，$X \to Z$，则 $X \to YZ$。

② 伪传递规则。若 $X \to Y$，$WY \to Z$，则有 $WX \to Z$。

③ 分解规则。若 $X \to Y$，且 $Z \subseteq Y$，则有 $X \to Z$。

若 $X \to A_1A_2 \cdots A_K$，则据分解规则可将其分解为 $X \to A_i$（i=1，2，…，k）；

若 $X \to A_i$（i=1，2，…，k），则据合并规则可得 $X \to A_1A_2 \cdots A_k$，所以，$X \to A_1A_2 \cdots A_k$ 与 $X \to A_i$（i=1，2，…，k）等价。

F 的闭包。设有关系模式 R（U，F），F 逻辑蕴涵的函数依赖的全体称为 F 的闭包，记为 F^+。即从 F 出发，根据 Armstrong 公理系统可导出的函数依赖的全体。

F^+的计算是一个 NP 完全问题，例如，设 $S=\{B_1, B_2, \cdots, B_n\}$，$F=\{A \to B_1, \cdots, A \to B_n\}$，式中，$A$，$B_1$，…，$B_n$ 均为单属性，则 $F^+=\{A \to Y \mid Y \in \rho(s)$，$\rho(s)$ 是 S 的幂集$\}$，因 $|\rho(s)|=2^n$，所以，当 F 较复杂时，很难全部列出 F^+的每个元素，由此，引出了属性集 X 关于函数依赖集 F 的闭包 X_{F^+}的定义。

X_{F^+}的定义：设 F 为属性集 U 上的一组函数依赖，$X \subseteq U$，$Y \in U$，$X_{F^+}=\{Y \mid X \to Y$ 能由 F 根据 Armstrong 公理导出$\}$，X_{F^+}称为属性集 X 关于函数依赖集 F 的闭包。求属性集 X 关于函数依赖集 F 的闭包。X_{F^+}的算法流程如图 5.6 所示。

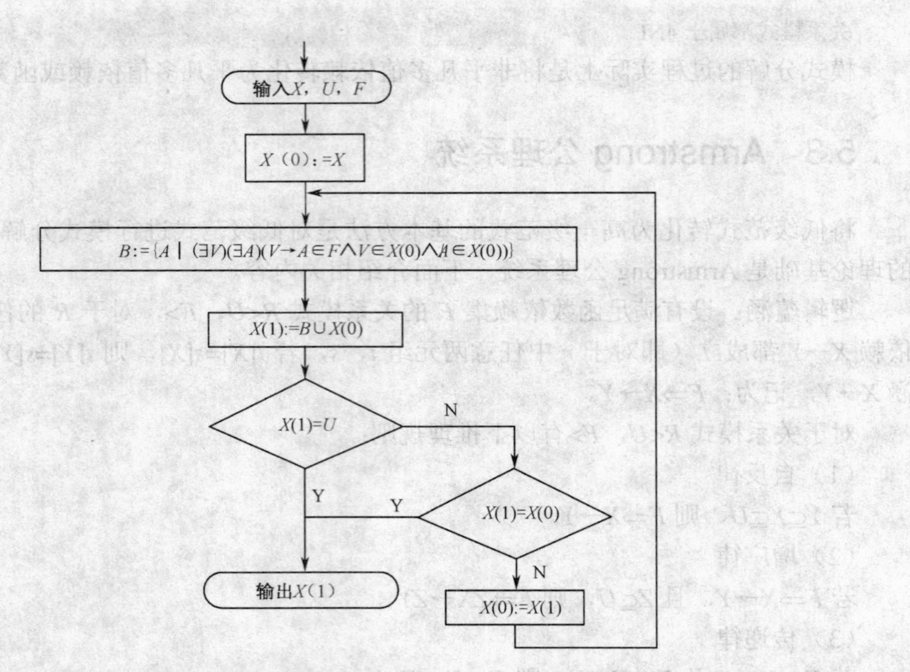

图 5.6　求 X_F+的算法流程

【例 5.4】　设有关系模式 R（U，F），U={A，B，C，D，W，V}，F={AB→C，BC→AD，D→W，CV→→B}，求（AB）$_{F+}$。

解：

根据求 $X_F{}^+$的算法流程：

① 初始 X（0）:= {A，B}　　② 据 AB→C，X（1）:=X（0）∪{C}　　//X（1）:={A，B，C}

③ X（0）:=X（1）　　④ 据 BC→AD，X（1）:=X（0）∪{D}　　//X（1）:={A，B，C，D}

⑤ X（0）:=X（1）　　⑥ 据 D→W，X（1）:=X（0）∪{W}　　//X（1）:={A，B，C，D，W}

⑦ 因为不可能使 X（1）增加新的元素，所以 X（1）即为（AB）$_{F+}$。

对于给定关系模式 R（U，F）的属性子集 X，要判断 F 是否逻辑蕴涵 X→Y，可通过判断 Y 是否属于 X_{F+}来实现。

【例 5.5】　设有关系模式 R（U，F），U={A，B，C，D，E}，F={A→B，B→C，CD→E}，请判断 F 是否逻辑蕴涵 A→E。

解：

要判断 F 是否逻辑蕴涵 A→E，只需判断 E 是否属于（A）$_{F+}$即可。根据求 X_{F+}的算法流程可求得（A）$_{F+}$={A，B，C}，因为 E∉（A）$_{F+}$，所以 A→E 不被 F 所逻辑蕴涵。

【例 5.6】　设有关系模式 R（U，F），U={A，B，C，D，E，G}，F={E→D，C→B，CE→G，B→A}，求该关系模式的码。

解：

① 对属性进行分组：

- 仅出现在函数依赖左部的属性 L={E，C}。
- 既出现在函数依赖左部又出现在右部的属性 LR={B}。

② 求关系模式 R（U，F）的码 KEY：设 X=L∪LR，

因为 $KEY \xrightarrow{F} U$，设 M 为 X 中单个属性或 X 中属性的最小组合，若（M）$_F^+=U$，

则 M 为码。据此，

因为（EC）$_F^+=\{E，D，C，B，A，G\}=U$，所以 EC 即为码。

注：若一个关系模式有多个码，可采用类似的方法求出。

两个函数依赖集等价：设有函数依赖集 F，G，如果 $G^+=F^+$，则说函数依赖集 F 与 G 互为覆盖，或称 F 与 G 等价。

最小依赖集（最小覆盖、正则覆盖）：如果函数依赖集 F 满足如下条件。

① F 中任一函数依赖的右部仅含有单一属性；

② F 中不存在这样的函数依赖 $X→A$，使得 F 与 $F-\{X→A\}$等价；

③ F 中不存在这样的函数依赖 $X→A$，X 有真子集 Z 使得 F 与 $F-\{X→A\}\cup\{Z→A\}$等价，则称 F 为最小依赖集或最小覆盖。

说明：条件②是要求最小覆盖 F 中不存在多余的函数依赖；条件③是要求最小覆盖 F 中的每个函数依赖都是完全函数依赖。

定理：每个函数依赖集 F 均等价于一个极小函数依赖集 F_m，F_m 称为 F 的最小依赖集。

证明：

采用构造法证明，步骤如下：

① 对 F 中的每个函数依赖右部进行单一化处理：逐一检查 F 中的每个函数依赖 $X→Y$，若 $Y=A_1 A_2\cdots A_k$，则用 $X→Aj$ 取代（j=1，…，k）$X→Y$；

② 去掉 F 中多余的函数依赖：逐一检查 F 中各函数依赖 $X→A$，令 $G=F-\{X→A\}$，若 $A\in X_G^+$，则 $X→A$ 多余，从 F 中去掉此函数依赖；

③ 去掉 F 中每个函数依赖左部的多余属性：逐一取出 F 中各函数依赖 $X→A$，设 $X=B_1B_2\cdots B_m$，逐一考查 B_i（i=1，…，m），若 F 与 $F-\{X→A\}\cup\{X-B_i\}→A$ 等价，则以 $X-B_i$ 取代 X。

④ 重复步骤②～③，直至 F 中的函数依赖不再发生变化。

经上述处理后的 F 即为所求的最小函数依赖集（正则覆盖）F_m。

说明：对 F 进行最小化时，处理函数依赖的顺序不同，得到的结果可能不同，所以一个函数依赖集 F 可能存在多个等价的最小函数依赖集。

【例 5.7】 设有关系模式 R（U，$F1$），$U=\{A，B，C，D，E，F，G，H\}$，

$F1=\{ABH→C，A→D，C→E，BCH→F，F→AD，E→F，BH→E\}$

求 F_1 的正则覆盖 F_m。

解：

① 对函数依赖的右部进行单一化处理后 F_1 如下：

$ABH→C$，$A→D$，$C→E$，$BCH→F$

$F→A$，$F→D$，$E→F$，$BH→E$

② 去掉 F_1 中多余的函数依赖，考察 F_1 中的函数依赖，对于 $ABH→C$，

设 $G_1=F_1-\{ABH→C\}$，因为（ABH）$_{G1}^+=\{A，B，H，E，F，D\}$，$C\notin$（ABH）$_{G1}^+$，

所以 $ABH→C$ 不多余。

采用同样的方法知：$A→D$，$C→E$ 也不多余。

对于 F_1 中的 $BCH→F$，设 $G_1=F_1-\{BCH→F\}$，

因为（BGH）$_{G1}^+=\{B，G，H，E，F，D，A，C\}$，$F\in$（$BGH$）$_{G1}^+$，所以 $BCH→F$ 多余，

令 $F_1=F_1-\{BCH\to F\}$。

采用同样的方法可知：$F\to D$ 也是多余的函数依赖，删除多余函数依赖后得 F_1 如下：

$ABH\to C$，$A\to D$，$C\to E$，$F\to A$，$E\to F$，$BH\to E$

③ 删除 F_1 中函数依赖左部多余的属性：考察 $ABH\to C$，令：

$G_1=F_1-\{ABH\to C\}\cup\{BH\to C\}$，因为 $(BH)_{G1}^{+}=\{B，H，C，E，F，A\}$，

所以 $ABH\to C$ 与 $BH\to C$ 等价，由此得 F_1 如下：

$BH\to C$，$A\to D$，$C\to E$，$F\to A$，$E\to F$，$BH\to E$，采用同样的方法知：F_1 中的各函数依赖的左部无多余属性。

④ 再次根据算法可求得 F_1 中 $BH\to E$ 是多余的函数依赖，删除之，得：

$F_1=\{BH\to C，A\to D，C\to E，F\to A，E\to F\}$，此即为最小函数依赖集 F_m。

5.4 模式分解

前面我们介绍了各种范式，通过例子说明采用模式分解的方法可将一个属于较低级范式的关系模式分解为一组满足高一级范式要求的关系模式，现在的问题是应依据什么原则来进行模式分解呢？下面介绍有关的概念及算法。

定义 1　关系模式 $R<U，F>$的一个分解是指$\rho=\{R_1<U_1，F_1>，R_2<U_2，F_2>，\cdots，R_n<U_n，F_n>\}$，其中 $U=\bigcup_{i=1}^{n}U_i$，$U_i\not\subset U_j$，$i\neq j$，i，$j=1$，…，n；F_i 是 F 在 U_i 上的投影。

定义 2　数据依赖集$\{X\to Y|X\to Y\in F^{+}\wedge XY\subseteq Ui\}$的一个覆盖 F_i 叫做 F 在属性子集 U_i 上的投影。

对于一个模式的分解是多种多样的，但是分解后产生的模式应与原模式等价，根据不同应用的需要，等价的含义一般基于如下分解准则之一：

① 分解具有“无损连接性”；

② 分解要“保持函数依赖”；

③ 分解既要“保持函数依赖”，又具有“无损连接性”。

定义 3　$m\rho(r)$ 设$\rho=\{R_1<U_1，F_1>，R_2<U_2，F_2>，\cdots，R_n<U_n，F_n>\}$是 $R<U，F>$的一个分解，r 是 R 的任一关系，定义 $m\rho(r)$ 为关系 r 在ρ 中各关系模式上投影的连接，即：$m\rho(r)=\bowtie_{i=1}^{n}\prod_{Ri}(r)$。

定义 4　分解的无损连接性和保持函数依赖性　设$\rho=\{R_1<U_1，F_1>，R_2<U_2，F_2>，\cdots，Rn<Un，Fn>\}$是 $R<U，F>$的一个分解，若对 $R<U，F>$的任何关系 r 均有 $r=m\rho(r)$ 成立，则称分解ρ具有无损连接性．简称ρ为无损连接分解。

算法 1　判别一个分解的无损连接性。

输入：

① $R<U，F>$的一个分解$\rho=\{R_1<U_1，F_1>，\cdots，R_k<U_k，F_k>\}$

② $U=\{A_1，\cdots，A_n\}$

③ 设 F 为正则覆盖，$F=\{FD_1，FD_2，\cdots，FD_p\}$，记 FDi 为 $X_i\to A_{li}$。

输出：输出判别结果。

步骤：

① 建立初始表。

建立一张 n 列 k 行的表，每列对应一个属性，每行对应分解中的一个关系模式，若属性 Aj 属于关系模式 R_i 对应的属性集 U_i，则在第 j 列第 i 行交叉处填上 aj，否则填上 bij；

② 对初始表进行处理。

对 F 中的每个 FD_i：$X_i \rightarrow A_{li}$ 做如下操作：

找到 X 所对应的列中具有相同符号的那些行，考查这些行中第 li 列的元素，若其中有 a_{li}，则全部改为 a_{li}；否则全部改为 b_{mli}，m 是这些行的行号最小值。

注意：若某个 b_{tli} 被更改为 a_{li}，则该表 li 列中所有的 b_{tli} 均应做相应修改。

③ 根据处理后的表进行判断。

经第 2 步处理后，检查表中是否有一行为 a_1，a_2，…，a_n，若有，则ρ具有无损连接性，算法终止，否则，检查表中数据是否有变化，若有变化，则转第 2 步，否则，ρ不具有无损连接性，算法终止。

【例 5.8】 设有关系模式 R（U，F），U={A，B，C，D，E}，

F={$A \rightarrow C$，$C \rightarrow D$，$B \rightarrow C$，$DE \rightarrow C$，$CE \rightarrow A$}，

① 求 R 的所有码；

② 判断ρ={R_1（AD），R_2（AB），R_3（BC），R_4（CDE），R_5（AE）}是否为无损连接分解。

解：

（1）求码

① 对属性进行分组

- 仅出现在函数依赖左部的属性 L={B，E}
- 既出现在函数依赖左部又出现在右部的属性 LR={A，C，D}

② 求关系模式 R（U，F）的码 KEY

因为 $KEY \xrightarrow{F} U$，设 $X=L \cup LR$，M 为 X 中单个属性或 X 中属性的最小组合，若（M）$_F^+=U$，则 M 为码，

因为（BE）$_F^+$={B，C，D，E，A}，所以 BE 为码。

（2）判断ρ无损连接性：

① 构造初始表（表 5.3）。

表 5.3

	A	B	C	D	E
R_1	a_1	b_{12}	b_{13}	a_4	b_{15}
R_2	a_1	a_2	b_{23}	b_{24}	b_{25}
R_3	b_{31}	a_2	a_3	b_{34}	b_{35}
R_4	b_{41}	b_{42}	a_3	a_4	a_5
R_5	a_1	b_{52}	b_{53}	b_{54}	a_5

② 根据 F 中的函数依赖利用算法对表进行处理。

根据 $A \rightarrow C$，得表 5.4

表 5.4

	A	B	C	D	E
R_1	a_1	b_{12}	b_{13}	a_4	b_{15}
R_2	a_1	a_2	b_{13}	b_{24}	b_{25}
R_3	b_{31}	a_2	a_3	b_{34}	b_{35}
R_4	b_{41}	b_{42}	a_3	a_4	a_5
R_5	a_1	b_{52}	b_{13}	b_{54}	a_5

根据 $C \to D$，得表 5.5。

表 5.5

	A	B	C	D	E
R_1	a_1	b_{12}	b_{13}	a_4	b_{15}
R_2	a_1	a_2	b_{13}	a_4	b_{25}
R_3	b_{31}	a_2	a_3	a_4	b_{35}
R_4	b_{41}	b_{42}	a_3	a_4	a_5
R_5	a_1	b_{52}	b_{13}	a_4	a_5

根据 $B \to C$，得表 5.6。

表 5.6

	A	B	C	D	E
R_1	a_1	b_{12}	a_3	a_4	b_{15}
R_2	a_1	a_2	a_3	a_4	b_{25}
R_3	b_{31}	a_2	a_3	a_4	b_{35}
R_4	b_{41}	b_{42}	a_3	a_4	a_5
R_5	a_1	b_{52}	a_3	a_4	a_5

根据 $DE \to C$，表 5.6 不变化。

根据 $CE \to A$，得表 5.7。

表 5.7

	A	B	C	D	E
R_1	a_1	b_{12}	a_3	a_4	b_{15}
R_2	a_1	a_2	a_3	a_4	b_{25}
R_3	b_{31}	a_2	a_3	a_4	b_{35}
R_4	a_1	b_{42}	a_3	a_4	a_5
R_5	a_1	b_{52}	a_3	a_4	a_5

③ 重复步骤②的操作，表中的内容不再变化，所以最终得到的表即为表 5.7，从表 5.7 可知：上述分解为有损连接的分解。

定义 5　设ρ={R_1<U_1，F_1>，R_2<U_2，F_2>，…，R_n<U_n，F_n>}是 R<U，F>的一个分解，若 $F^+=(\cup F_i)^+$（i=1，2，…，n），则称该分解为保持函数依赖的分解。

算法 2　将关系模式 $R<U, F>$ 分解为保持函数依赖的 3NF。

输入：① 关系模式 R 的属性集 U。

　　　② 关系模式 R 的函数依赖集 F。

输出：$R<U, F>$ 的分解。

步骤：

① 对 $R<U, F>$ 中的函数依赖集 F 进行“极小化处理”（处理后得到的依赖集仍记为 F）。

② 找出不在 F 中出现的属性，把这些属性构成一个关系模式，并将其从 U 中去掉，剩余的属性仍记为 U。

③ 若有 $X \rightarrow A \in F$，且 $XA=U$，则 $\rho=\{R\}$，算法终止；否则，转 4。

④ 对 F 按具有相同左部的原则分组（假定分为 n 组），每一组函数依赖 F_i 所涉及的全部属性形成一个属性集 U_i，若有 $U_i \subseteq U_j$（$i \neq j$，i，$j=1, 2, \cdots, n$），则合并 F_i 至 F_j 中，并去掉 U_i，设经合并处理后，将 F 分成了 k 组，则 $R<U, F>$ 的分解 $\rho=\{R_1<U_1, F_1>, \cdots, R_k<U_k, F_k>\}$ 是保持函数依赖的。

算法 3　将关系模式 $R<U, F>$ 分解为具有无损连接性且保持函数依赖的 3NF。

输入：① 关系模式 R 的属性集 U。

　　　② 关系模式 R 的函数依赖集 F。

输出：$R<U, F>$ 的分解 τ。

步骤：

① 调用算法 2 得关系模式 $R<U, F>$ 保持函数依赖的分解 ρ。

$$\rho=\{R_1<U_1, F_1>, \cdots, R_k<U_k, F_k>\} \text{且} R_1, \cdots, R_k \in 3NF$$

② 调用算法 1 判断 ρ 的无损连接性，如果分解 ρ 是无损连接的，则 ρ 即为所求的分解，算法终止，否则转 3。

③ 设 X 是 $R<U, F>$ 的码，构造关系模式 $R_x<U_x, F_x>$，其中 U_x 由 X 的所有属性组成，F_x 为 F 在 U_x 上的投影，令 $\tau=R_x \cup \rho$，τ 即为所求的分解。

【例 5.9】　设有关系模式 $R(U, F)$，$U=\{B, C, D, E, G, H\}$，

$F=\{BG \rightarrow CD, G \rightarrow E, CD \rightarrow GH, C \rightarrow EG, E \rightarrow D\}$ 使用上述算法将 $R(U, F)$ 分解为无损的、依赖保持的 3NF。

解：

① 对 F 进行最小化得：$F_m=\{BG \rightarrow C, G \rightarrow E, C \rightarrow H, C \rightarrow G, E \rightarrow D\}$；

② 按左部相同的原则对 F_m 中的函数依赖分组得到对应的属性子集如下：

$F_1=\{BG \rightarrow C\}$，$U_1=\{B, C, G\}$

$F_2=\{G \rightarrow E\}$，$U_2=\{G, E\}$

$F_3=\{C \rightarrow H, C \rightarrow G\}$，$U_3=\{C, G, H\}$

$F_4=\{E \rightarrow D\}$，$U_4=\{E, D\}$

令：$\rho=\{R_1(U_1, F_1), R_2(U_2, F_2), R_3(U_3, F_3), R_4(U_4, F_4)\}$ 即为保持函数依赖的 3NF 分解。

③ 利用算法 2 判断可知 ρ 是无损连接的分解，因此，不必在 ρ 中加入 $R_x<U_x, F_x>$（X 为 $R(U, F)$ 的码）。

④ 综上所述，ρ既是保持函数依赖又是无损连接的分解。

习题 5

1．解释下列术语：

函数依赖、部分函数依赖、完全函数依赖、传递依赖、1NF、2NF、3NF和BCNF。

2．建立关系数据库，包含系、班级、学生、学会等表。

系的属性：系名、系号、办公地点、系人数

班级属性：班号、专业名、系名、班级人数、入校年份

学生属性：学号、姓名、出生年月、系名、班号、宿舍区

学会属性：学会名、成立年份、办公地点、人数

其中，一个系有若干专业，每个专业每年只招一个班，每个班有若干学生。一个系的学生住在同宿舍区。每个学生可参加学会，每个学会有若干学生。学生参加某学会有一个入会年份。

请给出关系模式，写出每个关系模式的极小函数依赖集，指出是否存在传递函数依赖，对于函数依赖左部是多属性的情况，讨论函数依赖是完全函数依赖，还是部分函数依赖。

第 6 章　数据库安全

随着计算机资源共享和网络技术的应用日益广泛和深入，计算机已经深入到各个领域，计算机安全性问题越来越得到人们重视。由于在数据库系统中存放大量数据，从而使得数据库安全性问题更为突出。目前数据的安全存储已经成为信息安全领域的一个重要研究方向，通过数据加密、身份认证、数字签名、访问控制等一系列技术的综合应用可以实现数据的安全传输和存储，提供强大的信息安全保证。

数据库的安全性就是保护数据库中的数据，防止被恶意破坏和非法存取。

6.1　数据库安全性

通常从以下几方面考虑数据库的安全性：

- 可审计性。可以追踪存取和修改数据库数据的用户。
- 访问控制。确保只有授权的用户才能访问数据库，不同的用户有不同的访问权限。
- 身份验证。不管是审计追踪或者是对某一数据库的访问都要经过严格的身份验证。
- 可用性。对授权的用户可随时进行数据库访问。

针对数据库安全，各个国家都制定了一系列的安全标准，其中最重要的当属 1985 年美国国防部（DoD）正式颁布的《DoD 可信计算机系统评估标准》（Trusted Computer System Evaluation Criteria，简称 TCSEC 或 DoD85，即橘皮书）和 1991 年 4 月美国 NCSC（国家计算机安全中心）颁布的《可信计算机系统评估标准关于可信数据库系统的解释》（Trusted Database Interpretation，简称 TDI，即紫皮书）。TCSEC 把数据安全级别划分为四类七级：如图 6.1 所示，由下往上系统可靠或可信程度逐渐增高，其中较高安全性级别提供的安全保护要包含较低级别的安全保护要求。TDI 是 TCSEC 标准体系在数据库管理系统方面的扩充和解释，TDI 不能独立成为一个标准，需要联合 TCSEC 作为参照，其中定义了数据库管理系统的设计与实现中需满足的安全性级别，分为 R1，R2，R3，R4。随着因特网应用的日益广泛，1999 年 7 月国际标准化组织通过了一项新的安全标准 CC。CC 源于 TCSEC，全面考虑了与信息技术安全性相关的所有因素，它定义了作为评估信息技术产品和系统安全性的基础准则，提出了目前国际上公认的表述信息技术安全性的结构。

1999 年我国颁布了信息安全评估级别 GB 17859—1999（图 6.2），《计算机信息系统安全保护等级划分准则》。该标准将计算机信息系统的安全等级分为五级，从第一级到第五级分别对应于美国 TCSEC 标准中的 C1，C2，B1，B2 和 B3。公安部的《中华人民共和国公共安全行业标准 GA/T 389—2002》“计算机信息系统安全等级保护数据库管理系统技术要求”详细说明了计算机信息系统为实现 GB 17859 所提出的安全等级保护要求对数据库管理系统的安全技术要求，并对这五个等级从技术方面进行了详细的描述，其中对数据库安全的定义为：数据库安全就是保证数据库信息的保密性、完整性、一致性和可用性。

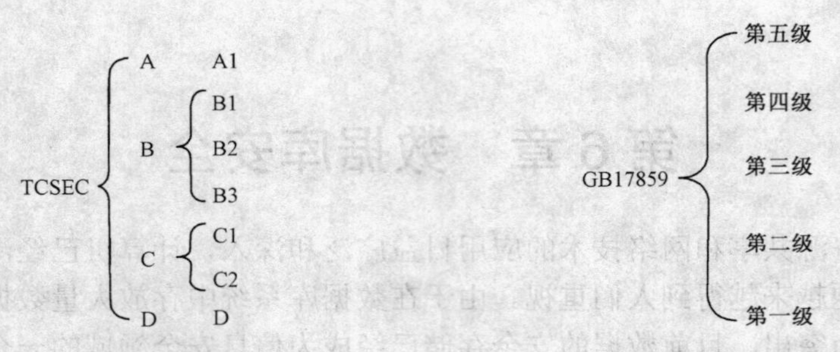

图 6.1 TCSEC 数据安全级别　　　　图 6.2 GB 17859—1999 数据安全级

目前流行的 DBMS（如 Oracle，SQL Server，Sybase 等）虽不同程度地提供了身份认证、自主访问控制和审计等基本的安全功能，但按照 TCSEC /TDI 的标准，其安全可信度只达到 C2 级，因此研究数据库的安全具有非常重要的意义。传统数据库安全通常通过安全管理、存取管理和数据库加密等技术来实现。

6.2 数据库安全技术

6.2.1 用户身份认证

系统认证模式是指当用户进行访问数据库系统时系统给予的确认方式，这是数据库管理系统提供的最外层安全保护措施，主要体现在当用户登录时，系统对该用户的账号和口令进行认证，包括确认用户账号是否有效，以及能否访问数据库系统。

一个系统通常提供多种验证方式供用户选择，例如，SQL Server 2005 提供了 Windows 认证模式和 SQL Server 认证模式。在 Windows 认证模式下，用户的身份验证由操作系统完成。SQL Server 认证模式下，由 DBMS 进行用户认证机制。

随着网络技术的发展，已经有许多网络安全认证系统可对数据库用户身份认证，用户通过提供身份证明（如采用智能卡、安全令牌、生物特征等）响应验证请求。

6.2.2 数据访问控制

访问是使信息在主体和客体间流动的一种交互方式，主体是指主动的实体，在数据库系统中通常包括用户、进程等；客体是指包含或接受信息的被动实体，在数据库系统中主要包括文件、数据、表、记录、字段等。控制（Control）是为了达到既定目标而采取的管理行动。访问控制管理主要涉及访问权限的授予及合法权限的检查，按实现策略可将访问控制分为自主访问控制（Discretionary Access Control，DAC）和强制访问控制（Mandatory Access Control，MAC）。

1. 自主访问控制

自主访问控制（DAC）是一种基于存取者身份或所属工作组对数据的访问权限进行控制的手段，大多数 DBMS 都支持 DAC，其控制机制主要包括两部分：

① 提供定义用户权限的功能，并将实际的权限定义登记到数据字典中；

② 进行权限检查，当用户发出数据库存取操作请求时，DBMS 根据数据字典中登记的权限和安全性规则进行访问的合法性检查，若用户的操作请求不合法，则拒绝数据访问。

在 DAC 方式下，由于数据本身无安全性标记，用户可以“自主”地决定将数据的权限授予何人，这很容易导致数据泄露，为了解决这一问题，就需要采用强制访问控制策略。

2. 强制访问控制

相对于DAC，强制访问控制（MAC）是一种不允许主体干涉的访问控制，它由系统或数据库管理员决定整个系统的安全策略，MAC的实现机制主要由两部分内容构成：

① 针对主体的权限和客体的安全性要求，分别指派相应的敏感度标记，主体的敏感度标记称为许可证级别，客体的敏感度标记称为密级。

② 当主体对客体进行访问时，依据如下规则进行访问控制。

- 不准上读，主体只能读取安全级别受其支配的客体信息；
- 不准下写，主体不能将高安全级别的客体写入低安全级别的客体中。

基于MAC技术，可针对不同类型的信息采取不同层次的安全策略，从而保证信息的机密性。

在DBMS的安全控制中，较高安全级别的访问控制应包含较低安全级别的访问控制，因此，要实现MAC，同时也必须实现DAC。

6.2.3 基于角色的访问控制

基于角色访问控制（RBAC）的思想核心是完全授权和角色相联系，它与传统访问控制的差别在于：在用户和访问许可权之间引入了角色这个层次。角色是访问权限的集合。用户首先要成为相应角色的成员，才能获得该角色的对应权限。管理员通过指定用户为特定的角色，从而进行授权。当用户被赋予一个角色时，用户就具有这个角色所包含的所有访问权。用户和角色之间是多对多的关系。对于存在着大量用户和权限分配的系统而言，将大量的用户管理转为管理、操纵少量的角色，简化了授权管理，提高了管理效率和质量。由此可见整个访问控制过程分为两部分，即访问权限与角色相关联，角色再与用户相关联，从而实现用户与访问权限的逻辑分离，实现数据库的安全性。由于RBAC相对于DAC和MAC使得访问控制在实现和管理上更具有灵活性，既实现了自主访问控制又实现了强制访问控制，加上它与策略无关，可灵活地适用于各种不同的安全策略，因此RBAC被认为是一种更适用于数据库应用层的安全模型。

6.2.4 视图

视图技术是保证数据库安全的一个重要手段，它可以把要保密的数据对无权存取的用户隐藏起来，从而对数据提供一定程度的安全保护。通过视图可实现如下功能：

① 可以限制用户只看到表中的某些行，例如，通过视图可以限制学生只能看到跟自己有关的借阅记录；

② 可以限制用户只看到表中的某些列，如果表中的某些列保存的是敏感数据，可以通过定义视图屏蔽敏感的数据列，使用户只查询到非敏感数据列；

③ 将多个表中的列组合起来。使得这些列看起来就像一个简单的数据库表。

【例6.1】 建立XS表中所有男同学的视图ST_XS，把对该视图的SELECT权限授予王林，所有操作权限授予程明。

```
CREATE  VIEW  ST_XS  AS            /*建立视图ST_XS*/
SELECT  *
```

```
    FROM   XS
    WHERE  性别='男'
GO
GRANT  SELECT  ON  ST_XS  TO  王林
GRANT   ALL  PRIVILEGES  ON  ST_XS  TO    程小明
```

6.2.5 数据库加密

对于存储在数据库中的机密数据，除了采用上述安全措施外，还可以采用数据加密技术实现数据存储的安全保护。

数据加密的基本思想就是将原始数据（明文）通过一定的算法变换为无法直接辨认的数据（密文）。数据解密是加密的逆过程，即将密文转换成可识别的明文。数据库中的数据加密后，可以保证只有知道密钥的用户才能访问数据，在数据传输过程中即使被截取，如果没有密钥，窃取者也无法知道数据的含义，从而大大提高了关键数据的安全性。常用的加密算法有：对称算法，指加密和解密使用同一个密钥，主要包括替换密码、变位密码、DES 算法等方法；非对称算法，指加密和解密使用两个不同但是数学上相关的密钥，最典型的是 RSA 算法。

通过在 OS、DBMS 内核层和 DBMS 外层对数据库文件进行加密，实现多级数据库加密，可以进一步提高数据库的安全性。常见数据库加密方式主要有：文件加密、记录加密和字段加密。

SQL Server 2005 内置加密技术用来保护各种类型的敏感数据。在很多时候，这个加密技术对于用户来说是完全透明的；当数据被存储时候被加密，它们被使用的时候就会自动解密。在其他的情况下，用户可以选择数据是否要被加密。

SQL Server 可以加密下列方面。

（1）密码

SQL Server 自动将分配给登录和应用角色的密码加密。尽管可以从主数据库中直接查看系统表格而不需要密码。但不能做任何修改，更不能破坏它。

（2）存储过程、视图、触发器、用户自定义函数、默认值和规则

有些时候，对对象进行加密是防止将一些信息分享给他人。例如，一个存储过程可能包含所有者的商业信息，但是这个信息不能让其他的人看到。SQL Server 允许在创建一个对象的时候进行加密。例如，为了加密一个存储过程，使用下面形式的 CREATE PROCEDURE 语句：

```
CREATE PROCEDURE procedurename [;number][@parameter datatype[VARYING]
[ = defaultvalue][OUTPUT]][, …][WITH RECOMPILE | ENCRYPTION | RECOMPILE, ENCRYPTION]
```

其中，人们关心的仅仅是可选的 WITH 参数。ENCRYPTION 关键字保护 SQL Server 不被公开在进程中，在激活的时候系统存储过程 sp_helptext 就会被忽视。这个存储过程将被存储在用户创建进程的文本中。如果不要加密，可以使用 ALTER PROCEDURE，忽略 WITH ENCRYPTION 子句来重新创建一个过程。

（3）在服务器和用户之间传输的数据

为了能够使用加密技术。用户和服务器都应该使用 TCP/IP NetworkLibraries 连接。使用

IPSec 可以在传输过程中对 SQL Server 数据进行加密。IPSec 是由客户端和服务器操作系统提供的，不需要进行 SQL Server 配置。

6.2.6 数据库审核

信息技术的发展给数据库安全带来了新的挑战，如何采用有效的手段保证数据库的访问与安全策略的一致性？对数据库的访问进行审核正好能实现这一目标。数据库审核功能将用户对数据库的所有操作自动记录在审核日志中，使 DBA 可以利用审核跟踪信息，确定非法存取数据的人、时间和内容，这增强了数据的物理完整性，在安全事件追踪分析和责任追究方面有着重要的作用。

数据库服务器中的数据及其审核日志必须按照既定的规则定期备份。在 SQL Server 中，通过 SQL 事件探查器，可以全面监视 SQL Server 服务器的性能，审核事件的日期和时间、导致事件发生的用户、事件的类型、事件的成功或失败、发出请求的起点、访问的对象名及 SQL 语句的文本。

6.2.7 其他安全技术

随着网络技术和计算机技术的发展，数据库安全的研究和应用也带来了许多新的问题，当前常用的一些安全技术有：

① 数据备份：由于软硬件故障、病毒、自然灾害等情况都可以导致数据丢失。因此对数据库进行定期数据备份，既能保证数据库的安全性又能实现数据库并行操作，从而提高数据库的性能。

② 数据库入侵检测：它不同于网络的入侵检测，必须从多个层次上对用户进行检测，由于数据库结构的复杂性，数据库入侵限制模型和数据库入侵恢复模型是需要解决的关键技术。

③ 应用触发器实现数据库安全：数据库触发器是一种特殊的存储过程，它可以自动对某一行为做出反应而进行特定的操作，在系统自身访问控制的基础上由用户利用触发器构建新的访问控制功能，可以极大地丰富安全事件的日志信息。

④ 可生存性机制：当 DBMS 面临攻击或合法用户的滥用时，如何使 DBMS 在受到攻击后系统损失减至最小，同时仍能继续提供持续性服务，这是 DBMS 可生存性主要研究的内容。可生存性 DBMS 的复杂性，以及状态的多样性使得对修复问题分析的难度大为增加，因此在进一步确保数据库安全的同时，研究数据库的可生存性机制有着重要意义。

6.3 用户访问数据权限的管理

6.3.1 权限授予

利用 GRANT 语句可以实现权限的授予，语句的发送方可以是 DBA，也可以是数据库创建者，或者是已经拥有该权限的用户。

语法格式：

```
GRANT  ALL  [ PRIVILEGES ] | <权限 >[ ,<权限> ]
```

```
[(<列名>[,<列名>])] ON <表名>|<视图名>[,<表名>|<视图名>]
TO PUBLIC |<用户名>[,<用户名>]
[WITH GRANT OPTION]
```

其中，<权限>定义为：

```
SELECT | INSERT | DELETE |UPDATE
```

【例 6.2】 把查询 XS 表的权限授予用户 USER1。

```
GRANT SELECT
   ON XS
   TO USER1
```

【例 6.3】 把对 XS 表的全部操作权限授予用户 USER2 和 USER3。

```
GRANT ALL
   ON XS
   TO USER2, USER3
```

【例 6.4】 把对 KC 表课程号的修改权限授予所有用户。

```
GRANT UPDATE                    /*对属性列的授权必须指明相应属性列名*/
ON KC（课程号）
TO PUBLIC                       /*public 表示所有用户*/
```

其中，如果指定权限应用到列，该权限称为列权限。当不指定列时，表示该权限适用于表的所有列。

【例 6.5】 把对 XS 表插入记录的权限授予用户 USER4，并允许将此权限转授其他用户。

```
GRANT INSERT
   ON XS
   TO USER4
   WITH GRANT OPTION
```

其中，WITH GRANT OPTION 意味着在 TO 从句中指定的所有用户本身可将权限传递给其他用户。如果没有此子句，则不能传播该授权。该命令不允许循环授权。即执行此语句后，USER4 不仅拥有对 XS 表的 INSERT 权限还可以传播此权限。

6.3.2 收回权限

利用 GRANT 语句可以给用户授予数据访问的权限，所有授予出去的权限可以通过 REVOKE 语句收回，但不会删除该用户，REVOKE 语句的功能与 GRANT 语句的功能相反。

语法格式

```
REVOKE ALL [PRIVILEGES] | <权限>[,<权限>]
[(<列名>[,<列名>])] ON <表名>|<视图名>[,<表名>|<视图名>]
FROM PUBLIC|<用户名>[,<用户名>]
[CASCADE]
```

【例 6.6】 撤销授予用户 USER1 对 XS 表的查询权限。

```
REVOKE SELECT
   ON XS
```

```
    FROM   USER1
```

【例 6.7】 撤销授予用户 USER2 和 USER3 对 XS 表全部操作权限。

```
REVOKE   ALL   PRIVILEGES
    ON         XS
    FROM   USER2, USER3
```

【例 6.8】 撤销所有用户对 KC 表课程号的修改权限。

```
REVOKE   UPDATE
    ON   KC（课程号）
    FROM   PUBLIC
```

【例 6.9】 撤销用户 USER4 对 XS 表的 INSERT 权限。

```
REVOKE   INSERT
    ON   XS
    FROM   USER4   CASCADE
```

关键字 CASCADE 表示级联收回权限。

6.4 基于角色的数据访问权限管理

数据库角色可看成被授予一定数据访问权限的用户组的集合。利用角色管理数据库权限可以简化授权的过程，当一个用户为某个角色的成员时，该用户就拥有这个角色的所有访问权，用户和角色之间是多对多的关系，即一个用户可为多个角色的成员，一个角色也可有多个用户。

1. 角色的创建

命令格式：

```
CREATE   ROLE  < 角色名 >
```

【例 6.10】 创建一个角色 ROLE1。

```
USE XSCJ
EXEC sp_addrole 'ROLE1'
```

在 SQL Server 2005 中，sp_addrole 系统存储过程用于创建角色。

2. 将一个用户添加为角色成员

【例 6.11】 将登录账号“王林”添加为 XSCJ 数据库的用户，用户名为 USER1，然后将 USER1 添加到 XSCJ 数据库的角色 ROLE1 中。

```
USE XSCJ
EXEC sp_grantdbaccess '王林', 'USER1'
EXEC sp_addrolemember   'USER1', 'ROLE1'
GO
```

在 SQL Server 2005 中，利用系统存储过程 sp_grantdbaccess 可将一个登录账号添加为某个数据库的用户。利用系统存储过程 sp_addrolemember 可将一个数据库用户或角色添加到当前数据库的某个角色中。

3．给数据库角色授予权限

【例 6.12】 首先给当前数据库 XSCJ 中 public 角色授予对 XS 表的 SELECT 权限，然后，将对 XS 表的 SELECT，UPDATE 和 DELETE 操作权限授予角色 ROLE1。

```
USE XSCJ
GO
GRANT SELECT ON XS TO public
GO
GRANT SELECT , UPDATE, DELETE ON XS TO ROLE1
GO
```

【例 6.13】 修改 ROLE1 的权限，在原来权限的基础上增加 XS 表的 INSERT 权限。

```
GRANT   INSERT
     ON   XS
     TO   ROLE1
GO
```

4．删除数据库角色的成员

【例 6.14】 删除 ROLE1 角色的成员王林。

```
USE    XSCJ
EXEC   sp_droprolemember   'ROLE1', "王林"
GO
```

在 SQL Server 2005 中，利用存储过程 sp_droprolemember 可以删除当前数据库中一个角色的成员。

5．收回角色的数据访问权限

【例 6.15】 收回 ROLE1 的 UPDATE 操作权限。

```
REVOKE   UPDATE
     ON   XS
     FROM   ROLE1
```

习题 6

1．说明数据库的安全控制的方法和途径。
2．用户访问数据权限与操作系统中的权限控制有没有关系？
3．请说明通过角色来控制数据访问权限的优点。
4．如何实现数据库加密和数据库审核？

第 7 章　事务与并发控制

当多个应用程序共享数据库时，可能会引起访问冲突，因此，DBMS 必须采取有效的解决方案，保证每个应用正确地访问数据库。本章将首先介绍相关概念，然后讨论如何解决相关问题。

7.1　事务

事务（Transaction）是用户定义的数据库的一个操作序列，这些操作要么全做要么全不做，是不可分割的一个整体。例如，对于银行转账问题，涉及两个账户在同一时间进行的存取款交易，必须保证两笔交易对数据库中数据的操作要么全部操作成功，要么一个操作也不做。

7.1.1　事务的特性

事务具有如下特性：

① 原子性（Atomicity），事务是一个不可分割的整体，它对数据库的操作要么全做，要么全不做，即不允许事务部分地完成，若因故障而导致事务未能完成，则应通过恢复功能使数据库回到该事务执行前的状态。

② 一致性（Consistency），事务对数据库的作用应使数据库从一个一致状态转换到另一个一致状态。一致状态是指数据库中的数据满足完整性约束。

③ 隔离性（Isolation），多个事务并发执行时，应互不影响，其结果要和这些事务独立执行的结果一样。并发控制就是为了保证事务间的隔离性。

④ 持久性（Durability），一旦事务执行成功，则该事务对数据库进行的所有更新都是持久的，即使因数据库故障而受到破坏，DBMS 也能恢复。

事务的这些特性简称为 ACID 特性，DBMS 一般都能保证事务的 ACID 特性。

7.1.2　事务类型与事务的状态

1. 事务类型

事务一般可分为两类：系统事务和用户定义的事务。系统事务又称为隐式事务，指某些特定的 SQL 语句由系统单独作为一个事务处理，包括的主要语句如下：

- 所有的 CREATE 语句；
- 所有的 DROP 语句；
- INSERT，UPDATE，DELETE 语句。

例如，执行如下的创建表语句：

```
CREATE TABLE    xx
(
   f1 int not null,
```

```
    f2 char（10），
    f3 varchar（30）
)
```

这条语句本身就构成了一个事务，它要么建立含 3 列的表结构，要么对数据库没有任何影响。

在实际应用中，大量使用的是用户定义的事务。用户事务的定义方法：用 BEGIN TRANSACTION 语句指定一个事务的开始，用 COMMIT 或 ROLLBACK 语句表明一个事务的结束。注意必须明确指定事务的结束，否则系统将把从事务开始到用户关闭连接之间所有的操作都作为一个事务来处理。

（1）开始事务

语法格式：

```
BEGIN   TRANSACTION
```

功能：控制事务的开始。

（2）结束事务

- 事务提交

语法格式：

```
COMMIT
```

功能：COMMIT 语句用于提交事务，即将事务对数据库的所有更新写到物理数据库中，同时，也标志一个事务的结束。

- 事务回滚

语法格式：

```
ROLLBACK
```

功能：事务回滚，即将事务对数据库已完成的操作全部撤销，回滚到事务开始时的状态，它也标志一个事务的结束，ROLLBACK 语句将清除自事务的起点或到某个保存点所做的所有数据修改，并且释放由事务控制的资源。

以下例子说明事务处理语句的使用。

【例 7.1】 定义一个事务，将“计算机”专业学生的密码改为“1234”，并提交该事务。

```
BEGIN TRANSACTION
USE XSCJ
UPDATE XS
    SET 密码 ='1234'
    WHERE 专业 ='计算机'
COMMIT
```

在 SQL Server 2005 中，ROLLBACK 还可以加上选项[TRAN[SACTION] <保存点名> |<保存点变量名>]，保存点名或保存点变量名可用 SAVE TRANSACTION 语句设置：

```
SAVE TRAN[SACTION] {保存点名 | @ 保存点变量名 }
```

【例 7.2】 定义一个事务，向 XSCJ 数据库的 XS 表中插入一行数据，然后删除该行。

```
BEGIN TRANSACTION
```

```
USE XSCJ
INSERT INTO XS （学号， 姓名， 性别， 出生时间， 专业）
    VALUES（'07050104'， '朱一虹'， 1， '1989-10-21'， '计算机应用'）
SAVE TRAN My_sav
DELETE FROM XS
    WHERE 姓名 = '朱一虹'
ROLLBACK TRAN My_sav
COMMIT TRAN
```

执行上述事务后，可知：新插入的数据行并没有被删除，因为事务中使用 ROLLBACK 语句将操作回滚到保存点 My_sav，即删除前的状态。

2. 事务的状态

图 7.1 说明了一个事务对数据库进行操作时，其生存周期内可能进入的状态。

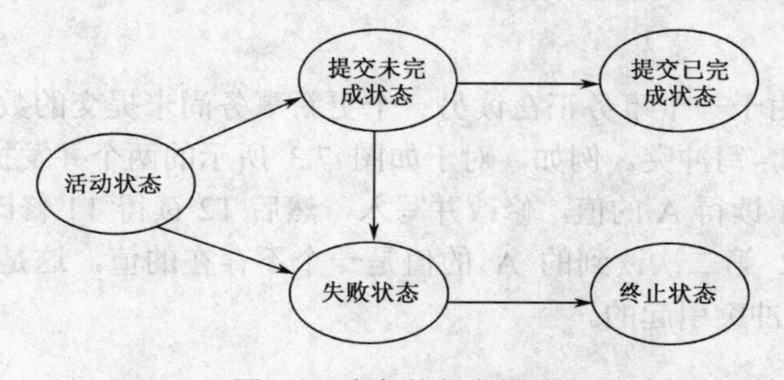

图 7.1 事务的状态描述

活动状态：表示事务正在执行中。

提交未完成状态：表示事务虽然已完成，但事务对数据的更新可能还在缓冲区，未写到数据库中。

失败状态：在两种状态下，事务可能进入失败状态。

① 一个处于活动状态的事务在执行过程中发生故障，将进入失败状态。

② 一个处于提交未完成状态的事务执行时发生故障，将进入失败状态。

对于处于失败状态的事务必须进行回滚，才能使数据库处于一致状态。

提交已完成状态：处于提交已完成状态的事务表示事务已执行完毕，数据已写入数据库，并处于一致状态。

终止状态：表示事务执行回滚操作，数据库恢复到事务执行前的一致状态。

7.2 并发控制

对数据库进行操作的事务可以以串行方式执行，即一个事务执行结束后，另一事务才开始执行，这种调度方式称为串行调度，存在的缺点是系统资源利用率低，对用户响应慢。因此通常采用的方案是多个事务并发执行，这分为两种情况：

① 单处理机情况下，多个事务轮流交叉运行，称为交叉并发方式；

② 多处理机的情况下，多个事务在多个处理机上同时运行，称为同时并发执行，在并发执行方式下，当多个事务同时对数据库中的同一数据进行操作时，如果 DBMS 不进行有效的

管理和控制，就会破坏数据的一致性。

7.2.1 并发控制需解决的问题

多个事务并发执行时，数据的不一致主要表现为：数据丢失更新、读“脏”数据、不可重复读。

1．数据丢失更新

所谓丢失更新（Lost Update），是指两个或多个事务在并发执行的情况下，都对同一数据项更新（即先读后改，再写入），从而导致后面的更新覆盖前面的更新。例如，对于联网售票系统，设有两个事务 T1，T2 都要求访问数据项 A，设事务 T1，T2 执行前 A 的值为 20，T1，T2 的执行顺序如图 7.2 所示，当事务 T1 读得的值为 20，T2 读得的值也是 20；T1 写入 A 的值为 19，T2 写入 A 的值也是 19，显然这与事实不符，这是由于两个事务并发地对同一数据写入而引起的，因此这种情况又称为写-写冲突。

2．读“脏”数据

读“脏”数据是由于一个事务正在读另一个更新事务尚未提交的数据引起的，这种数据不一致的情况又称为读-写冲突。例如，对于如图 7.3 所示的两个并发执行的事务 T1，T2，T2 先读得 A 的值，T1 读得 A 的值，修改并写入，然后 T2 读得 T1 修改后的 A 的值，T1 执行回滚操作，显然 T2 第二次读到的 A 的值是一个不存在的值，这是一个“脏”数据。读“脏”数据是由读-写冲突引起的。

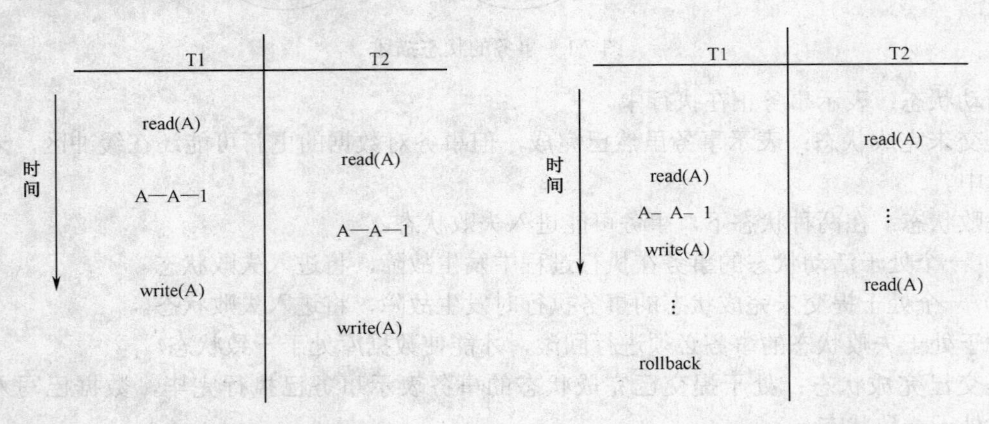

图 7.2　数据丢失更新　　　图 7.3　读“脏”数据

3．不可重复读

不可重复读分 3 种情况：

① 对于并发执行的两个事务 T1，T2，当事务 T1 读取数据某一数据后，事务 T2 对该数据执行了更新操作，使得 T1 无法再次读取与前一次相同的结果，如图 7.4 所示，T1 读数据 A 后，T2 修改了数据 A，T1 再次读数据 A，却得到不同的结果。

② 事务 T1 按一定条件读取某些数据记录后，事务 T2 插入了一些记录，T1 再次以相同条件读取记录时得到不同的结果集。

③ 事务 T1 按一定条件读取某些数据记录后，事务 T2 删除了其中的一些记录，T1 再次以相同条件读取记录时得到不同的结果集。

后面两种情况又称为“幻像”读。不可重复读也是由读-写冲突引起的。

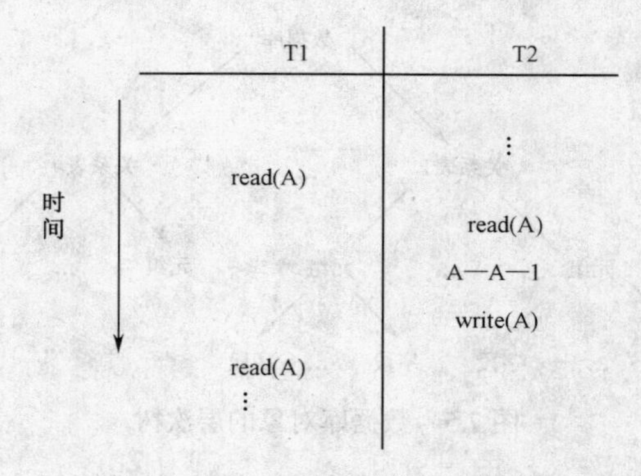

图 7.4　不可重复读

产生上述数据不一致的主要原因是并发操作破坏了事务的隔离性。并发控制的目的就是要用正确的方式调度事务的并发操作，保证事务的隔离性。

7.2.2　封锁

实现并发控制的一个重要技术是封锁机制，其基本思想是：事务 T 在对某个数据对象（如表、记录等）操作之前，先向 DBMS 发出请求，申请对该数据对象加锁。当得到锁后，才可对该数据对象进行相应的操作，在事务 T 释放锁之前，其他事务不能更新此数据对象。DBMS 通常提供了多种类型的封锁。一个事务对某个数据对象加锁后究竟拥有什么样的控制是由封锁的类型决定的。按锁的功能，一般将锁分为如下几类。

1．封锁类型

（1）共享（S）锁

共享锁又称为读锁，一个事务 T 要读取数据对象 A 首先必须对 A 加共享锁，然后才能读 A，一旦读取完毕，便释放 A 上的共享锁，除非将事务隔离级别设置为可重复读或更高级别，或者在事务生存周期内用锁定提示保留共享锁。

当一个数据对象上已存在共享锁时，其他事务可以读取数据，但不能修改数据。

（2）排他（X）锁

排他锁又称为独占锁、写锁，一个事务 T 要更改数据对象 A 首先必须对 A 加排他锁，然后才能读或更改 A，在 T 释放 A 上的排他锁之前，其他任何事务不能读取或更改 A。

（3）更新（U）锁

当一个事务 T 对数据对象 A 加更新锁，首先对数据对象做更新锁锁定，这样数据将不能被修改，但可以读取，等到执行数据更新操作时，自动将更新锁转换为独占锁，但当对象上有其他锁存在时，无法对其作更新锁锁定。

（4）意向锁

对于数据库中的数据对象，可用如图 7.5 所示的层次树表示。

意向锁表示一个事务为了访问数据库对象层次结构中的某些底层资源（如表中的元组）而加共享锁或排他锁的意向。意向锁可以提高系统性能，因为 DBMS 仅在表级检查意向锁就可确定事务是否可以安全地获取该表上的锁，而无须检查表中每个元组的锁来确定事务是否可以锁定整个表。意向锁包括意向共享（IS）、意向排他（IX）及意向排他共享（SIX）。

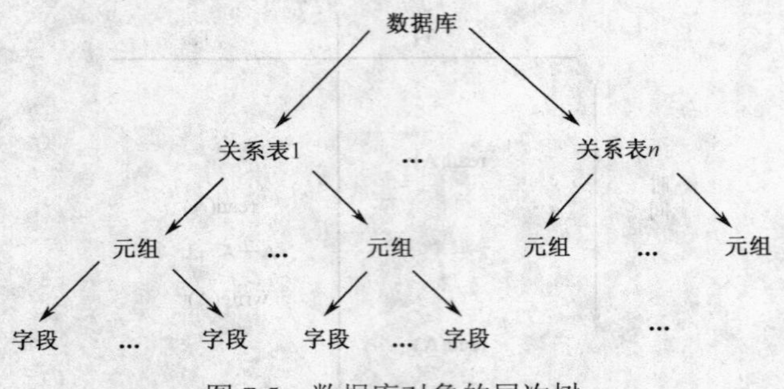

图 7.5　数据库对象的层次树

意向共享（IS）锁：如果对一个数据对象加 IS 锁，表示拟对它的后裔节点加 S 锁，读取底层的数据。例如，若要对某个元组加 S 锁，则首先应对元组所在的关系或数据库加 IS 锁。

意向排他（IX）锁：如果对一个数据对象加 IX 锁，表示拟对它的后裔节点加 X 锁，更新底层的数据。例如，若要对某个关系加 X 锁，以便插入一个元组，则首先应对数据库加 IX 锁。

意向排他共享（SIX）锁：如果对一个数据对象加 SIX 锁，表示对它加 S 锁，再加 IX 锁，即 SIX=S+IX。例如，对某个表加 SIX 锁，则表示该事务要读整个表（所以要对该表加 S 锁），同时会更新个别元组（所以要对该表加 IX 锁）。

表 7.1 给出了上述封锁类型的作用。有些锁之间是相容的，如共享锁和更新锁；有些锁之间是不相容的，如共享锁和排他锁。表 7.2 列出了各种锁之间的相容性。

表 7.1　锁类型及其作用

锁 模 式	描　述
共享 （S）	用于只读操作，如 SELECT 语句
更新 （U）	用于可更新的资源中，防止当多个会话在读取、锁定及随后可能进行的资源更新时发生常见形式的死锁
排他（X）	用于数据修改操作，如 INSERT，UPDATE 或 DELETE，确保不会同时对同一资源进行多重更新
意向	用于建立锁的层次结构，意向锁的类型为意向共享 （IS）、意向排他（IX）及意向排他共享（SIX）

表 7.2　各种锁之间的相容性

锁 模 式	IS	S	U	IX	SIX	X
IS	相容	相容	相容	相容	相容	不相容
S	相容	兼容	相容	不相容	不相容	不相容
U	相容	相容	不相容	不相容	不相容	不相容
IX	相容	不相容	不相容	相容	不相容	不相容
SIX	相容	不相容	不相容	不相容	不相容	不相容
X	不相容	不相容	不相容	不相容	不相容	不相容

当一个事务 T 申请对数据对象 A 加锁时，若该数据对象上已加了锁，新加的锁必须满足表 7.2 中锁的相容性。

不同的 DBMS 支持的锁类型可能不同，例如，对于 SQL Server 共有 6 种锁类型，分别是：共享、更新、排他、意向、架构和大容量更新，所以针对具体的 DBMS，应参考其使用手册。

2. 封锁粒度

被锁定的对象的数据量称为封锁粒度。封锁对象可以是逻辑单元，也可以是物理单元。以关系数据库为例，封锁对象可以是行、列、索引项、页、扩展盘区、表和数据库等。封锁粒度不同，系统的开销将不同，并且锁定粒度与数据库访问并发度是矛盾的，锁定粒度大，系统开销小但并发度会降低，且对 DBMS 来说内部管理更简单；锁定粒度小，系统开销大，但可提高并发度。选择封锁粒度时必须同时考虑开销和并发度两个因素，进行权衡，以求得最优的效果。一般原则为：

- 需要处理大量元组的用户事务，以关系为封锁单元。
- 需要处理多个关系的大量元组的用户事务，以数据库为封锁单元。
- 只处理少量元组的用户事务，以元组为封锁单元。

7.2.3 事务的隔离级别

事务的隔离级别定义了事务并发执行时，事务之间的隔离程度。

如前所述，事务并发执行时，有可能出现数据丢失更新、读“脏”数据、不可重复读，为了避免这些数据不一致的情况，在标准 SQL 规范中，定义了如下 4 个事务隔离级别，不同的隔离级别对事务的处理不同。

① 未授权读取（Read Uncommitted）：允许读“脏”数据，但不允许更新丢失。如果一个事务已经开始写数据，则允许其他事务读此数据，但不允许同时进行写操作。

② 授权读取（Read Committed）：读取数据的事务允许其他并行事务访问该数据，但是未提交的写事务将禁止其他事务同时访问该数据。这是大多数主流数据库的默认事务隔离等级，保证了一个事务不会读到另一个并行事务已修改但未提交的数据，避免了读“脏”数据。该级别适用于大多数系统。

③ 可重复读（Repeatable Read）：禁止不可重复读和读“脏”数据，但有时可能出现“幻像”数据，读取数据的事务将会禁止写事务（但允许读事务），写事务则禁止任何其他事务，这保证了一个事务不会修改已经由另一个事务读取但未提交（回滚）的数据。避免了读“脏”数据和“不可重复读”的情况。

④ 序列化（Serializable）：提供严格的事务隔离，它要求事务序列化执行，即事务只能一个接着一个地执行。

事务的隔离级别越高，越能保证数据的完整性和一致性，但是对并发性能的影响也越大。对于大多数应用程序，可以优先考虑把数据库系统的隔离级别设为 Read Committed，它能够避免读“脏”数据，而且有较好的并发性能。

7.2.4 死锁

如果两个或多个事务每个都持有另一事务所需资源上的锁，没有这些资源，每个事务都无法继续完成其工作，这种情况称为死锁。

以下是一个简单的死锁场景：

① 事务 A 访问表 T，并请求页面 X 上的排他锁；

② 事务 B 访问表 T，并请求页面 Y 上的排他锁；

③ 事务 A 请求页面 Y 上的锁，同时持有页面 X 上的排他锁，事务 A 将被挂起，因为事务 B 持有页面 Y 上的排他锁；

④ 事务 B 请求页面 X 上的锁，同时持有页面 Y 上的排他锁，事务 B 将被挂起，因为事务 A 持有页面 X 上的排他锁。

此时，事务的执行进入一种僵持状态，即发生了死锁，应用程序 A 和 B 都无法继续工作。

目前解决并发事务死锁问题的方法主要有：一是采取措施预防死锁发生；二是允许死锁发生，采用一定的手段检测是否有死锁，如果有就解除死锁。

1．死锁的预防

防止死锁的发生就是要破坏产生死锁的条件，通常有如下两种办法。

（1）一次封锁法

要求每个事务必须一次将所有要访问的数据对象全部加锁，否则就不能继续执行。该方法可有效地预防死锁，但存在的问题是：一次就将以后要访问的全部数据对象加锁，扩大了封锁的范围，从而降低了系统的并发度。另外，数据库中的数据是不断变化的，很难事先准确地确定每个事务所要封锁的数据对象。

（2）顺序封锁法

预先对数据对象规定一个封锁顺序，所有事务都按这个顺序实行封锁。该方法可以有效地预防死锁，但存在的问题是： 数据库系统中可封锁的数据对象极多，并且随着数据的插入、删除等操作而不断变化，要维护这些数据对象的封锁顺序非常困难，成本很高。此外，事务的封锁请求是随着事务的执行动态决定的，很难事先确定每个事务要封锁哪些对象，这样，就很难按规定的顺序封锁对象。

上述预防死锁的策略并不很适合并发控制的实际应用，因此，DBMS 在解决死锁问题上大多采用的是诊断并解除死锁的方法。

2．死锁的诊断

DBMS 的并发控制子系统定期检测系统中是否存在死锁，一旦检测到死锁，就设法解除。并发控制子系统检测死锁的方法主要有：

（1）超时法

如果一个事务的等待时间超过了规定的时限，就认为发生了死锁。这种方法实现简单，但存在两个问题：一是可能误判死锁，如果事务是由于其他原因而使等待时间长，系统会认为是发生了死锁；二是时限的设置问题，若时限设置得太长，可能导致死锁发生后不能及时发现。

（2）等待图法

等待图法是动态地根据并发事务之间的资源等待关系构造一个有向图，并发控制子系统周期性地检测该有向图是否出现环路，若有，则说明出现了死锁。等待图 G=（T，U），其中，T 为节点的集合，U 为有向边的集合，一个节点表示并发执行的一个事务，如果事务 T1

等待事务 T2 释放锁，则从事务 T1 的节点引一有向边至事务 T2 的节点。

3．死锁的解除

DBMS 的并发控制子系统一旦检测到系统存在死锁，就要设法解除，通常采用的方法是选择一个处理死锁代价最小的事务，将其撤销，释放该事务持有的所有的锁，使其他事务能继续运行。

习题 7

1．举例说明事务非正常结束时会影响数据库数据的正确性。

2．什么是日志文件？为什么需要日志文件？

3．登记日志文件时为什么必须先写日志文件，后写数据库？

4．什么是检查点记录？检查点记录包括哪些内容？

5．并发控制需解决哪些问题？什么是封锁？

6．如何防止死锁？

第 8 章 数据库的备份与恢复

尽管 DBMS 采取各种措施来保证数据库的安全性和完整性，但硬件故障、软件错误、病毒、误操作或故意破坏仍是可能发生的，这些故障会造成运行事务的异常中断，影响数据正确性，甚至会破坏数据库，使数据库中的数据部分或全部丢失。因此 DBMS 一般都提供了数据备份与恢复功能，以便当系统发生故障时，把数据库从错误状态恢复到某个正确状态。DBMS 采用的数据库恢复技术是否有效，对系统的可靠性起着重要作用。

8.1 故障的类别

由于以下几类原因可能导致数据库中的数据丢失或被破坏：系统故障、事务故障、介质故障、计算机病毒，以及自然灾害和盗窃等。

① 系统故障，指造成系统停止运行的任何事件，使得系统需要重新启动，常称做软故障，如硬件错误、操作系统错误、突然停电等。

② 事务故障，由于事务非正常终止而引起数据破坏。

③ 介质故障，指外存故障，如磁盘损坏、磁头碰撞等，常称做硬故障。

④ 计算机病毒，破坏性病毒会破坏系统软件、硬件和数据。

⑤ 误操作，如用户误使用了诸如 DELETE，UPDATE 等命令而引起数据丢失或被破坏。

⑥ 自然灾害，如火灾、洪水或地震等，它们会造成极大的破坏，会毁坏计算机系统及其数据。

⑦ 盗窃，一些重要数据可能会遭窃。

因此，必须制作数据库的副本，即进行数据库备份，以便在数据库遭到破坏时能够对其进行恢复，即把数据库从错误状态恢复到某一正确状态。

8.2 数据库的备份与恢复技术

数据库恢复机制包括两个方面：一是建立冗余数据，即进行数据库备份；二是在系统出现故障后，利用备份的数据将数据库恢复到某个正确状态。

建立数据库备份最常用的技术是数据转储和登录日志文件，通常这两种技术是一起使用的，而数据库的恢复则需依据故障的类别来选择不同的恢复策略。

8.2.1 建立数据库备份

备份（转储）是一项重要的数据库管理工作，必须确定何时备份、备份到何处、由谁来做备份、备份哪些内容及备份策略。

设计备份策略的指导思想是：以最小的代价恢复数据库。备份与恢复是互相联系的，备份策略与恢复技术应结合起来考虑。

1. 备份内容

数据库中数据的重要程度决定了数据恢复的必要性与重要性，也就决定了数据是否及如何备份。数据库需备份的内容可分为系统数据库和用户数据库两部分，系统数据库记录了重要的系统信息，用户数据库则记录了用户的数据。

用户数据库是存储用户数据的存储空间集。通常用户数据库中的数据依其重要性可分为非关键数据和关键数据。非关键数据通常较容易从其他来源重新创建，可以不备份；关键数据则是用户的重要数据，不易甚至不可能重新创建，对其需进行完善的备份。在设计备份策略时，管理员首先就要决定数据的重要程度，数据重要程度的确定主要依据实际的应用领域，可能有的数据库中的数据都不属于关键数据，而有的数据库中大量的数据都属于关键数据。例如，一个普通的教学管理数据库中的数据可以认为是一般数据，而一个银行业务数据库中的数据是关键数据。

2. 备份方法

备份操作十分费时并且需要消耗大量资源，因此不能频繁进行。DBA 可根据数据库实际情况选择备份方式，按备份的时机可分为静态备份与动态备份；按备份的范围可分为海量（全量）备份与增量备份。

（1）静态转储与动态转储

静态转储是当系统中没有事务运行时进行转储操作，即在转储操作开始前必须先停止所有对数据库的任何存取与更新操作，并且在转储期间也不能对数据库进行存取操作。动态转储指转储期间允许对数据库进行存取与更新操作。

静态存储简单，但转储必须停止所有数据库的存取与更新操作，这会降低数据库的可用性。动态存储可以克服静态转储的缺点，提高数据库的可用性，但可能会产生转储结束后保存的数据副本并不是正确有效的。这个问题可采用如下技术解决：记录转储期间各事务对数据库的修改活动，建立日志文件，在恢复时采用数据副本加日志文件的方式，将数据库恢复到某一时刻的正确状态。

（2）海量转储和增量转储

海量转储指每次转储全部数据库，也称全量转储。增量转储则指每次只转储自上次转储后被更新过的数据。

使用海量转储得到的后备副本进行数据恢复时会更加方便一些，但是，如果数据库很大且事务处理十分频繁，则采用增量转储更有效。

3. 性能考虑

在备份数据库时考虑对 DBMS 性能的影响，主要有：

① 备份一个数据库所需的时间主要取决于物理设备的速度，如磁盘设备的速度通常比磁带设备快。

② 通常备份到多个物理设备比备份到一个物理设备要快。

③ 系统的并发活动对数据库的备份有影响，因此在备份数据库时，应减少并发活动，以减少数据库备份所需的时间。

④ 尽可能同时向多个备份设备写入数据，即进行并行的备份。并行备份将需备份的数据分别备份在多个设备上，这多个备份设备构成了备份集。图 8.1 显示了在多个备份设备上进

行备份，以及由备份的各组成部分形成的备份集。

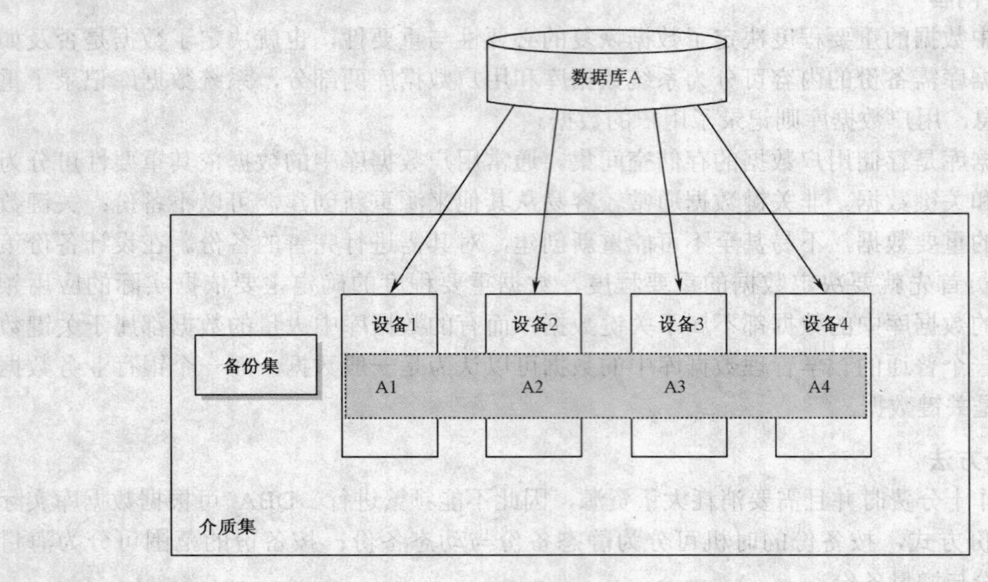

图 8.1　使用多个备份设备及备份集

使用并行备份可以减少备份操作的时间，例如，使用 3 个磁盘设备进行并行备份，比只使用一个磁盘设备进行备份正常情况下可以减少 2/3 的时间。

用多个设备进行并行备份时，需注意以下几点：

- 设备备份操作使用的所有设备必须具有相同的介质类型；
- 多设备备份操作使用的设备其存储容量和运行速度可以不同；
- 从多设备备份恢复时，不必使用与备份时相同数量的设备。

【例 8.1】　使用逻辑名 test1 创建一个命名的备份设备，并将数据库 XSCJ 完全备份到该设备。

```
USE master
EXEC sp_addumpdevice 'disk' , 'test1', 'e:\db_temp\test1.bak'
BACKUP DATABASE XSCJ TO test1
```

【例 8.2】　将数据库 XSCJ 备份到多个备份设备。

```
USE master
EXEC sp_addumpdevice 'disk','test2','e:\db_temp\test2.bak'
EXEC sp_addumpdevice 'disk','test3','e:\db_temp\test3.bak'
BACKUP DATABASE XSCJ TO test2,test3
    WITH NAME = 'xscjbk'
```

本例将 XSCJ 数据库备份到两个磁盘设备 test2 和 test3 上。

【例 8.3】　创建临时备份设备并在所创建的临时备份设备上进行差异备份。

```
BACKUP DATABASE XSCJ TO
    DISK ='e:\db_temp\xscjbk.bak' WITH DIFFERENTIAL
```

对于需要频繁修改的数据库，进行差异备份可以缩短备份和恢复的时间。注意只有当已经执行了完全数据库备份后才能执行差异备份。进行差异备份时，SQL Server 将备份从最近的完全数据库备份后数据库发生了变化的部分。

8.2.2 日志文件

一个数据库必须至少包含一个数据文件和一个事务日志文件，日志文件是用来记录事务对数据库的更新操作的文件，对数据库的恢复起着重要作用，主要用于事务故障、系统故障的恢复，并协助后备副本进行介质故障的恢复。

日志文件由若干条日志记录构成，每个日志记录的主要内容有：

- 事务标识（标明是哪个事务）；
- 操作的类型（插入、删除或修改）；
- 操作对象（记录内部标识）；
- 更新前数据的旧值（对插入操作，此项为空值）；
- 更新后数据的新值（对删除操作，此项为空值）。

日志记录主要有如下 3 种类型。

（1）事务开始（BEGIN TRANSACTION）记录

<Ti，begin>：表示事务 Ti 开始，Ti 为事务 ID。

（2）事务更新记录

<Ti，X，V1，V2>：表示事务 Ti 对数据 X 进行更新，V1 为更新前的值，V2 为更新后的值。

（3）事务结束（COMMIT 或 ROLLBACK）记录

<Ti，COMMIT>：表示事务 Ti 已提交。

<Ti，ABORT>：表示事务 Ti 被终止。

这样，一个已完成的事务在日志文件中有一个开始记录、若干个事务更新记录、一个提交记录；而一个未完成事务在日志文件中仅有开始记录和若干个事务更新记录，没有事务提交记录。

在日志文件中，同一个事务的所有日志记录通过事务 ID 联系在一起。登记日志文件时，应遵循如下原则：

- 登记的次序严格按照并发事务执行的时间次序；
- 必须先写日志文件，后写数据库。

【例 8.4】 创建一个命名的备份设备 XSCJLOGBK，并备份 XSCJ 数据库的事务日志。

```
USE master
EXEC sp_addumpdevice 'disk' , 'XSCJLOGBK' , 'e:\db_temp\testlog.bak'
BACKUP LOG XSCJ TO XSCJLOGBK
```

8.2.3 数据库的恢复

数据库恢复就是当数据库出现故障时，将备份的数据库加载到系统，从而使数据库恢复到备份时的正确状态。

恢复是与备份相对应的系统维护和管理操作，系统进行恢复操作时，先执行一些系统安全性的检查，包括检查所要恢复的数据库是否存在、数据库是否变化，以及数据库文件是否兼容等，然后根据所采用的数据库备份类型及发生的故障类型，采用相应的恢复策略。

1. 系统故障的恢复

当发生系统故障时，可能出现如下两种情况。

① 未完成事务对数据库的更新可能已写入数据库。

② 已提交事务对数据库的更新可能还留在缓冲区没来得及写入数据库，因此，系统故障的恢复操作主要是撤销故障发生时未完成的事务，重做已完成的事务，恢复由系统在重启时自动完成，步骤如下：

- 建立重做队列（REDO）和撤销（UNDO）队列。从头开始扫描日志文件，找出故障发生前已提交的事务（这些事务既有 BEGIN TRANSACTION 记录，又有 COMMIT 记录），将其事务标识记入重做（REDO）队列，同时找出故障发生时尚未完成的事务（这些事务只有 BEGIN TRANSACTION 记录，而没有相应的 COMMIT 记录），将其记入撤销（UNDO）队列。
- 对 UNDO 队列的各事务进行撤销（UNDO）处理。从日志文件的尾部反向扫描日志文件，对每个 UNDO 事务的更新操作执行逆操作，即将日志记录中“更新前的值”写入数据库。这样，若更新操作是插入操作，其逆操作就是删除操作；若更新操作是删除操作，其逆操作就是插入操作；若更新操作是修改操作，其逆操作就是用修改前的值替换修改后的值。
- 对 REDO 队列中的各事务进行重做（REDO）处理：从头扫描日志文件，对每个 REDO 事务重新执行日志文件登记的操作，即将日志记录中“更新后的值”写入数据库。

2. 事务故障的恢复

事务故障指的是事务在运行至正常结束点（COMMIT 或 ROLLBACK）前被终止，这时 DBMS 的恢复子系统利用日志文件撤销（UNDO）该事务对数据库的修改。事务故障的恢复由 DBMS 自动完成，步骤如下：

① 从尾部开始反向扫描日志文件，查找该事务对数据的更新操作；

② 对该事务的更新操作执行 UNDO 操作，即将日志记录中“更新前的值”写入数据库；

③ 继续反向扫描日志文件，查找该事务的其他更新操作，并做同样处理，重复这一过程，直至扫描到该事务的开始标记。

3. 介质故障的恢复

介质故障是最严重的一类故障，此时磁盘上的数据和日志文件可能被破坏。介质故障的恢复方法是重装数据库，然后重做（REDO）已完成的事务，步骤如下：

① 装入最新的数据库后备副本，使数据库恢复到最近一次转储的一致性状态；对于动态转储的数据库副本，还要装入转储开始时刻的日志文件副本，利用恢复系统故障的方法（REDO+UNDO），将数据库恢复到一致性状态；

② 装入转储结束时日志文件的副本，重做（REDO）已完成的事务。

这样可将数据库恢复至故障前某个时刻的一致状态。

对于由于误操作、计算机病毒、自然灾害，或者是介质被盗造成的数据丢失也可以采用这种方法进行恢复。

介质故障的恢复需要 DBA 介入，DBA 重装最近转储的数据库副本和有关的日志文件副本，然后执行恢复命令。

【例 8.5】 从一个已存在的命名备份介质 test1 中恢复整个数据库 XSCJ。

```
RESTORE DATABASE XSCJ
    FROM test1
```

【例 8.6】 先从备份介质 test1 进行完全恢复数据库 XSCJ，再进行事务日志事务恢复。

```
RESTORE DATABASE XSCJ
    FROM test1
    WITH NORECOVERY
RESTORE LOG XSCJ
    FROM XSCJLOGBK
```

执行事务恢复必须在进行完全数据库恢复以后。

8.3 数据库镜像

为了避免由于介质故障影响数据库的可靠性，对于一些特殊的应用场合，常常通过数据库镜像功能实现数据库的恢复。

1. 数据库镜像的基本原理

镜像子系统维护一个数据库的两个副本，这两个副本驻留在不同的数据库服务器实例上，其中一个服务器实例使数据库服务于客户端称为主服务器，另一服务器实例充当备用服务器称为镜像服务器，每当主数据库更新时，DBMS 自动保证镜像数据库与主数据库的一致性，如图 8.2 所示，当出现介质故障时，可由镜像磁盘继续提供使用，同时 DBMS 自动利用镜像磁盘数据进行数据库的恢复，不需要关闭系统和重装数据库副本。在没有出现故障时，数据库镜像还可以用于并发操作，即当一个事务对数据加排他锁修改数据时，其他事务可以读镜像数据库上的数据，而不必等到该事务释放锁。

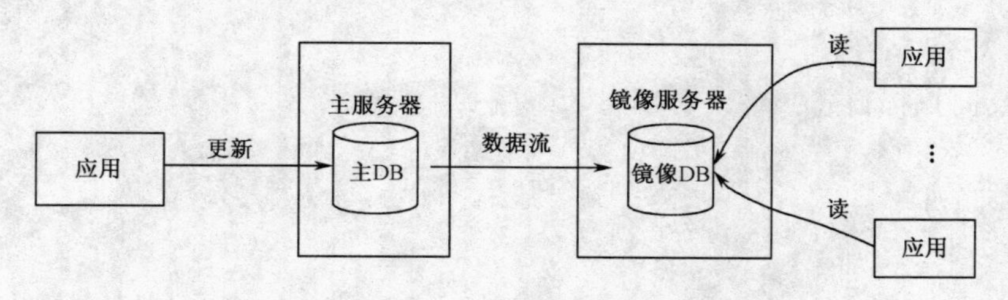

图 8.2 数据库镜像

2. 数据库镜像的工作方式

根据应用的需要，数据库镜像子系统可采用同步镜像或异步镜像方式工作。同步镜像是一种“高安全性”的工作模式，镜像服务器保证镜像数据库与主数据库实时同步。异步镜像是一种“高性能”的工作模式，在此工作方式下，主服务器向镜像服务器发送日志记录之后会立即再向客户端发送确认消息，而不需要等待镜像服务器确认，这意味着事务不需要等待镜像服务器将日志写入磁盘便可提交，但可能会丢失某些数据，镜像数据库可能稍微滞后于主数据库，但这两个数据库之间的时间间隔通常很小；如果主服务器的工作负荷过高或镜像服务器系统的负荷过高，则时间间隔会增大。

3. 角色转换

在数据库镜像子系统中，可通过“角色转换”互换主服务器和镜像服务器，进行角色转换时，原来的镜像服务器使其数据库的副本在线作为新的主数据库，原来的主服务器成为镜像服务器，并将其数据库变为新的镜像数据库。

习题 8

1. 数据库恢复以什么为前提？
2. 数据库恢复的基本技术有哪些？恢复技术能保证事务的哪些特性？
3. 试述 SQL Server 中采用的恢复策略。
4. 什么是数据库镜像？它有什么用途？

第 9 章　数据库的新技术

随着传统数据库技术的成熟，以及计算机网络技术的飞速发展，集中式数据库系统在多方面表现出了它的不足，其他数据库系统应运而生。例如，数据库技术与网络技术结合形成分布式数据库系统；数据库技术与面向对象技术结合形成面向对象数据库系统；数据库技术与并行处理技术结合形成并行数据库系统；数据库技术与多媒体技术结合形成多媒体数据库系统；解决现代企业事务处理的工作流数据库；Web 技术与数据库相结合形成的 Web 数据库；人工智能与数据库结合形成的演绎数据库；现代科学研究领域中实现大容量、高性能分布处理的数据网格；利用已有数据资源，把数据转换为信息的数据仓库等。其他数据库系统极大地弥补了传统数据库系统的不足，在一些专业领域体现了其优点，以下简单介绍其他一些常用的数据库。

9.1　分布式数据库系统

分布式数据库系统使用计算机网络将地理上分散，而管理和控制又需要不同程度集中的多个逻辑单位连接起来，共同组成一个数据库系统。它由分布式数据库（DDB）和分布式数据库管理系统（DDBMS）组成。数据由数据库管理系统统一管理，是物理上分散逻辑上独立的数据库系统。物理分散性体现在数据在网络中是跨节点物理存储的，逻辑独立性体现在从用户角度看是一个数据库。如图 9.1 所示是一个涉及 3 个节点的分布式数据库系统。

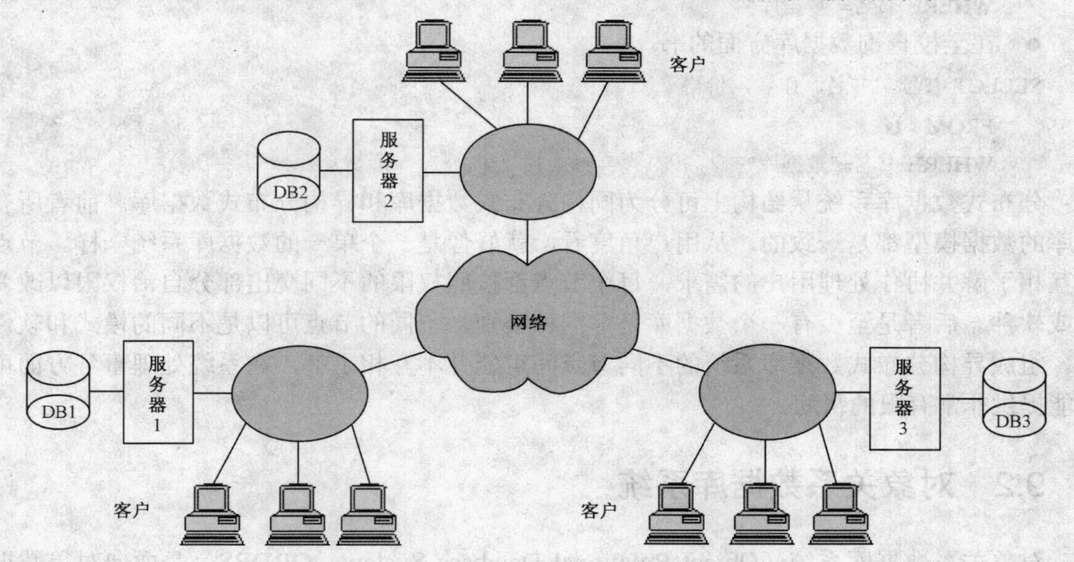

图 9.1　3 个节点的分布式数据库系统

在这个系统中，每个本地数据库（DB1，DB2，DB3）及相关计算机组成分布式数据库的一个节点。然后通过网络又把它们连接起来。通过本地服务器 1 的终端可以对本节点联机的数据库（DB1）执行某些操作，或者通过网络对另一个数据库（DB2）执行某些操作，或者对两个及两个以上的节点数据库执行某些操作。前两种是局部应用，最后一种是全局应用。

例如，一个涉及 3 个校区的图书管理的分布式数据库系统，每个校区有一个图书数据库 DBi（i=1，2，3），每个校区图书数据库存放的是存放在该校区的图书信息，学生在校区借还图书操作的是该校区图书数据库，这是局部应用。但是学生在全校范围内查询需要的图书，通过查询全校的逻辑图书数据库就可实现，这是全局应用，如图 9.2 所示。

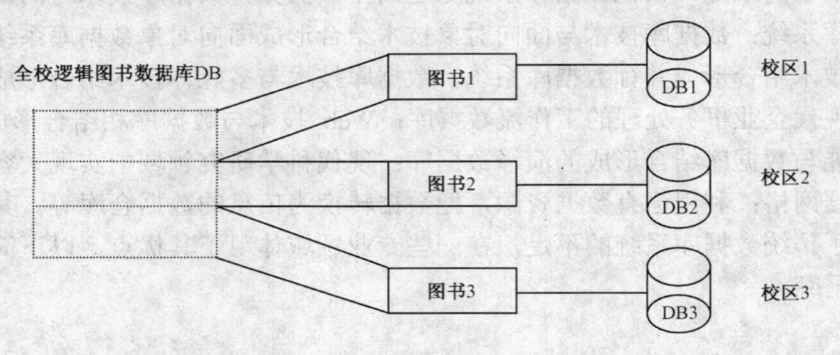

图 9.2　图书管理的分布式数据库

全校的逻辑图书数据库（DB）中图书表 ts 是虚表，图书信息实际存放在各校区数据库图书表 ts1、ts2 和 ts3 中。

- 在校区 1 查询数据库方面的书。

```
SELECT 书号，书名，作者，价格
    FROM   ts1
    WHERE 书名="数据库"
```

- 在全校查询数据库方面的书。

```
SELECT 书号，书名，作者，价格
    FROM   ts
    WHERE 书名="数据库"
```

分布式数据库系统从结构上可分为同构分布式数据库和异构分布式数据库。前者所有数据库的数据模型都是一致的，从用户角度看，就好像是一个单一的数据库系统一样。节点之间互相了解并协作处理用户的需求，每个节点都按照权限的不同交出部分自治权限以改变模式或软件。后者是至少有一个数据库是非同种类别，不同的节点可以是不同的模式和软件系统。组成异构分布式数据库系统的不同节点间可能并不互相了解，在系统处理事务方面可能只能提供非常有限的帮助。

9.2　对象关系数据库系统

对象关系数据库系统（Object Relational Database System，ORDBS）是面向对象数据模型（Object Orient Data Model，OO ）和关系数据模型相结合的产物。

9.2.1　面向对象数据模型

面向对象数据库系统（OODB）支持 OO 模型。一个 OO 模型是用面向对象观点来描述现实世界实体（对象）的逻辑组织、对象间限制、联系等的模型。

1．对象（Object）

对象是由一组数据结构和对此进行操作的程序代码封装后的基本单位，对象通常与实体对应，一个对象包括以下几个部分。

① 属性集合：属性描述对象的状态、组成和特性。对象的某一属性可以是单值或值的集合，也可以是一个对象，即对象可以嵌套。这种嵌套可以继承，从而组成各种复杂对象。

② 方法集合：方法描述了对象的行为特性。方法的定义包括两部分，一是方法的接口，二是方法的实现。方法的接口用以说明方法的名称、参数和结果返回值的类型。方法的实现是一段程序编码，用以实现方法的功能，即对象操作的算法。

面向对象数据库中的每个对象都有一个唯一的不变的标识称为对象标识（OID）。对象标识具有永久持久性，即一个对象一经产生，系统就会赋予一个在全系统中唯一的对象标识符，直到它被删除。OID 是由系统统一分配的，系统全局唯一的，用户不能对 OID 进行修改。

2．封装（Encapsulation）

每个对象是其状态与行为的封装，其中状态是该对象一系列属性值的集合，而行为是在对象状态上操作的集合，操作也称为方法。对象封装之后查询属性值必须通过调用方法，不能像关系数据库系统那样（用 SQL）进行即席的（随机的）、按内容的查询，这就不够方便灵活，失去了关系数据库的重要优点，因此在 OODB 中必须在对象封装方面做必要的修改或妥协。

3．类（Class）

共享同样属性和方法集的所有对象构成了一个对象类（简称类），一个对象是某一类的一个实例（Instance）。例如，“汽车”就是一个类，它包含了汽车的共同特征（如型号、发动机排量、外观尺寸、颜色等），而对于“桑塔纳 3000”则是汽车这个类的一个具体实例。日常生活中会涉及各种类，如房子、蔬菜、学校等。

类属性的定义域可以是任何类，即可以是基本类，如整数、字符串、布尔型，也可以是包含属性和方法的一般类。特别地，一个类的某一属性的定义也可是这个类自身。

超类是子类的抽象（Generalization）或概括，子类是超类的特殊化（Specialization）或具体化。例如，卡车属于汽车，但卡车又有其特有的特征（如载重量），可以定义一个卡车子类，它继承汽车类，同时它增加如载重量属性。这时，汽车是卡车的超类。在超类修改后，子类将继承任何超类所做的修改。

在一个面向对象数据库模式中，对象的某一属性可以是单值的或值的集合。进一步地，一个对象的属性也可以是一个对象，这样对象之间产生一个嵌套层次结构。对象嵌套概念的是面向对象数据库系统中又一个重要概念。

4．继承（Inheritance）

在 OO 模型中常用的有两种继承，单继承与多重继承。若一个子类只能继承一个超类的属性和方法，这种继承称为单继承；若一个子类能继承多个超类的特性，这种继承称为多重继承。

例如，在学校的“在职研究生”，他们既是教员又是学生，在职研究生继承了教职员工和学生两个超类的所有属性和方法。

9.2.2 对象关系数据库

对象关系数据库（ORDBS）保持了关系数据库系统的非过程化数据存取方式和数据独立性，继承了关系数据库系统已有的技术，支持原有的数据管理，又能支持 OO 模型和对象管理。

SQL3 是 1999 年发布的 SQL 标准，也称为 SQL99。其显著的特点之一是提供了面向对象的扩展，增加了 SQL/Object Language Binding。SQL3 的扩展使人们可以同时处理关系模型中的表和对象模型中的类与对象。SQL3 最重要的扩展是面向对象的数据类型，包括行类型 ROW TYPE 和抽象数据类型（Abstract Data Type）。

1．对象关系数据库系统中扩展的对象类型及其定义

为了支持 OO 数据模型，SQL3 扩展了面向对象的类型系统。在 ORDBMS 中，类型（TYPE）具有类（CLASS）的特征，可以看成类。

（1）行对象与行类型

一行类型（ROW TYPE）可以使用如下语句定义：

```
CREATE ROW TYPE <行类型名>
（<属性说明>）;
```

创建行类型表，把类型实例化：

```
CREATE TABLE <表名> OF <行类型名>
```

例如：

```
CREATE ROW TYPE student_Type
（
    sno         NUMBER,
    sname       VARCHAR2（60）,
    addr        VARCHAR2（100）
）;
CREATE TABLE st1 OF student_Tpye
（  XH   PRIMARY KEY ）;
```

（2）列对象与对象类型

ORDBMS 中列对象的概念，可以创建一个对象类型，表的属性可以是该对象类型。语句如下：

```
CREATE ROW TYPE   <列类型名>   AS   OBJECT
（<属性说明>）;
```

例如：

```
CREATE TYPE addr_Type   AS OBJECT
（
    city        VARCHAR2（50）
    street      VARCHAR2（50）
```

```
);
CREATE TYPE name_Type AS OBJECT
(
        first_name  VARCHAR2(30)
        last_name  VARCHAR2(30)
);
    CREATE TABLE st2
    (
        sno         NUMBER,
        sname       name_Type,
        addr        addr_Type
);
```

语法上这和传统的建表语句类似。SQL3 扩展的是：允许表中的属性列是对象类型。

（3）抽象数据类型（Abastract Data Type，ADT）

SQL3 允许用户创建指定的带有自身行为说明和内部结构的用户定义类型称为抽象数据类型。定义 ADT 的一般形式为:

```
CREATE TYPE <类型名>
(
        所有属性名及其类型说明,
        [定义该类型……]
        定义该类型的其他函数（方法）
);
```

2. 参照类型（Reference Type）

SQL3 提供了一种特殊的类型：参照类型，也称为引用类型，简称 REF 类型。因为类型之间可能具有相互参照的联系，因此引入了一个 REF 类型的概念：

```
REF〈类型名〉
```

REF 类型总是和某个特定的类型相联系。它的值是 OID。OID 是系统生成的，不能修改。

例如：

```
CREATE ROW TYPE student_Type
(
        sno         NUMBER,
        sname       VARCHAR2(60),
        addr        VARCHAR2(100)
);
CREATE ROW TYPE class_Type
(
        name        VARCHAR2(60),
        teacher     VARCHAR2(60)
```

```
);
CREATE TABLE    student OF student_Type;
CREATE TABLE    class OF class_Type;
```

Student 的元组与 class 的元组存在相互参照关系：某学生在某班。可以使用 REF 类型描述这种参照关系：

```
CREATE ROW TYPE    sc_Type
(
    student      REF  (student_Type),
    class        REF  (class_Type);
);
CREATE TABLE sc OF sc_Type;
```

这样，某一元组的 student 属性值是某个学生的 OID，class 属性值是这个学生在班上的 OID，从而描述了学生和班级相互的参照关系。

3. 继承性

ORDBMS 应该支持继承性，一般是单继承性。例如：

```
CREATE TYPE student4_Type
UNDER student_Type AS
(
    english    INTEGER,
    computer   INTEGER
)
FINAL;
```

定义行类型 student_Type 的子类 student4_Type， 它继承了它父类的属性，同时又定义子类自己的属性 english 和 computer。FINAL 表示该类型是类型层次的叶节点，NOT FINAL 表示该类型不是类型层次的叶节点。

4. 子表和超表

SQL3 支持子表和超表的概念。超表、子表、子表的子表也构成一个表层次结构。表层次和类型层次的概念十分相似。

如果一个基表是用类型来定义的，那么它可以有子表或/和超表。这些表就构成了一个表层次。子表可以继承父表的属性、约束条件、触发器等，子表可以定义自己的新属性。

可以使用 SQL 的 SELECT，INSERT，DELETE，UPDATE 语句对这些表进行操作。对某个表的查询其实是对该表和它所有子表中对象集合的查询。INSERT：向子表插入一行时一般情况下会在该子表的超表上也插入一行。DELETE：从表删除一行时一般情况下会在该表的超表和子表上也删除相应的一行。

可以使用 ONLY“关闭”对子表的检索。办法是在 FROM 子句中使用 ONLY 将检索的对象限制为指定表中的对象，而不是该表和它的子表中的对象。

9.3 并行数据库系统

随着网络的发展，尤其是数据库应用的多样性，检索要求也呈现多样性。诸如银行系统、证券系统、实时点播等系统需要特别快的处理速度和特别大的容量，高性能数据库于是应运而生。

并行数据库系统是并行计算机技术和数据库技术相结合的产物，能支持并行处理体系结构，获得比串行系统下高得多的性能。解决了传统数据库中诸如磁盘"I/O"瓶颈问题，大大提高了数据库的并行执行力度、数据库的执行速度等。

并行数据库系统的体系结构包括下列几种。

1．全共享结构

全共享结构并行数据库系统如图 9.3 所示，图中 P 表示处理机，M 表示存储器，圆柱体表示磁盘。在这种并行处理结构中，每个处理机共享系统中的主存储器和磁盘资源。所有的处理机和磁盘访问一个公共的主存储器，通常通过总线或互联网进行访问。多处理机之间的通信和数据交换通过共享的主存储器直接进行。这种结构又称为对称多处理机 SMP 结构，其优点是通信效率极高，缺点是这种结构的规模不能超过 32 个或 64 个处理机，随着处理机数目的增加，其网络拥塞程度也相应的增加，必然使总线或通信网络成为瓶颈。

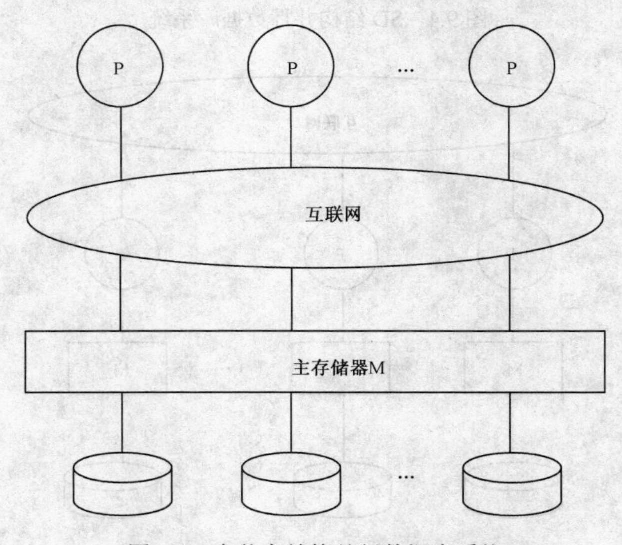

图 9.3　全共享结构并行数据库系统

2．共享磁盘结构（Shared-Disk，SD）

SD 结构并行数据库系统如图 9.4 所示，各个处理机拥有自己局部的主存储器，但共享系统中的磁盘存储器，即所有处理机都可以通过网络访问所有的磁盘。采用这一结构的数据库系统有 IBM 的 IMS/VS Data Sharing、Dec 的 VAX DBMS 等产品。其优点在于消除了存储器总线瓶颈问题，同时还具有一定的容错性。缺点在于与磁盘间的连接又成为了瓶颈。

3．无共享结构（Shared-Nothing，SN）

在 SN 结构中，多处理机之间没有任何共享资源。每个处理机都有自己独立的局部存储器和独立的磁盘存储器。处理机之间的通信一般通过高速网络实现，其结构如图 9.5 所示。这种结构实际上就是被称做大规模并行处理结构的 MPP 系统。典型的并行计算机系统包括 nCUBE 系统、Tandem 系统、Teradata 系统等。其优点在于网络只是承担节点间的数据交换，通信负载大大减轻，可以支持大量处理机。缺点在于通信代价和对非本地磁盘访问的代价远远高于全共享结构和共享磁盘结构。

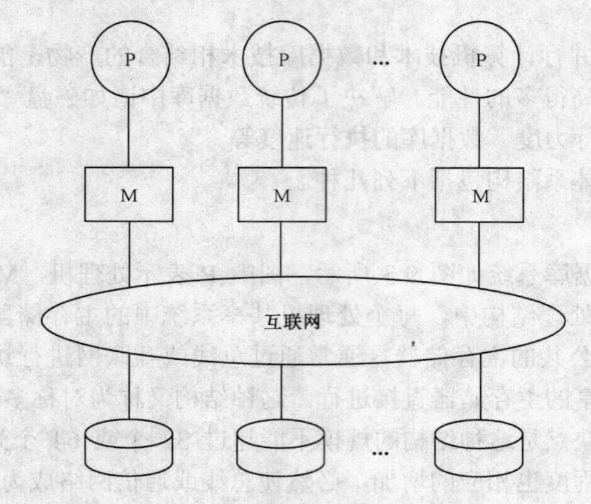

图 9.4　SD 结构并行数据库系统

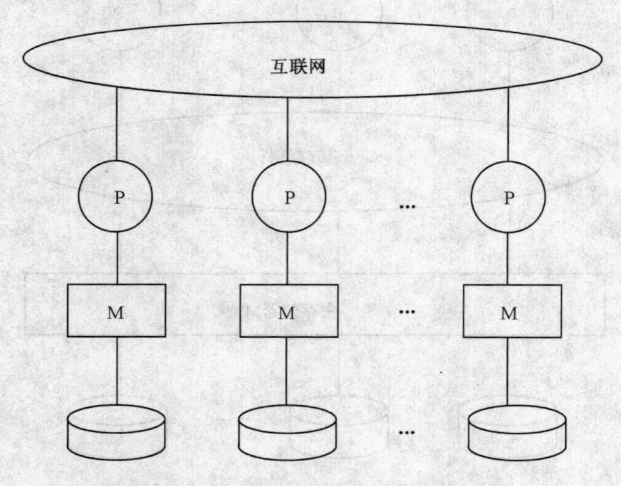

图 9.5　无共享结构并行数据库系统

4．分层并行结构

这是一种融合了上述三种结构特点的并行结构，如图 9.6 所示。在分层结构中有许多由高速互联网连接的超级节点。它们之间不共享磁盘或存储器，因此最上层是一个无共享的体系结构。每个超级节点包含少量的处理机、共享内存，实际上是一个全共享结构。或者，每个超级节点也可以共享磁盘，共享一组磁盘系统的每个超级节点又可以是一个共享主存储器的系统。这种结构中存在两种层次的并行性，因而称为分层并行结构。它是一种更加通用的结构。其优点是这种结构的灵活性大，可以按照用户的需要进行配置。随着多处理机服务器的普遍使用和网络技术的进一步发展，分层并行结构具有明显的优势。

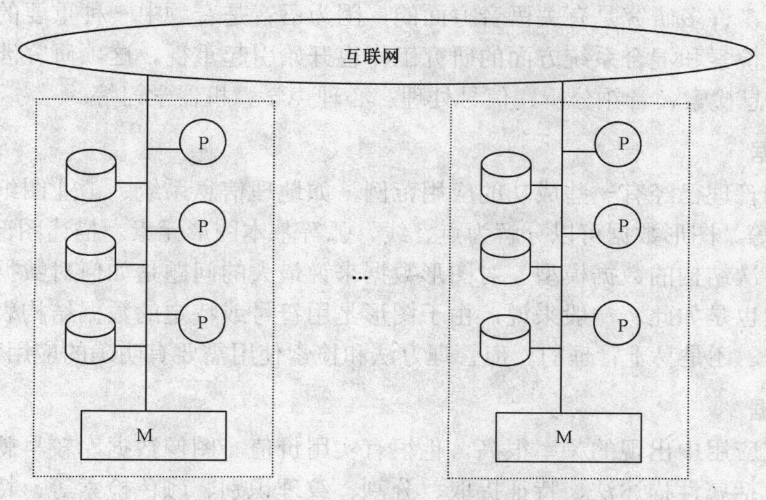

图 9.6　分层并行结构数据库系统

9.4　多媒体数据库

在数据库中，一般常用的多媒体数据有字符、数值、文本、图像、图形一类的静态数据，也有声音、视频、动画等基于时间的媒体类型。

1．字符数值

字符数值型数据记录的是事物非常简单的属性（如人的性别）、数值属性（如人数）或高度抽象的属性（如事物的所属类别）。这种数据具有简单、规范的特点，因而易于管理。传统数据库主要是针对这种数据的，在多媒体数据库中仍然需要管理这一类数据。

2．文本数据

文本是最常见的媒体格式，各种书籍、文献、档案等无不是由文本媒体数据为主构成的。

在计算机内文本数据是由一个具有特定意义的字符串表示。字符串长短不一，给数据的存储和再现带来不便。自然语言理解技术的不成熟也使查询文本数据的难度加大。因此，许多通用型数据库系统根本就没有管理和使用文本媒体的有效手段。检索文本数据主要采用关键字检索和全文检索两种方法。关键字检索是在存储文本的同时，自动或手工生成能够反映该文本数据主题的关键字的集合，并将其存储在数据库中。检索时通过某些关键字的匹配找到所需的文本数据。全文检索方法可以根据文本数据中任何单词或词组进行检索，检索是进行全文扫描。此外，大多数的实用系统使用文件直接存储文本系统，或把数据规范化成标准长度的字符串。在普通数据库中并不具备很强的文本数据管理能力。

3．声音数据

根据对音频媒体的划分可以知道，语音、音乐和其他声响具有显著不同的特性，因而目前的处理方法可以分为相应的三种：处理包含语音的音频和不包含语音的音频，第三种又把音乐单独划分出来。换句话说，第一种是利用自动语音识别技术，后两种是利用更一般性的音频分析，以适合更广泛的音频媒体，如音乐和声音效果，当然也包含数字化语音信号。在音频数据库领域，许多研究是有关语音方面的，因为语音是音频中一种重要的信息载体。非语音的音频数据检索和混合系统方面的研究工作也开始引起重视。这项研究涉及多学科，包括语音识别、信息检索、音频分析、信号处理、心理声学、机器学习等。

4．图形数据

图形数据的管理已经有一些成功的应用范例，如地理信息系统、工业图纸管理系统、建筑 CAD 数据库等。图形数据可以分解为点、线、弧等基本图形元素。描述图形数据的关键是要有可以描述层次结构的数据模型。对图形数据来说最大的问题是如何对数据进行表示，对图形数据的检索也是如此。一般来说，由于图形是用符号或特定的数据结构表示的，更接近于计算机的形式，还是易于管理的。但管理方法和检索使用需要有明确的应用背景。

5．图像数据

图像数据在应用中出现的频率很高，也很有实用价值。图像数据库较早就有研究，已提出许多方法，包括属性描述法、特征提取、分割、纹理识别、颜色检索等。特定于某一类应用的图像检索系统已经取得成功的经验，如指纹数据库、头像数据库等，但在多媒体数据库中将更强调对通用图像数据的管理和查询。

6．视频数据

动态视频数据要比上述信息类型复杂得多，在管理上也存在新的问题。特别是由于引入了时间属性，对视频的管理还要在时间空间上进行。检索和查询的内容可以包括镜头、场景、内容等许多方面，这在传统数据库中是从来没有过的。对于基于时间的媒体来说，为了真实地再现就必须做到实时，而且需要考虑视频和动画与其他媒体的合成和同步。例如，给一段视频加上一段字幕，字幕必须在适当的时候叠加到视频的适当位置上。再如给一段视频配音，声音与图像必须配合得恰到好处，合成和同步不仅是多媒体数据库管理的问题，还涉及通信、媒体表现、数据压缩等诸多方面。

9.4.1　多媒体数据库体系结构

目前尚没有标准的多媒体数据库体系结构。现在大多数多媒体数据库系统还局限在专门的应用（如图像数据库、文本数据库等）上，只对那些专门的应用结构进行了设计。在这里仅介绍一般的多媒体数据库结构形式。

1．联邦型结构

针对各种媒体单独建立数据库，每种媒体的数据库都有自己独立的数据库管理系统。虽然它们是相互独立的，但可以通过相互通信来进行协调和执行相应的操作。用户既可以对单一的媒体数据进行访问，也可以对多个媒体数据进行访问以达到对多媒体数据进行存取的目的。这种结构如图 9.7 所示。

在这种数据库体系结构中，对多媒体的管理是分开进行的，可以利用现有的研究成果直接进行封装，每种媒体数据库的设计也不必考虑与其他数据库的匹配和协调。但是由于这种多媒体数据库对多媒体的联合操作实际上是交给用户去完成的，给用户带来灵活性的同时，也为用户增加了负担。该体系结构对多种媒体的联合操作、合成处理和概念查询等都比较难于实现。如果各种媒体数据库设计时都没有按照标准化的原则进行，它们之间的通信和使用都会产生影响。

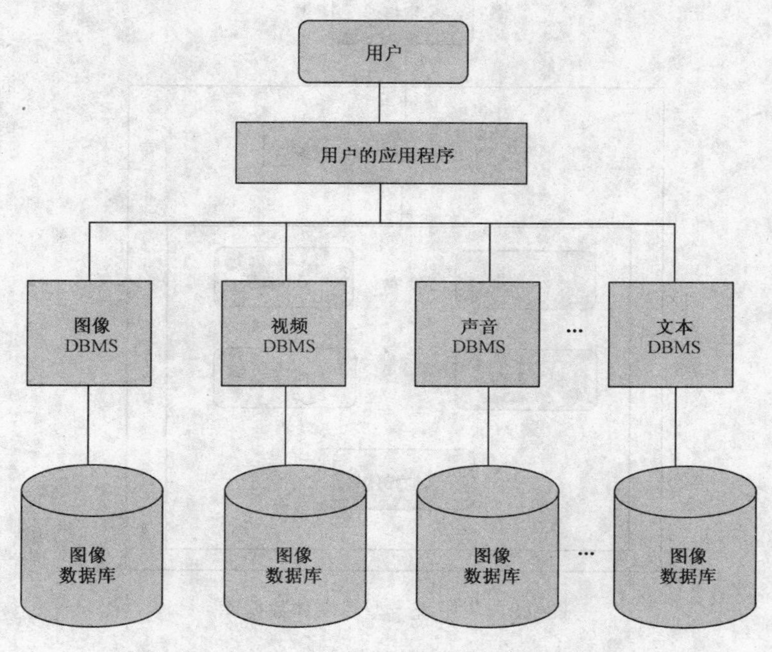

图 9.7　联邦型多媒体数据库结构

2. 集中统一型结构

只存在一个单一的多媒体数据库和单一的多媒体数据库管理系统。各种媒体被统一的建模，对各种媒体的管理与操纵被集中到一个数据库管理系统中，各种用户的需求被统一到一个多媒体用户接口上，多媒体的查询检索结果可以统一地表现。由于这种多媒体管理系统是统一设计和研制的，所以在理论上能够充分地做到对多媒体数据进行有效的管理和使用。但实际上这种多媒体数据库系统是很难实现的，目前还没有一个比较恰当而且高效的方法来管理所有的多媒体数据。虽然面向对象的方法为建立这样的系统带来了一线曙光，但要真正做到还有相当长的距离。如果把问题再放大到计算机网络上，这个问题就会更加复杂。结构如图 9.8 所示。

3. 客户/服务器结构

减少集中统一型多媒体数据库系统复杂性的一个很有效的办法是采用客户/服务器结构。各种多媒体数据仍相对独立，系统将每一种媒体的管理与操纵各用一个服务器来实现，所有服务器的综合和操纵也是用一个服务器完成，与用户的接口采用客户进程实现。客户与服务器之间通过特定的中间件系统连接。使用这种类型的体系结构，设计者可以针对不同的需求采用不同的服务器、客户进程组合，所以很容易符合应用的需要，对每种媒体也可以采用与这种媒体相适应的处理方法。同时这种体系结构也很容易扩展到网络环境下工作。但采用这种体系结构必须要对服务器和客户进行仔细的规划和统一的考虑，采用标准化的和开放的接口界面，否则也会遇到与联邦型相近的问题。该体系结构如图 9.9 所示。

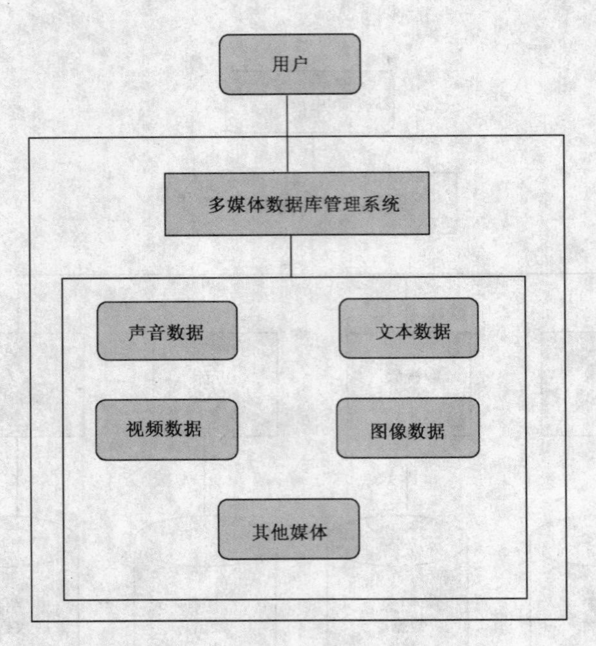

图 9.8　集中统一型多媒体数据库

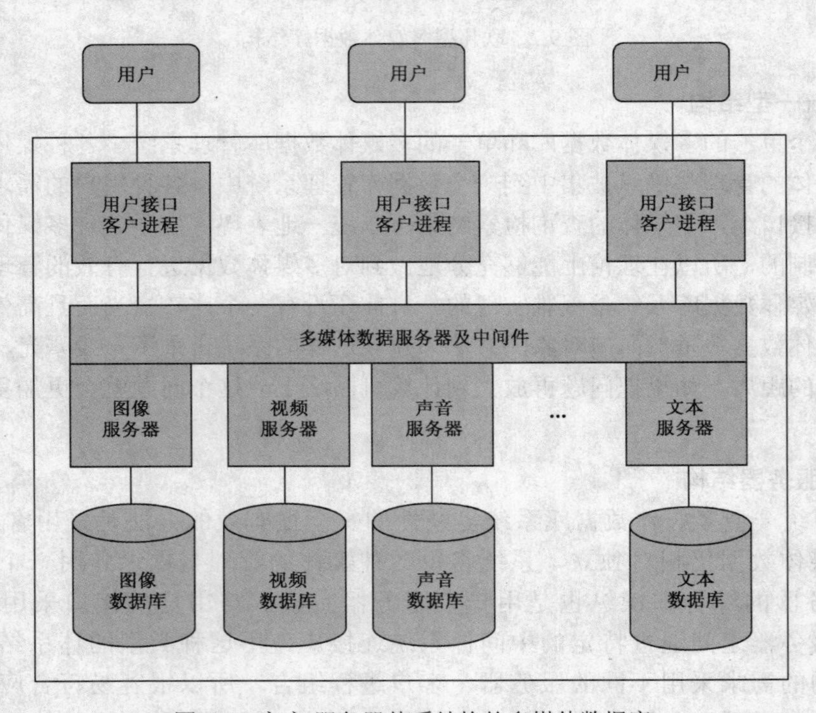

图 9.9　客户/服务器体系结构的多媒体数据库

4. 超媒体型结构

这种多媒体数据库体系结构强调对数据时空索引的组织，在它看来世界上所有的计算机中的信息和其他系统中的信息都应连接成一体，而且信息也要能够随意扩展和访问。因此，也就没有必要建立一个统一的多媒体数据库系统，而是把数据库分散到网络上，把它看做一个信息空间，只要设计好访问工具就能够访问和使用这些信息。另外，在多媒体数据模型上，要通过超链接建立起各种数据的时空关系，使得访问的不仅仅是抽象的数据形式，而且还可以去访问形象化的、真实的或虚拟的空间和时间。目前的 WWW 已经使人们看到了这种数据库的雏形。

9.4.2 多媒体数据库的层次结构

1. 传统数据库的层次

传统的数据库系统分为三个层次，按 ANSI 的定义分别为物理模式、概念模式和外部模式，如图 9.10 所示。传统的数据库采用这种层次结构是由其所管理的数据而决定的。在这种数据库中，数据主要是抽象化的字符和数值，管理和操纵的技术也是简单的比较、排序、查找和增删改等操作，处理起来比较容易，也比较好管理。由于数据种类单一，数据模型比较简单，对数据的处理也可以采取相对统一的方法。因此，如果要引入多媒体的数据，这种系统分层肯定不满足要求，就必须寻找恰当的结构分层形式。

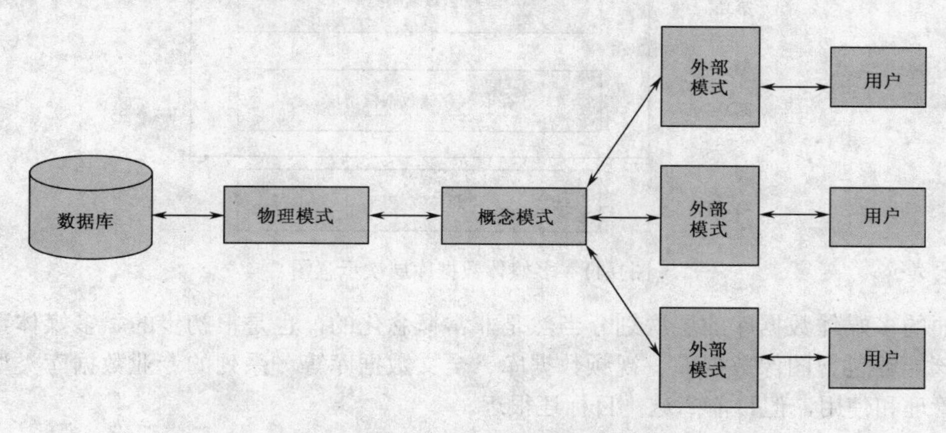

图 9.10 传统数据库的三层模式

2. 多媒体数据库的层次划分

已经有许多人提出过多媒体数据库的层次划分，包括对传统数据库的扩展、对面向对象数据库的扩展、超媒体层次扩展等。虽然各有所不同，但总的思路是很相近的，大多是从最低层增加对多媒体数据的控制与支持，在最高层支持多媒体的综合表现和用户的查询描述，在中间增加对多媒体数据的关联和超链的处理，其概念层次如图 9.11 所示。

在该图中，最低层也就是第 1 层，称为媒体支持层，建立在多媒体操作系统之上。针对各种媒体的特殊性质，在该层中要对媒体进行相应的分割、识别、交换等操作，并确定物理存储的位置和方法，以实现对各种媒体的最基本的管理和操纵。由于媒体的性质差别很大，对于媒体的支持一般都分别对待，在操作系统的辅助下对不同的媒体实施不同的处理，完成数据库的基本操作。第 2 层称为存取与存储数据模型层，完成多媒体数据的逻辑存储与存取。在该层中，各种媒体数据的逻辑位置安排、相互的内容关联、特征与数据的关系，以及超链接的建立等都需要通过合适的存取与存储数据模型进行描述。第 3 层称为概念数据模型层，是对现实世界用多媒体数据信息进行的描述，也是多媒体数据库中在全局概念下的一个整体视图。在该层中，通过概念数据模型为上层的用户接口、下层的多媒体数据存储和存取建立起一个在逻辑上统一的通道。第 3 层和第 2 层也可以通称为数据库模型层。第 4 层称为多媒体用户接口层，完成用户对多媒体信息的查询描述和得到多媒体信息的查询结果。很显然，这一层在传统数据库中是非常简单的，但在多媒体数据库中这一层却成了重要的环节之一。用户首先要能够把他的思想通过适当的方法描述出来，并能使多媒体系统所接受，这在多媒体数据库系统中本身就是一个十分困难的问题，不是用某一种类似于 SQL 之类的语言所能描述的。次之，查询和检索到的结果需要按用户的需求进行多媒体化的表现，甚至构造出"叙事"效果，这也是表格一类接口所不能做到的。

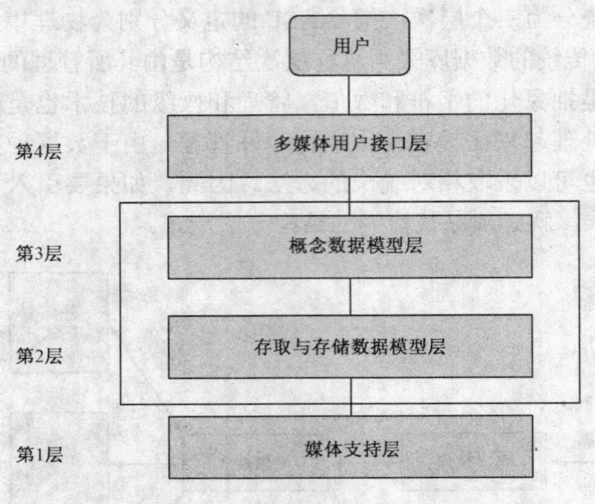

图 9.11　多媒体数据库层次示意图

上面的多媒体数据库的层次划分当然是非常概念化的，也是很初步的。多媒体数据库的结构应该能够包含图像数据库、视频数据库、全文数据库等一系列的专业数据库类型，并能统一地管理和使用，但目前离这一目标还很远。

9.4.3　多媒体数据库基于内容检索

在数据库系统中，数据检索是一种频繁使用的任务，对多媒体数据库来说，其检索任务通常是基于媒体内容而进行的。由于多媒体数据库的数据量大，包含大量的图像、声音、视频等非格式化数据，对它们的查询和检索比较复杂，往往需要根据媒体中表达的情节内容进行检索。例如，"找出具有太阳落山的图像"等。基于内容的检索（CBR）就是对多媒体信息检索使用的一种重要技术。

基于内容的检索（Content Based Retrieval，CBR）是指根据媒体和媒体对象的内容、语义及上下文联系进行检索。它从媒体数据中提取出特定的信息线索，并根据这些线索在多媒体数据库的大量媒体信息中进行查找，检索出具有相似特征的媒体数据。

多媒体数据库的查询系统包括两个方面的内容：一是如何将用户的请求转变为系统能够识别的形式并输入系统成为系统的动作；二是如何将系统查询所得到的结果按照用户的要求进行表现，就是说前者属于输入问题，后者属于输出问题。

下面以图像检索为例说明基于内容的检索方法。

1．基于颜色直方图的检索

颜色直方图是一幅图像中各种颜色（或灰度）像素点数量的比例图。它是一种基于统计的特征提取方式。通过统计一幅图像中的不同的颜色（灰度）种类和每种颜色的像素数，并以直方图形式表示出来就构成了图像的颜色直方图。图 9.12 是一幅图像及其直方图，分为 R、G、B 和灰度 4 个通道，曲线表示具有该色阶值的像素个数。

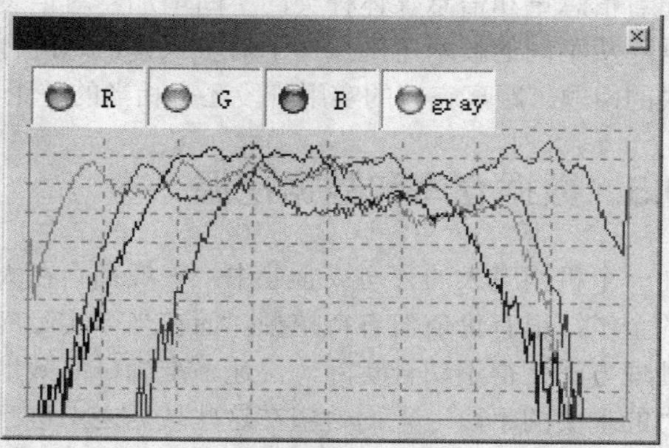

图 9.12　图像及其直方图

利用基于颜色直方图检索，其示例可以由如下方法给出。

① 使用颜色的构成：如检索“约 45%红色，25%绿色的图像”，这些条件限定了红色和绿色在直方图的比例，检索系统会将查询条件转换为对颜色直方图的匹配模式。检索结果中所有图像的颜色分布都符合指定的检索条件，尽管查到的大多数不是所要的图像，但缩小了查询空间。

② 使用一幅图像：将一幅图像的颜色直方图作为检索条件时，系统用该图像的颜色直方图与数据库中的图像颜色直方图进行匹配，得到检索结果的图像集合。

③ 使用图像的一块子图：使用从图像中分割出来的一块子区域的颜色直方图，从数据库中确定具有相似图像颜色特征的结果图像集合。

2．基于轮廓的检索

基于轮廓的检索是用户通过勾勒图像的大致轮廓，从数据库中检索出轮廓相似的图像。图像的轮廓线提取是目前业界研究比较多的问题，对于不同部分内容对比明显的图像，已基本可以实现由计算机自动提取其轮廓线，但对于对比不强烈的图像，自动提取十分困难。较好的方法是采用图像自动分割的方法与识别目标的前景背景模型相结合，从而得到比较精确的轮廓。对轮廓进行检索的方法是：首先提取待检索图像的轮廓，并计算轮廓特征，保存在特征库中；通过计算检索条件中的轮廓特征与特征库的轮廓特征的相似度来决定匹配程度，并给出检索结果。基于轮廓特征的检索方式也可以和基于颜色特征的检索结合起来使用。

3．基于纹理的检索

纹理是通过色彩或明暗度的变化体现出来的图像表面细节。其特征包括粗糙性、方向性和对比度等。对纹理的分析方法主要有统计法和结构法两种。

① 统计法用于分析如木纹、沙地、草坪等细密而规则的对象，并根据像素间灰度的统计特性对纹理规定出特征，以及特征与参数之间的关系。

② 结构法适于如布纹图案、砖墙表面等排列规则对象的纹理，结构法根据纹理基元及其排列规则描述纹理的结构和特征，以及特征与参数的关系。

基于纹理的检索往往采用示例法。检索时首先将已有的图像纹理以缩略图形式全部呈现给用户，当用户选中其中一个和查询要求最接近的纹理形式时，系统以查询表的形式让用户进一步调整纹理特征，并逐步返回越来越精确的结果。

随着信息量和信息媒体种类的不断增加，对信息的管理和检索也变得越来越困难。多媒体数据库从不同的技术角度探索了对多媒体信息进行集成管理的方法，但技术上还有许多没有解决的问题，距离完善的实用阶段还有相当的差距。

9.5 数据仓库和数据挖掘

在一个机构庞大的公司或企业中，一般都存在大量的数据信息，这些信息就像埋藏在深山中的金矿，很有价值但有待挖掘。而在当今实际应用中，数据量的爆炸性增长使得传统的手工处理方法变得不切合实际，快速、准确、高效地收集和分析信息是提高决策水平和增强竞争力的重要的手段。人们希望在这些数据之上进行商业分析和科学研究，所以需要能够对数据进行较高层次处理的技术，从中找出规律和模式，以帮助人们更好地利用数据进行决策和研究。建立以数据仓库（Data Warehouse）技术为基础，以联机分析处理（On-Line Analytical Processing）技术和数据挖掘（Data Mining）技术为实现手段的决策支持系统是解决上述问题的一种有效、可行的体系化解决方案。

9.5.1 数据仓库

1．数据仓库的概念

20 世纪 80 年代中期，数据仓库之父 William H. Inmon 在其《建立数据仓库》一书中提出了数据仓库的概念，随后又给出了更为精确的定义：数据仓库是在企业管理和决策中面向主题的、集成的、相对稳定的、反映历史变化的数据集合。与其他数据库应用不同的是，数据仓库更像一种过程，对分布在企业内部各处的业务数据整合、加工和分析的过程。

简言之，数据仓库是一种语义上一致的数据存储，它充当决策支持数据模型的物理实现，并存放企业战略决策所需的信息。

相同容量的数据仓库采用不同组织形式，完成数据分析的效果和处理的时间会有所不同，通常有以下几种组织形式：

① 简单堆积文件组织方式，将每天由数据库提取并处理后的数据逐天存储起来。

② 定期综合文件组织方式，将数据存储单位分成日、周、月、季度、年等多个级别，数据被逐一地添加到每天的数据集合中。当一个星期结束，每天的数据被综合成周数据，而后周数据又被综合成月数据，以此类推。后者的数据量比前者大大减少，但由于数据被高度的综合，造成数据的细节在综合中丢失。

③ 连续文件组织方式，综合了前两者的优点，既保留细节信息，又大大减少了数据量。例如，在进行数据存储过程中，可以将相关的两个数据表中相同的表项合并，对于两表中不同的表项分别记录。但是，连续文件增加的合并列也会给查询带来一定的不便。

商业决策在一个适当的时间进行趋势、相关分析等工作都必须借助于组织数据的新技术。所以对于大型的数据仓库来说，合理有效的数据组织显得尤为重要。

数据仓库的物理结构可以是关系数据库或数据立方体。数据立方体的物理实体一般为关系数据库中的表，从观察数据的特定角度，把某一类属性的集合称为一个维，每个维都有一个表与之相关联。在数据立方体上可以进行上卷或下钻等联机分析处理（On-Line Analytical Processing，OLAP）操作，即对不同的数据层次进行概化或细化。联机分析处理的概念最早是由关系数据库之父 E.F.Codd 提出。当时，Codd 认为联机事务处理（On-Line Transaction Processing，OLTP）已不能满足用户对数据库查询分析的需要，SQL 对大型数据库进行的简单查询也不能满足用户分析的需求。用户的决策分析需要对关系数据库进行大量计算才能得到结果，而查询的结果并不能满足决策者提出的需求。因此，Codd 提出了多维数据库和多维分析的概念，即联机分析处理（OLAP）。OLAP 是面向市场的，用于知识工人的数据分析。其目的是使企业的决策者能够灵活地操纵企业的数据，以多维的形式从多方面多角度来观察企业的状态，了解企业的变化，通过一致、快速、交互地访问各种可能的信息视图，帮助知识工人掌握数据中存在的规律，实现对数据的归纳、分析和处理，完成相关的决策。数据仓库系统一般都支持 OLAP 的基本操作，也可以认为是一种扩展了的 SQL 操作。

数据仓库应用是一个典型的 C/S 结构。其客户端的工作包括客户交互、格式化查询及报表生成等。服务器端完成各种辅助决策的 SQL 查询、复杂的计算和各类综合功能等。现在，普遍采用三层结构的形式，即在客户与服务器之间增加一个应用服务器，它能加强和规范决策支持的服务工作，集中和简化客户端和数据仓库服务器的部分工作，降低系统数据传输量，因此提高了工作效率。

数据仓库技术已成为当今信息管理技术的主流，是促进企业管理与决策的重要决策支持工具。通常在现有数据库的基础上建立和开发数据仓库就能将企业中多个数据源中的数据相集成，从而建立企业业务的完整视图。经营者可以从历史角度更好地理解企业的行为和运行状态、跟踪业务趋势、综合运用操作型数据和分析型数据进行预测、分析制定计划并做出战略决策，以利于企业的经营目标和未来的发展，进而带来巨大的经济效益。

2．数据仓库的构建

数据仓库的构架由 3 部分组成：数据源、数据源转换/装载形成新数据库和联机分析处理。数据仓库的实施过程大体可分为 3 个阶段：数据仓库的项目规划、设计与实施、维护调整。从数据仓库的构架和实施过程出发，数据仓库的构建可以分为以下几个步骤：

- 收集和分析业务需求；
- 建立数据模型和数据仓库的物理设计；
- 定义数据源；
- 选择数据仓库技术和平台；
- 从操作型数据库中抽取、净化和转换数据到数据仓库；
- 选择访问和报表工具；
- 选择数据库连接软件；
- 选择数据分析和数据展示软件；
- 更新数据仓库。

数据仓库的建立可能要用到很多类型的数据源，历史数据可能很“老”，数据库可能变得非常大。数据仓库相对于联机事务处理来说，是业务驱动而不是技术驱动的，需要不断地和最终用户交流。在实施数据仓库过程中应注意以下问题：

- 数据仓库中应该包含清理过的细节数据；
- 用户能看到的任何数据都应该在元数据中有对应的描述；
- 当数据量迅速增长，数据仓库中的数据在各个服务器中的分配策略是按主题、地理位置、还是时间；
- 合理选用数据仓库设计工具；
- 在设计数据仓库模型时为了提高性能应将用户对数据仓库的使用方式考虑在内；
- 硬件平台，数据仓库的硬盘容量通常应是操作数据库硬盘容量的 2～3 倍。通常大型机具有更高的可靠性和稳定性，而 PC 服务器或 UNIX 服务器更加灵活；
- 网络结构，数据仓库的实施在部分网络段上会产生大量的数据通信，可能需要改进网络结构。

9.5.2 数据挖掘

1. 数据挖掘的概念

在数据仓库发展的同时，一项从大量数据中发现隐含知识的技术也在学术领域兴起，这就是数据挖掘。数据挖掘是将高级智能计算技术应用于大量数据中，让计算机从海量数据中发现潜在的、有价值的知识。从技术上说，数据挖掘是从大量的、不完全的、有噪声的、模糊的、随机的数据中提取隐含在其中的、人们事先不知道的、但又是潜在的有价值的信息和知识的过程。这个定义包括好几层含义：数据源必须是真实的、大量的、含噪声的；发现的知识是用户感兴趣的，对用户有价值的；这些知识的数据要可接受、可理解、可运用。数据挖掘技术的应用带来了巨大的商业机会。

（1）自动趋势预测

数据挖掘能自动在大型数据库里面找寻潜在的预测信息。传统上需要很多专家来进行分析的问题，现在可以快速而直接地从数据中间找到答案。一个典型的利用数据挖掘进行预测的例子就是目标营销。数据挖掘工具可以根据过去邮件推销中的大量数据找出其中最有可能对将来的邮件推销做出反应的客户。

（2）探测以前未发现的模式

数据挖掘工具扫描整个数据库并辨认出那些隐藏着的模式，例如，通过分析零售数据来辨别出表面上看起来没联系的产品，实际上有很多情况下是一起被售出的情况。

数据挖掘是一门交叉学科，会聚了数据库、人工智能、统计学、可视化、并行计算等不同学科和领域。数据挖掘又是一项技术，由许许多多的算法构成，如决策树、聚类、关联算法、分类算法、神经网络等，这些算法可以有多种实现方式。因为与数据库密切相关，又称它为数据库知识发现（Knowledge Discovery in Databases，KDD）。数据挖掘不但能够学习已有的知识，而且能够发现未知的知识；得到的知识是“显式”的，既能为人所理解，又便于存储和应用，因此一出现就得到各个领域的重视。

数据挖掘应用特定的发现算法，从数据仓库中自动分析数据，进行归纳性推理、从中发掘出潜在的模式或产生联想，建立新的业务模型，帮助决策者调整市场策略做出正确的决策。数据挖掘过程分为 3 个步骤：数据准备、挖掘和表述。在解决实际问题时，经常要同时使用多种模式。一个数据系统或仅仅一个数据挖掘查询就可能生成成千上万的模式，但是并非所有的模式都令人感兴趣。因此，兴趣度通常被用来衡量模式的总体价值，它包括正确性、新奇性、可用性和简捷性。

数据挖掘也拓展了数据应用的广度和深度。在深度上，允许有更多的列存在。以往，在进行较复杂的数据分析时，专家们限于时间因素，不得不对参加运算的变量数量加以限制，但是那些被丢弃而没有参加运算的变量有可能包含着另一些不为人知的有用信息。现在，高性能的数据挖掘工具让用户对数据库能进行通盘的深度遍历，并且任何可能参选的变量都被考虑进去，再不需要选择变量的子集来进行运算了。在广度上，允许有更多的行存在，更大的样本让产生错误和变化的概率降低，这样用户就能更加精确地推导出一些虽小但颇为重要的结论。

数据挖掘的物理结构描述了客户应用程序与数据挖掘模型的相互作用，结构的选择是根据数据源的大小和对该数据挖掘模型发布的预测查询频率来选择的。根据应用特点，可使用两层体系结构或三层体系结构方案。

两层体系结构的物理结构不太复杂，能够在合理高效的服务器上挖掘数百万的记录。服务器中一并存放着数据挖掘引擎和数据仓库，在本地运行所有处理过程。通过一个OLEDB 连接，客户机可以简单调用引擎执行所有必要的数据挖掘处理，并在需要时接受预测结果集。

当数据挖掘任务进一步增加，客户机选用挖掘结果需求量增大时，可选用三层体系结构。这个结构总体上需要一个专用的高性能服务器在中间层来用做数据挖掘引擎，数据仓库被置于后端，中间层负责挖掘其数据。中间层从后端载入数据并进行挖掘，挖掘结果被传到客户机。

数据挖掘渗透到某些行业，产生了一些特定的应用，如现在经常会听到的客户关系管理（Customer Relationship Management，CRM）。通过挖掘客户信息，发现潜在的消费趋势或动向。数据挖掘技术的目标是从大量数据中发现隐藏于其后的规律或数据间的关系，从而服务于决策。数据挖掘一般有以下 4 类主要任务：

（1）概念描述

概念描述就是对某类对象的内涵进行描述，并概括这类对象的有关特征。概念描述分为特征性描述和区别性描述，前者描述某类对象的共同特征，后者描述不同类对象之间的区别。生成一个类的特征性描述只涉及该类对象中所有对象的共性。生成区别性描述的方法很多，如决策树方法、遗传算法等。

（2）分类和预测

分类和预测是两种数据分析形式，可以用来提取描述重要数据类的模型和预测未来的数据趋势。即分析数据的各种属性，找出数据的属性模型，确定数据属于哪些组，可以利用该模型来分析已有数据并预测新数据。分类和预测都具有广泛的应用，包括信誉证实、医疗诊断、性能预测和选择购物。如可以建立一个分类模型，对银行贷款的安全性和风险进行分类；同时可以建立预测模型，例如，给定潜在顾客的收入和职业，预测他们在计算机设备上的花费。

（3）关联分析

数据库中的数据一般都存在着关联关系，它反映一个事件和其他事件之间依赖或关联的知识。这种关联关系有简单关联和时序关联两种。简单关联，例如，购买面包的顾客中有

90%的人同时购买牛奶。时序关联，例如，若 AT&T 股票连续上涨两天且 DEC 股票不下跌，则第三天 IBM 股票上涨的可能性为 75%，它在简单关联中增加了时间属性。关联分析的目的是找出数据库中隐藏的关联网。有时并不知道数据库中数据的关联是否存在精确的关联函数，既使知道也是不确定的，因此关联分析生成的规则带有可信度。

（4）聚类

当要分析的数据缺乏描述信息，或者是无法组织成任何分类模式时，可以采用聚类分析。聚类增强了人们对客观现实的认识，是概念描述和偏差分析的先决条件。聚类技术主要包括传统的模式识别方法和数学分类学。聚类分析是按照某种相近程度度量方法，将用户数据分成一系列有意义的子集合。

2．数据挖掘的方法及其应用

作为一门处理数据的新技术，数据挖掘有许多的新特征。首先，数据挖掘面对的是海量的数据，这也是数据挖掘产生的原因。其次，数据可能是不完全的、有噪声的、随机的，有复杂的数据结构，维数大。再次，数据挖掘是许多学科的交叉，运用了统计学、计算机、数学等学科的技术。以下是常见数据挖掘算法和模型。

（1）传统统计方法

① 抽样技术：人们面对的是大量的数据，对所有的数据进行分析是不可能的也是没有必要的，就要在理论的指导下进行合理的抽样。

② 多元统计分析：因子分析，聚类分析等。

③ 统计预测方法：如回归分析，时间序列分析等。

（2）可视化技术

用图表等方式把数据特征直观地表述出来，如直方图等，这其中运用的许多描述统计的方法。数据可视化以前多用于科学和工程领域，现在也出现了针对商业用户需求的产品。这类工具大大扩展了传统商业图形的能力，支持多维数据的可视化，从而提供了多方向同时进行数据分析的图形方法。有些工具甚至提供动画能力，使用户可以“飞越”数据，观看不同层次的细节。其优点是，提供了发现并翻译数据模式及数据间关系的图形方式。

（3）决策树

利用一系列规则划分，建立树状图，可用于分类和预测。大部分数据挖掘工具采用规则发现技术或决策树分类技术来发现数据模式和规则，其核心是某种归纳算法，如 ID3 及其发展 C4.5。这类工具通常先对数据库的数据进行采集，生成规则和决策树，然后对新数据进行分析和预测。这类工具的主要优点是，规则和决策树都是可读的。

（4）神经网络

模拟人的神经元功能，经过输入层、隐藏层、输出层等，对数据进行调整、计算，最后得到结果，用于分类和回归。基于神经网络的挖掘过程基本上是将数据聚类，然后分类计算权值。神经网络很适合非线性数据和含噪声数据，所以在市场数据库的分析和建模方面应用广泛。

（5）遗传算法

基于自然进化理论，模拟基因联合、突变、选择等过程的一种优化技术。

（6）近邻算法

近邻算法是将数据集合中每个记录进行分类的方法。

（7）关联规则挖掘算法

关联规则是描述数据之间存在关系的规则，形式为“$A_1 \wedge A_2 \wedge \cdots A_n \rightarrow B_1 \wedge B_2 \wedge \cdots B_n$”。一般分为两个步骤：

① 求出大数据项集；

② 用大数据项集产生关联规则。

除了上述的常用方法外，还有粗糙集方法、模糊集合方法等。采用上述技术的某些专门的分析工具已经发展了大约 10 年的历史，不过这些工具所面对的数据量通常较小。而现在这些技术已经被直接集成到许多大型的工业标准的数据仓库和联机分析系统中去了。

目前，数据挖掘技术应用最集中的领域包括以下 6 个方面，但每个领域又有其特定的应用问题和应用背景。

（1）金融

金融事务需要收集和处理大量数据，对这些数据进行分析，发现其数据模式及特征，然后可能发现某个客户、消费群体或组织的金融和商业兴趣，并可观察金融市场的变化趋势。数据挖掘在金融领域应用广泛，包括：① 数据清理、金融市场分析和预测；② 账户分类、银行担保和信用评估。

（2）医疗保健

医疗保健行业有大量数据需要处理，但这个行业的数据由不同的信息系统管理，数据以不同的格式保存。在这个行业中，数据挖掘最关键的任务是进行数据清理，预测医疗保健费用等。

（3）市场业及零售业

市场业应用数据挖掘技术进行市场定位和消费者分析，辅助制定市场策略。零售业是最早应用数据挖掘技术的行业，目前主要应用于销售预测、库存需求、零售点选择和价格分析。

（4）制造业

制造业应用数据挖掘技术进行零部件故障诊断、资源优化、生产过程分析等。通过对生产数据进行分析，还能发现一系列产品制造、装配过程中哪一阶段最容易产生错误。

（5）司法

数据挖掘技术可应用于案件调查、诈骗监测、洗钱认证、犯罪组织分析，可以给司法工作带来巨大收益。例如，美国财政部使用 NetMap 开发了一个叫 FAIS 的系统对各类金融事务进行监测，识别洗钱、诈骗等。

（6）工程与科学

数据挖掘技术可应用于各种工程与科学数据分析。例如，Jet Propulsion 实验室利用决策树方法对上百万天体进行分类，效果比人工更快、更准确。这个系统还帮助发现了 10 个新的类星体。

9.5.3 数据仓库与数据挖掘的关系

数据仓库和数据挖掘是作为两种独立的信息技术出现的。数据仓库是不同于数据库的数据组织和存储技术，它从数据库技术发展而来并为决策服务，通过 OLAP 工具验证用户的假设；数据挖掘是通过对文件系统和数据库中的数据进行分析，获得具有一定可信度知识的算法和技术。它们从不同侧面完成对决策过程的支持，相互间有一定的内在联系。因此，将它们集成到一个系统中，形成基于数据挖掘的 OLAP 工具，可以更加有效地提高决策支持能力。

数据挖掘包含一系列从数据中发现有用而未发现的模式的技术，如果将其与数据仓库紧密联系在一起，将会获得意外的成功。数据仓库为数据挖掘提供完整的和集成的数据，而且它的联机分析功能还为数据挖掘提供了一个极佳的操作平台。数据仓库与数据挖掘有效联结，将为数据挖掘带来各种便利和功能。

首先，数据挖掘工具要在集成的、一致的、经过清理的数据上进行挖掘，这就需要数据挖掘中有数据清理、数据变换和数据集成过程，作为数据挖掘的预处理。而已经完成数据清理、数据变换和数据集成的数据仓库，完全能为数据挖掘提供所需的数据，使数据挖掘免除了数据准备的复杂过程。

其次，在数据仓库的构造过程中已经围绕数据仓库组建了包括数据存取、数据集成、数据合并、异种数据库的转换、Web 访问和服务工具等全面的数据处理和数据分析基础设施。在数据挖掘过程中所需要的数据处理和数据分析工具完全可在数据仓库的数据处理与数据分析工具中找到，根本没有必要为数据挖掘重新设置同样的基础设施。

再次，在数据挖掘过程中，常常需要进行探测式的数据分析，穿越各种数据库，选择相关数据，以不同的形式提供知识或结果。而数据仓库中的联机分析功能完全可以为数据挖掘提供有关的数据操作支持。例如，对数据立方体或数据挖掘中间结果提供良好的操作平台，这将极大地增强数据挖掘的功能和灵活性。

最后，在数据挖掘过程中，如果将数据挖掘与数据仓库进行有效的结合，将增加数据挖掘的联机挖掘功能。用户在数据挖掘过程中，可以用数据仓库的 OLAP 与各种数据挖掘工具的联结，使用户可以为数据挖掘选择合适的数据挖掘工具，能够在数据挖掘过程中灵活地组织挖掘工具以增强数据挖掘能力，同时还为用户灵活地改变数据挖掘的模式与任务提供便利。

虽然数据挖掘并非一定需要建立在数据仓库基础上，但以数据仓库为基础，对于数据挖掘来说源数据的预处理将简化许多；另外，为了保证结果的正确性，数据挖掘对基础数据量的需求是巨大的，数据仓库可以很好地满足这个要求。一个设计完善的数据仓库已经将原始数据经过了整理和变换，在此基础上再进行深入挖掘就是顺理成章的事情。

第 10 章　数据库服务器端编程

数据库服务器端编程主要包括存储过程、触发器和游标。

10.1　存储过程

为改善系统性能，数据库管理系统允许用户将完成特定功能的 SQL 语句序列组织成一个存储过程（Stored Procedure）存储在数据库中，并通过指定存储过程名及参数调用相应的存储过程。

使用存储过程有如下优点：

① 存储过程进行了预编译，并且在服务器端运行，执行速度快，客户端通过调用存储过程，可使应用程序和数据库服务器间的通信量小，降低网络负载。

② 存储过程执行一次后，其执行规划就驻留在高速缓冲存储器中，在以后的操作中，只需从高速缓冲存储器中调用已编译好的二进制代码执行，提高了系统性能。

③ 使用存储过程可以完成所有数据库操作，并可通过编程方式控制上述操作对数据库信息访问的权限，从而确保数据库的安全。

④ 可将一些初始化的任务定义为存储过程，当系统启动时自动执行，而不必在系统启动后再进行手工操作，大大方便了用户的使用。

1．存储过程的创建

语句格式：

```
CREATE   PROCEDURE 过程名 [（< 参数定义>，[ <参数定义>]）]
AS
<过程体>                                        /*描述存储过程的操作*/
```

其中，参数定义如下：

```
[ IN | OUT | INOUT ] < 参数 >< 数据类型 >
```

存储过程的定义由三部分组成：过程名、参数和过程体。存储过程名必须满足标识符的定义，在数据库内必须唯一；存储过程可以有零个或多个参数，存储过程通过这些参数与外部交换数据，输入（IN）参数，可将数据传递给存储过程，输出（OUT）参数，可从存储过程将数据传递到外部；INOUT 参数表示该参数既可用做输入参数也可用做输出参数；过程体由 SQL 语句序列构成。

可用 DBMS（或第三方软件）提供的数据库管理工具定义存储过程。

【例 10.1】　定义一个存储过程查询 XSCJ 数据库中每个同学各门功课的成绩。

```
USE XSCJ
Go
CREATE PROCEDURE   student_grade
AS
SELECT XS.学号，XS.姓名，KC.课程名，XS_KC.成绩
```

```
    FROM XS，XS_KC，KC
    WHERE XS.学号=XS_KC.学号  AND XS_KC.课程号=KC.课程号
```

2．存储过程的执行

存储过程的执行基于如下几种情况：① 在数据库应用程序中通过嵌入式 SQL 语句调用，不同的开发工具提供的调用形式不一样；② 通过 DBMS（或第三方软件）提供的数据库管理工具调用，调用的语法格式取决于具体的管理工具。下面的例子是基于 SQL Server 2005 的查询分析器调用存储过程，后面的例子中介绍了开发数据库应用程序时，如何通过嵌入式 SQL 语句调用存储过程。

【例 10.2】 在 SQL Server 2005 查询分析器中执行例 10.1 中的存储过程。

```
EXECUTE   student_grade
GO
```

注：SQL Server 2005 采用 EXECUTE 语句，可缩写为 EXEC。

3．存储过程的删除

语句格式：

```
DROP   PROCEDURE   [ 数据库名. ] <存储过程名>
```

【例 10.3】 删除例 10.1 中创建的存储过程 student_grade。

```
DROP   PROCEDURE   student_grade
```

4．综合应用

【例 10.4】 设计一个无参存储过程，从 XSCJ 数据库的 3 个表中查询选课学生的学号、姓名、课程名、成绩、学分。

```
USE XSCJ
/*检查是否已存在同名的存储过程，若有，删除。*/
IF EXISTS （SELECT name FROM sysobjects
          WHERE name = 'student_info' AND type = 'P'）
    DROP PROCEDURE student_info
GO
/*创建存储过程*/
CREATE PROCEDURE student_info
AS
SELECT a.学号，姓名，课程名，成绩，学分
    FROM XS a INNER JOIN   XS_KC b
        ON a.学号 = b.学号 INNER   JOIN   KC t
        ON b.课程号= t.课程号
GO
```

在 SQL Server 2005 查询分析器中，student_info 存储过程可以通过以下方法执行：

```
EXECUTE student_info
```

或

```
EXEC student_info
```

如果该过程是批处理中的第一条语句，则可使用：

```
student_info                                                    /*直接输入过程名*/
```

【例 10.5】 从 XSCJ 数据库的 3 个表中查询某人指定课程的成绩和学分，该存储过程要求实参为精确匹配的值。

```
USE XSCJ
IF EXISTS （SELECT name FROM sysobjects
          WHERE name = 'student_info1' AND type = 'P'）
     DROP PROCEDURE student_info1
GO
CREATE PROCEDURE student_info1
   @name char （8），@cname  char（16）
AS
SELECT a.学号，姓名，课程名，成绩，学分
   FROM XS a   INNER JOIN   XS_KC   b
      ON a.学号 = b.学号 INNER  JOIN  KC t
      ON b.课程号= t.课程号
   WHERE a.姓名=@name and t.课程名=@cname
GO
```

在 SQL Server 2005 查询分析器中，student_info1 存储过程有多种调用方式，下面列出了一部分。

```
EXECUTE student_info1 '王林'，'计算机基础'
```

或

```
EXECUTE student_info1 @name='王林'，@cname='计算机基础'
```

或

```
EXECUTE student_info1 @cname='计算机基础'，@name='王林'
```

或

```
EXEC student_info1 '王林'，'计算机基础'
```

或

```
EXEC student_info1 @cname='计算机基础'，@name='王林'
```

…

【例 10.6】 从 3 个表的联接中查询指定学生的学号、姓名、所选课程名称及该课程的成绩。该存储过程在参数中使用带通配符的参数进行模式匹配，如果没有提供实参，则使用预设的默认值。

```
USE XSCJ
IF EXISTS （SELECT name FROM sysobjects
        WHERE name = 'st_info' AND type = 'P'）
   DROP PROCEDURE st_info
GO
CREATE PROCEDURE st_info
   @name varchar（30）= '刘%'
AS
```

```
SELECT a.学号，a.姓名，c.课程名，b.成绩
    FROM XS a INNER JOIN XS_KC b
        ON a.学号 =b.学号 INNER JOIN KC c
        ON c.课程号= b.课程号
    WHERE 姓名 LIKE @name
GO
```

如下为 st_info 存储过程在 SQL Server 2005 查询分析器的调用：

```
EXECUTE st_info          /*参数使用默认值*/
```

或

```
EXECUTE st_info '王%'     /*传递给@name 的实参为'王%'*/
```

或

```
EXECUTE st_info '[王张]%'
```

【例 10.7】 计算指定学生的总学分，存储过程中使用了一个输入参数和一个输出参数。

```
USE XSCJ
GO
IF EXISTS（SELECT name FROM sysobjects
        WHERE name = 'totalcredit' AND type = 'P'）
    DROP PROCEDURE totalcredit
GO
USE XSCJ
GO
CREATE PROCEDURE totalcredit  @name varchar（40），@total int OUTPUT
AS
SELECT @total= SUM（学分）
    FROM XS，XS_KC，KC
    WHERE 姓名=@name AND XS.学号= XS_KC.学号
    GROUP BY XS.学号
GO
```

注：在创建存储过程时，如果形参定义为 OUTPUT 参数，调用时对应的实参变量也必须定义，形参名与实参变量名不一定要相同，但数据类型和参数位置必须匹配。

如下语句是对上述存储过程的调用：

```
USE XSCJ
DECLARE @t_credit char（20），@total int
EXECUTE totalcredit '王林'，@total OUTPUT
SELECT  '王林'，@total
GO
```

【例 10.8】 创建 3 个存储过程，分别对 XSCJ 数据库的 KC 表实现增、删、改。

（1）在 KC 表中插入一条记录

```
USE   XSCJ
CREATE   PROCEDURE   kc_insert
（@kch char（3），@kcxz char（8），@kcm char（16），@xq   tinyint，@xs tinyint，@xf tinyint）
AS
     INSERT INTO   kc   VALUES（@kch，@kcxz，@kcm，@xq，@xs，@xf）
```

（2）对 KC 表中的一条记录进行修改

```
USE XSCJ
CREATE   PROCEDURE   kc_update
（@kch char（3），@kcxz char（8），@kcm char（16），@xq tinyint，@xs tinyint，@xf tinyint，@flag
int   output）
AS
     BEGIN
          SET @flag=1
          IF   exists（SELECT * FROM   kc   WHERE 课程号=@kch）
               UPDATE   kc
                    SET 课程性质=@kcxz，课程名=@kcm，学期=@xq，学时=@xs，学分=@xf
                    WHERE 课程号=@kch
          ELSE
               SET   @flag=0
     END
```

（3）删除 KC 表中的一条记录

```
USE XSCJ
CREATE   PROCEDURE   kc_delete
（@kch char（3），@flag int output）
AS
     BEGIN
          SET   @flag=1
          IF exists（SELECT * from kc where 课程号=@kch）
               DELETE   kc where 课程号=@kch
          ELSE
               SET   @flag=0
     END
```

【例 10.9】 创建一个系统存储过程，显示表名以 XS 开头的所有表及其对应的索引。如果没有指定参数，该过程将返回表名以 KC 开头的所有表及对应的索引，然后调用它。

```
IF EXISTS （SELECT name FROM sysobjects
          WHERE name = 'sp_showtable' AND type = 'P'）
     DROP PROCEDURE sp_showtable
GO
USE master
```

```
GO
CREATE PROCEDURE sp_showtable    @TABLE varchar（30）= 'kc%'
AS
SELECT tab.name AS TABLE_NAME，inx.name AS INDEX_NAME，indid AS INDEX_ID
    FROM sysindexes inx INNER JOIN sysobjects tab ON tab.id = inx.id
    WHERE tab.name LIKE @TABLE
GO
USE XSCJ
/*调用存储过程*/
EXEC sp_showtable 'xs%'
```

注：系统存储过程定义时以 sp_开头。

5．设计存储过程时的一些优化措施

为提高系统的运行效率，在设计存储过程时，应考虑采用一些优化措施：

① 尽可能避免大事务操作，以提高系统并发处理的能力；

② 如果连接操作涉及数据量较大的表，则应考虑先根据条件提取数据到临时表中，然后再做连接；

③ 应尽可能使用索引字段作为查询条件，尤其是聚簇索引，在 WHERE 子句中，应根据索引顺序、范围大小来确定条件子句的前后顺序，尽可能让字段顺序与索引顺序一致，范围从大到小；

④ 应注意索引的维护，周期性重建索引，重新编译存储过程；

⑤ 对于插入、更新操作，如果数据量超过一定范围，系统将会进行锁升级，页级锁会升级成表级锁，因此当数据量大时，应防止这些操作与其他应用冲突；

⑥ 在新建表并加入数据时，如果一次性插入数据量很大，可以用 SELECT INTO 语句实现；

⑦ 如果临时表的数据量较大，需建立索引，则应定义一个单独的存储过程创建临时表和索引，以保证系统很好地使用该临时表的索引进行数据操作；

⑧ 如果用了临时表，在存储过程的最后务必将所有的临时表显式删除，先 TRUNCATE TABLE，然后 DROP TABLE。

10.2 触发器

触发器（Trigger）是存储在数据库中，定义在一个表上，实现指定功能的 SQL 语句序列。实际应用中，常常利用触发器动态地维护数据的一致性。

触发器与存储过程的主要区别在于：

① 存储过程的定义可有参数，而触发器的定义不能有参数；

② 执行方式不同，触发器由引起表数据变化的操作（增、删、改）触发而自动执行，而存储过程必须通过具体的语句调用。

一般来说，引起表数据变化的操作有：插入、修改、删除，因而维护数据的触发器也可分为 3 种类型：INSERT，UPDATE 和 DELETE。同一个表可定义多个触发器，即使同一类型的触发器，也可定义多个。

利用触发器可以方便地实现数据库中数据的完整性。例如，对于XSCJ数据库有XS表、XS_KC表和KC表，当插入某一学号的学生某一课程成绩时，该学号应是XS表中已存在的，课程号应是KC表中已存在的，此时，可通过定义INSERT触发器实现上述约束检查。

利用触发器还可使公司的一些处理任务自动进行，例如，在销售系统中，通过更新触发器可以检测何时库存下降到需要再进货的量，并自动生成给供货商的定单。

1．触发器的创建

创建触发器的语法格式：

```
CREATE TRIGGER <触发器名>
    < 触发时刻 >
    < 触发事件 >
    [< 触发条件 >]
    < 触发行为 >
```

其中，触发时刻定义如下：

```
BEFOR | AFTER | INSTEAD OF
```

触发事件定义为：

```
{ INSERT | DELETE | UPDATE [ OF < 列> [ ，<列>]]}
{ ON | OF | FROM | INTO } < 表名 >
FOR   EACH { ROW | STATEMENT }
```

触发条件定义如下：

```
（ WHEN   <条件表达式> ）
```

触发行为定义为：

```
BEGIN < 语句序列 > END
```

触发器名在数据库中必须唯一，并符合标识符规则，触发器所有者名可作为前缀。

<触发时刻>：指定何时执行触发器，如果要在触发语句之后执行多次更新，通常使用AFTER；如果要验证是否满足应用的约束条件，通常使用BEFORE；如果不执行触发事件语句，而只执行触发器操作，则使用INSTEAD OF，每个INSERT，UPDATE或DELETE语句在一个表上最多可以定义一个INSTEAD OF触发器。若表存在约束，则在INSTEAD OF触发器执行之后和AFTER触发器执行之前检查这些约束，如果违反了约束，则回滚INSTEAD OF触发器操作，但不执行AFTER触发器操作。

<触发事件>：可以是DELETE，INSERT和UPDATE，也可以是这几个事件的组合。用于指定激活触发器的操作，必须指定一项或多项，项之间用逗号分隔。

FOR EACH子句：用于指定何时激活触发器。例如，使用INSERT语句为XS表插入行，如果是FOR EACH ROW子句，则每插入一条记录，激活一次触发器；如果是FOR EACH STATEMENT，则对每个INSERT语句，激活一次触发器。

WHEN<条件>：又称触发条件，该条件为可选项。

在一些文献中又称触发器为ECA（“事件、条件、动作”）规则。

2．触发器的应用

用户可根据应用的需要，利用触发器实现多种动态完整性。

① 进行安全性控制，限制用户对数据库的操作，例如，不允许股票的价格单日升幅超过10%。又如，跟踪用户对数据库的操作，对于审计用户对数据库的更新写入审计表。

② 实现复杂的数据库中表的相关完整性，例如，对于 XSCJ 数据库，当从 XS 表中删除一记录时，对 XS_KC 表进行相应的级联操作；当向 XS_KC 表插入一记录时，如果在 XS 表中不存在对应的学号，或在 KC 表中不存在对应的课程号，则执行回滚操作。

③ 进行动态自动统计，例如，对 XS_KC 表进行增、删、改时，通过触发器自动统计每个同学的总学分。

如下是以 SQL Server 2005 为背景，触发器的应用举例。

【例 10.10】 在数据库 XSCJ 中创建一触发器，当向 XS_KC 表插入一记录时，检查该记录的学号在 XS 表红是否存在，检查课程号在 KC 表中是否存在，若有一项为否，则不允许插入。

```
CREATE TRIGGER check_trig    ON XS_KC    FOR INSERT
AS
SELECT *
    FROM inserted a
    WHERE a.学号 NOT IN （SELECT b.学号 FROM XS b）OR
            a.课程号 NOT IN （SELECT c.课程号 FROM KC c）
    BEGIN
        RAISERROR （'违背数据的一致性.'，16，1）
        ROLLBACK TRANSACTION
    END
```

说明：SQL Server 有 inserted 和 deleted 两个系统表，当插入一条记录时，将该记录存入 inserted 表中，删除记录时，将其放入 deleted 表中，对于修改操作，相当于插入一条新记录，删除一条旧记录。

【例 10.11】 在 XSCJ 数据库的 XS_KC 表上创建一触发器，若对学号列和课程号列修改，则给出提示信息，并取消修改操作。

在 SQL Server 2005 中，调用 COLUMNS_UPDATED（）函数，可快速测试对学号列和课程号列所做的更改。

```
USE XSCJ
    GO
    CREATE TRIGGER update_tri
        ON XS_KC
    FOR update
    AS
    /*检查学号列（C0）和课程号列（C1）是否被修改，如果有某些列被修改了，则取消修改操作。
*/
    IF （COLUMNS_UPDATED（）& 3）> 0
```

```
        BEGIN
            RAISERROR ('违背数据的一致性.', 16, 1)
        ROLLBACK TRANSACTION
    END
GO
```

【例 10.12】 在 XSCJ 数据库中创建表、视图和触发器，以说明 INSTEAD OF INSERT 触发器的使用。

```
USE XSCJ
CREATE TABLE books
(   BookKey    int IDENTITY (1, 1),
    BookName nvarchar (10) NOT NULL,
    Color    nvarchar (10) NOT NULL,
    ComputedCol AS  (BookName +Color),
    Pages int
)
GO
/*建立一个视图，包含基表的所有列*/
CREATE VIEW View2
AS
    SELECT BookKey, BookName , Color, ComputedCol, Pages    FROM books
GO
/*在 View2 视图上创建一个 INSTEAD OF INSERT 触发器*/
CREATE TRIGGER InsteadTrig on View2
    INSTEAD OF INSERT
AS
BEGIN
/* 实际插入时，INSERT 语句中不包含 BookKey 字段和.ComputedCol.字段的值*/
    INSERT INTO books
    SELECT BookName , Color, Pages FROM inserted
END
GO
```

如果视图的数据来自于多个基表，则必须使用 INSTEAD OF 触发器支持引用表中数据的插入、更新和删除操作。

10.3 游标

SELECT 语句对表进行操作的结果是一个记录集，但对于嵌入式 SQL 的宿主语言（如 C、VB、PowerBuilder 或其他开发工具），通常不能把整个记录集作为一个整体来处理，应用程序通过使用游标（Cursor）可以逐行访问记录集中的每一个记录。

游标可看做一种特殊的指针，它与一个查询语句相关联，可以指向结果集的任意位置，以便对指定位置的数据记录进行处理。游标的使用步骤如下：

① 定义游标，申明一个游标变量；

② 打开游标：将游标变量与一个查询语句关联，执行游标变量关联的查询语句，并将游标指针指向第一条记录；

③ 读取数据，通过移动游标指针读取游标缓冲区的数据；

④ 关闭游标，断开游标变量与查询语句的关联；

⑤ 删除游标，归还游标所用的系统资源。

1．定义游标

语句格式：

```
DECLARE  <游标名>  CURSOR  FOR  SELECT 语句
[ for 子句 ]
```

其中，for 子句定义如下：

```
FOR  UPDATE  [ OF < 列名>  [ ，< 列名> ] ]  |
FOR  READ  ONLY
```

说明：游标名必须满足标识符的命名规则。

FOR 子句有两种形式：① FOR UPDATE，说明通过游标可以更新列，若有参数 OF 列名[，列名]，则只能修改指定的这些列，若未指定，则可以修改所有列。② FOR READ ONLY，用于显式地指明仅查询游标的行，而不对其进行更新。

【例 10.13】 创建游标 CURSOR，查询“计算机”专业的学生信息。

```
DECLARE XS_CUR1 CURSOR FOR
    SELECT 学号，姓名，性别，出生时间，借书数
        FROM XS
        WHERE 专业 ='计算机'
    FOR READ ONLY
```

该语句定义的游标与单个表的查询结果集相关联，是只读的，游标只能从头到尾顺序提取数据。

【例 10.14】 创建动态游标 XS_CUR2，查询“计算机”系学生记录，记录可前后滚动，可对姓名列进行修改。

以下是一个 T-SQL 扩展游标声明：

```
DECLARE XS_CUR2 CURSOR DYNAMIC FOR
    SELECT 学号，姓名，借书数    FROM XS
        WHERE 专业 ='计算机'
    FOR UPDATE OF 姓名
```

2．打开游标

声明游标后，要使用游标从中提取数据，就必须先打开游标。SQL 使用 OPEN 语句打开游标。

语句格式：

```
OPEN  < 游标名 >
[ USING  <宿主变量> [ ，<宿主变量> ] ]
```

OPEN 语句打开游标，确保执行与该游标相关联的 SELECT 语句。在一个程序内，可多次打开一个游标。如果 SELECT 语句中包含宿主变量，则在每次打开游标后会为宿主变量赋值。这意味着执行每条 OPEN 语句后，游标的结果可能会有不同，具体取决于宿主变量的值是否已更改，或数据库的内容是否已更改。在处理 OPEN 语句后，SQL 会将结果放到某处，在 SQL Server 2005 中存储在 tempdb 中。

【例 10.15】 定义游标 XS_CUR3，然后打开该游标，输出其行数。

```
DECLARE XS_CUR3 CURSOR
LOCAL SCROLL SCROLL_LOCKS   FOR
SELECT 学号，姓名，专业 FROM XS
    FOR UPDATE OF 姓名
OPEN XS_CUR3
SELECT '游标 XS_CUR3 数据行数' = @@CURSOR_ROWS
```

结果为：

```
游标 XS_CUR3 数据行数
9
```

说明：本例中的语句 SELECT '游标 XS_CUR3 数据行数' = @@CURSOR_ROWS 用于显示系统全局变量@@CURSOR_ROWS 的值，@@CURSOR_ROWS 存储游标中数据行的数目。

3．读取数据

游标打开后，就可以使用 FETCH 语句从中逐行读取数据至宿主变量中。

语句格式：

```
FETCH   [ NEXT | PRIOR | FIRST | LAST |   ABSOLUTE   <数字>   | RELATIVE < 数字> ]
< 游标名 >
INTO < 宿主变量> [ ，<宿主变量> ]
```

其中：

① NEXT | PRIOR | FIRST | LAST | ABSOLUTE | RELATIVE：用于说明读取数据的位置。NEXT 说明读取当前行的下一行，并将其置为当前行，如果 FETCH NEXT 是对游标的第一次提取操作，则读取的是结果集第一行。NEXT 为默认的游标提取选项。PRIOR 说明读取当前行的前一行，并且使其置为当前行。如果 FETCH PRIOR 是对游标的第一次提取操作，则无值返回且游标置于第一行之前。FIRST 读取游标中的第一行并将其作为当前行。LAST 读取游标中的最后一行并将其作为当前行。如图 10.1 所示，显示了处理某些 SQL 语句后游标的位置。

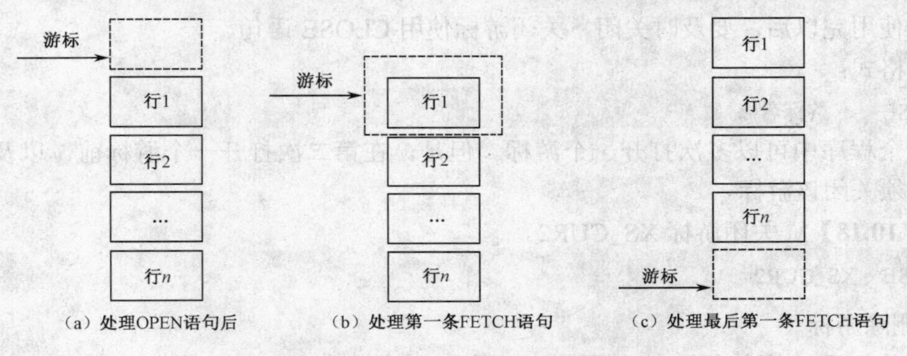

图 10.1 处理特定 SQL 语句后游标的位置

② ABSOLUTE<数字>和 RELATIVE<数字>给出读取数据的位置与游标指针当前位置的关系，ABSOLUTE 子句指出待读取数据离游标开始位置的行数；RELATIVE 子句指出为了读取数据，游标指针从当前位置需移动的行数。

③ INTO：指明将读取的数据存放到指定的宿主变量中，变量前冒号是强制性的。此子句一般用在嵌入式 SQL 语句中。

以下例子均在 SQL Server 2005 的 SQL 编辑器中执行。

【例 10.16】 从游标 XS_CUR1 中提取数据。

```
OPEN XS_CUR1
FETCH NEXT FROM XS_CUR1
```

【例 10.17】 从游标 XS_CUR2 中提取数据。

```
OPEN XS_CUR2
FETCH FIRST FROM XS_CUR2
```

读取游标第一行（当前行为第一行）；

```
FETCH NEXT FROM XS_CUR2
```

读取下一行（当前行为第二行）；

```
FETCH PRIOR FROM XS_CUR2
```

读取上一行（当前行为第一行）；

```
FETCH LAST FROM XS_CUR2
```

读取最后一行（当前行为最后一行）；

```
FETCH RELATIVE-2 FROM XS_CUR2
```

读取当前行的上二行（当前行为倒数第三行）。

说明：在 SQL Server 2005 中，FETCH 语句的执行状态保存在全局变量 @@FETCH_STATUS 中，其值为 0，表示 FETCH 执行成功；为-1，表示所要读取的行不在结果集中；为-2，表示被提取的行已不存在（已被删除）。

例如，接着上例继续执行如下语句：

```
FETCH RELATIVE 3 FROM XS_CUR2
SELECT 'FETCH 执行情况' = @@FETCH_STATUS
```

FETCH 执行情况

-1

4．关闭游标

游标使用完以后，要及时关闭。关闭游标使用 CLOSE 语句，

语句格式：

```
CLOSE  < 游标名 >
```

在一个程序中可以多次打开一个游标。但是，在第二次打开一个游标前，以及该程序结束前，必须关闭该游标。

【例 10.18】 关闭游标 XS_CUR2。

```
CLOSE  XS_CUR2
```

5．删除游标

游标关闭后，其定义仍在，需要时可用 OPEN 语句打开它再使用。若确认游标不再需

要，就要释放其定义占用的系统空间，即删除游标。删除游标使用 DEALLOCATE 语句。

语句格式：

```
DEALLOCATE   CURSOR   <游标名 >
```

【例 10.19】 删除游标 XS_CUR2

```
DEALLOCATE   XS_CUR2
```

第 11 章　数据库应用系统的开发

一个好的数据库应用系统除了应提供用户所需要的功能，还应有如下特征：

① 可维护性好。指软件系统交付使用以后，为满足用户新的需求，可方便地对软件进行修改或扩展。

② 具有高可靠性、保密性、安全性。计算机网络的应用使得系统的可靠性、保密性、安全性显得尤为重要。

③ 有高效性。一个软件系统的高效性主要表现在对用户的响应快，处理时间短，系统内存利用率高等方面。

要开发高质量的数据库应用软件，应基于软件工程的思想进行软件开发，重视软件开发过程的每个环节，而抛弃那种只重视程序编码，轻视其他环节的思想。

本章将从软件工程的角度介绍数据库应用软件的开发。

11.1　软件开发周期及各阶段的任务

一个数据库应用系统从定义、开发、运行到退役的整个过程称为软件的生成周期。在软件的整个生成周期内，根据不同阶段需要完成的任务及应达到的目标，可将软件的生成周期划分为软件定义、软件开发、软件使用与维护 3 个阶段。

11.1.1　软件定义

开发一个数据库应用系统首先要进行用户的需求分析，确定软件系统的功能、性能需求，搞清楚“做什么”。

首先，进行软件系统的可行性研究。根据用户提出的工程项目的性质、目标和规模，了解用户的要求及现有的环境、条件，从技术、经济和法律等方面研究并论证该项目的可行性，提出项目开发所需的资源，进行成本、进度估算，在此基础上，写出可行性研究报告，并制定初步的项目计划。可行性研究报告是使用部门负责人对项目进行决策的重要依据。

其次，进行软件需求分析。软件需求分析的目标是深入描述待开发数据库应用软件的功能、性能需求、数据的安全与完整性约束等方面的需求，及与其他系统元素的接口。

1. 需求分析的主要任务

① 通过调查软件使用部门的业务活动，明确用户对软件系统的功能需求，确定待开发软件系统的功能。

② 综合分析用户的信息流程及信息需求，确定将存储哪些数据，及这些数据的源和目标。

③ 分析用户对数据的安全性和完整性要求，确定系统的性能需求和运行环境约束。

④ 构建软件系统的逻辑模型，为软件要素制定验收准则，以及软件验收测试计划。

对于大型、复杂软件系统的主要功能、接口、人机接口等，可能还要进行模拟或建造原型，以便向用户和开发方展示待开发软件系统的主要特征，软件需求分析过程有时需要反复多次，最终才能使用户与开发者达成共识。

2．软件需求信息获取

① 考察现场或跟班作业，了解现场业务流程。

② 进行市场调查。

③ 访问用户和应用领域的专家。

④ 查阅与原应用系统或应用环境有关的记录。

3．用户需求的描述方法

描述用户需求传统的方法大多采用结构化的分析方法（Structured Analysis，SA），即按应用部门的组织结构，对系统内部的数据流进行分析，逐层细化，用数据流程图（Data Flow Diagram，DFD）描述数据在系统中的流动和处理，并建立相应的数据字典（Data Dictionary，DD）。

① 数据流程图使用的主要符号如图 11.1 所示。

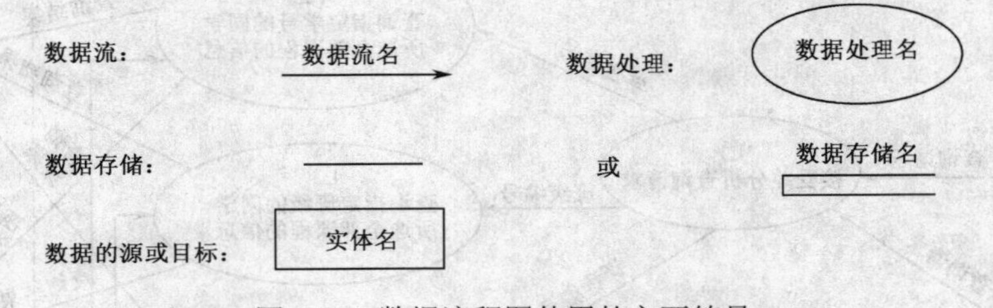

图 11.1　数据流程图使用的主要符号

图 11.2 为学生选课系统需求分析顶层数据流程图，图 11.3 为第二层的数据流程图，图 11.4 是对图 11.3 中的“查询”进一步细化的数据流程图。在需求分析过程中数据流程图的细化程度取决于后继代码实现的需要，有兴趣的同学可对图 11.3 中的“编辑”和“统计”进一步细化。

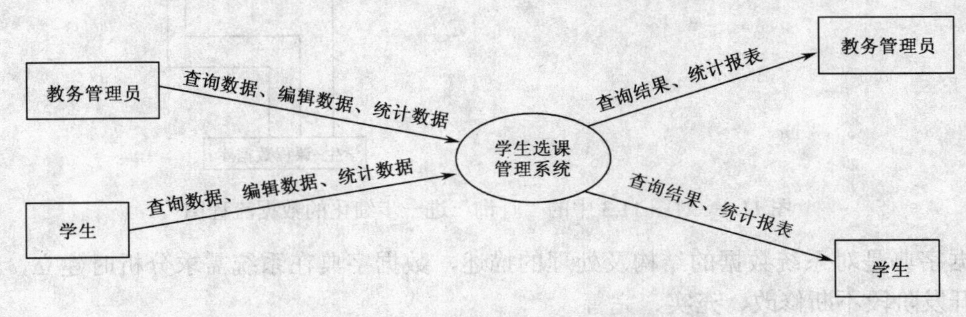

图 11.2　学生选课系统需求分析的顶层数据流程图

② 数据字典的主要内容。

- 数据项：包括数据项名、类型、长度等。
- 数据结构：反映了数据之间的组合关系，包括数据结构名、含义说明及定义。
- 数据流：数据流是数据在系统内传输的路径，包括数据流名、说明、数据的源和目标等。
- 数据存储：是数据停留或保存的地方，包括数据存储名、说明等。
- 处理过程：主要包括过程名、输入参数、输出参数、说明等。

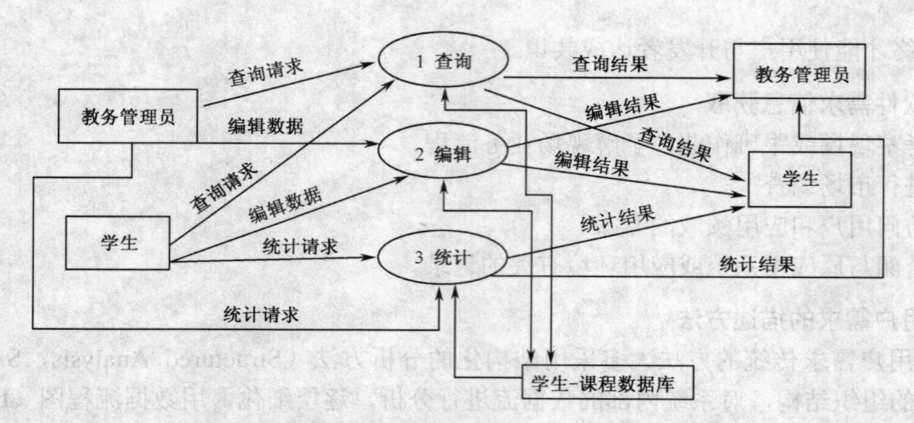

图 11.3 学生选课系统需求分析的第二层数据流程图

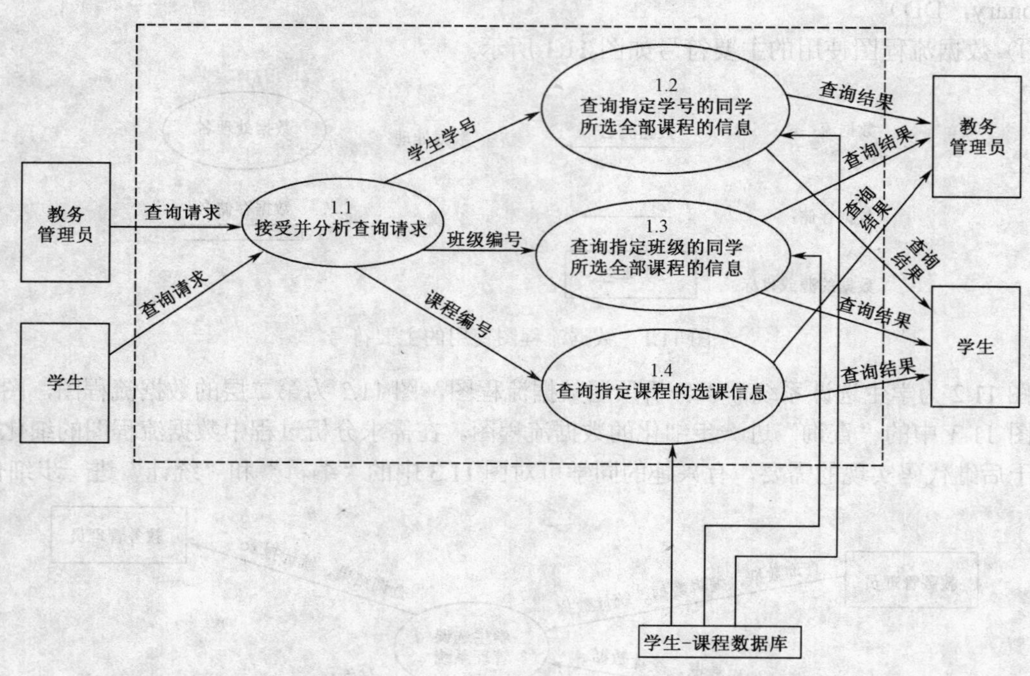

图 11.4 对图 11.3 中的“查询”进一步细化的数据流程图

数据字典是对系统数据的结构及处理的描述，数据字典在系统需求分析时建立，在后继设计与开发阶段不断修改、充实、完善。

随着面向对象程序设计语言的广泛使用，面向对象的分析方法（Object-Oriented Analysis，OOA）得到推广，面向对象分析方法的主要任务是：运用面向对象的方法，分析用户需求，建立三种模型。一是建立待开发软件系统的对象模型，描述构成系统的类、对象、与其相关的属性、操作及对象之间的静态联系；二是建立系统的状态模型（动态模型）描述系统运行时，对象的联系及其联系的改变，状态模型通过事件和状态描述了系统的控制结构；三是建立处理模型（函数模型）描述系统内部数据的传递及对数据的处理。在这三种模型中，对象模型是最重要的。面向对象分析模型的表达大多采用 UML 语言，对 UML 建模有兴趣的同学可参考相关书籍。

需求分析的阶段性成果是软件需求规格说明（Software Requirements Specification，SRS）文档。

11.1.2 软件开发

软件开发阶段的任务是将系统对软件的需求转换成可操作的系统要素，其中两条主线贯穿整个软件开发过程：一条以数据建模、管理和维护为主线；另一条以实现系统功能为主线。此阶段主要完成的工作有：概要设计、详细设计、编码与单元测试、组装测试与验收测试。

1. 概要设计

概要设计又称为总体设计，是对需求规格说明中提供的软件系统逻辑模型进一步分解，其完成的主要工作有：

① 数据建模。将应用需求中的数据对象、对象的属性、对象之间的联系抽象为信息世界的概念模型，并对其进行描述，例如，用E-R模型描述学生管理系统的概念模型。

② 在软件的功能设计方面，建立软件系统的总体结构和各子系统之间、各模块之间的关系，定义各子系统接口和各功能模块的接口。

③ 生成概要设计规格说明和组装测试计划。

④ 评审概要设计的质量，重点评审概要设计是否支持软件需求规格说明。

⑤ 进一步充实数据字典。

概要设计的目标：总体结构具有层次性，尽量降低模块接口的复杂度。

进行概要设计时，可提出多种设计方案，并在功能、性能、成本、进度等方面对各种方案进行比较，选出一种“最佳方案”。

概要设计的阶段性成果：概要设计说明书、数据库的概念模型设计、扩充后的数据字典、组装测试计划等文档。

2. 详细设计

详细设计又称为过程设计。通过对概要设计的模型表示进一步细化和转换，得到软件详细的数据结构和算法。详细设计的主要内容如下：

① 对于数据建模，根据概念模型设计数据库的逻辑模型，根据系统对数据安全性和完整性的要求，确定数据的完整性和安全性规则及实现策略；

② 在功能设计方面采用结构化的设计方法对概要设计产生的功能模块进一步细化，形成可编程的结构模块，并设计各模块的单元测试计划。

详细设计的阶段性成果：详细设计规格说明书、单元测试计划等设计文档。

3. 编码与单元测试

主要任务包括如下内容：

① 基于某一数据库管理系统实现数据库的逻辑模型，如创建数据库、表等，按照数据的完整性和安全性实现策略，实现数据的完整性和安全性，并进行相应的测试工作，同时做好测试记录；

② 选定某一程序设计语言实现各功能模块，并进行相应的测试。

一般来说，对软件系统各功能模块所采用的分析方法、设计方法、编程方法，以及所选用的程序设计语言应尽可能保持一致。

编码阶段应注意遵循编程标准、养成良好的编程风格，以便编写出正确的便于理解、调试和维护的程序模块。

编码与单元测试的阶段性成果：通过单元测试的各功能模块的集合、详细的单元测试报告等文档。

4．组装测试

根据概要设计提供的软件结构、各功能模块的说明和组装测试计划，将数据加载到数据库中，对经过单元测试检验的模块按照某种选定的策略逐步进行组装和测试，检验应用系统在正确性、功能完备性、容错能力、性能指标等方面是否满足设计要求。

阶段性成果：① 满足概要设计要求的详细设计报告；② 可运行的软件系统和源程序清单；③ 组装测试报告等文档。

5．验收测试

又称为确认调试，主要任务：按照验收测试计划对软件系统进行测试，检验其是否达到了需求规格说明中定义的全部功能和性能等方面的需求。

阶段性成果：验收测试报告、项目开发总结报告、软件系统、源程序清单、用户操作手册等文档资料。

最后，由专家、用户负责人、软件开发和管理人员组成软件评审小组对软件验收测试报告、测试结果和应用软件系统进行评审，通过后，软件产品正式通过验收，可以交付用户使用。

11.1.3 软件的使用与维护

软件开发工作结束后，软件系统即可投入运行，但由于软件的应用环境不断变化，因此，在软件的整个运行期内，有必要对应用系统有计划地维护，使软件系统持久地满足用户的需求。软件使用和维护阶段的主要工作内容如下：

① 在软件使用过程中，及时收集被发现的软件错误，并撰写“软件问题报告”，以便改正软件系统中潜藏的错误；

② 根据数据库维护计划，对数据库性能进行监测，当数据库出现故障时，对数据库进行转储和恢复，并做相应的维护记录；

③ 根据软件系统恢复计划，当软件系统出现故障时，进行软件系统恢复，并做相应的维护记录。

11.2 数据库应用系统

11.2.1 数据库的连接方式

客户端应用程序或应用服务器向数据库服务器请求服务时，首先必须和数据库建立连接。虽然 RDBMS 都遵循 SQL 标准，但不同厂家开发的数据库管理系统有差异，存在适应性和可移植性等方面的问题，因此，人们开始研究和开发连接不同 RDBMS 的通用方法、技术和软件。

1．ODBC 数据库接口

ODBC 即开放式数据库互连（Open Database Connectivity），是微软公司推出的一种实现应用程序和关系数据库之间通信的接口标准。符合标准的数据库就可以通过 SQL 语言编写的命令对数据库进行操作，但只针对关系数据库。目前所有的关系数据库都符合该标准（如 SQL Server，Oracle，Access，Excel 等）。ODBC 本质上是一组数据库访问 API（应用程序编程接口），由一组函数调用组成，核心是 SQL 语句，其结构如图 11.5 所示。

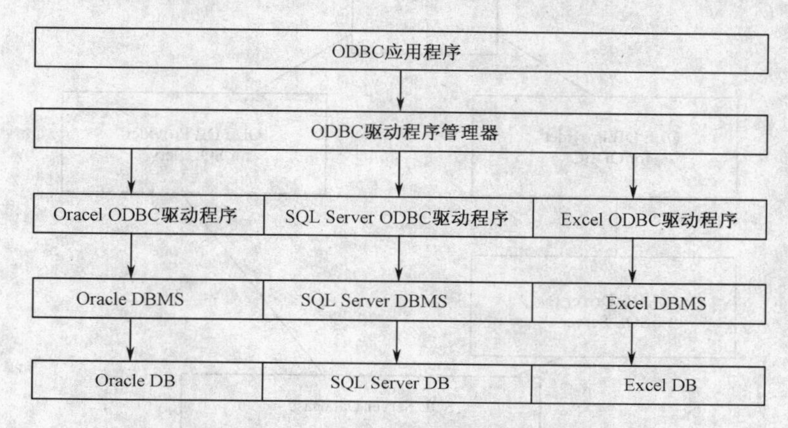

图 11.5　ODBC 数据库接口

在具体操作时，首先必须用 ODBC 管理器注册一个数据源，管理器根据数据源提供的数据库位置、数据库类型及 ODBC 驱动程序等信息，建立起 ODBC 与具体数据库的联系。这样，只要应用程序将数据源名提供给 ODBC，ODBC 就能建立起与相应数据库的连接。

2．OLE DB 数据库接口

OLE DB 即数据库链接和嵌入对象（Object Linking and Embedding DataBase）。OLE DB 是微软提出的基于 COM 思想且面向对象的一种技术标准，目的是提供一种统一的数据访问接口访问各种数据源，这里所说的“数据”除了标准的关系型数据库中的数据之外，还包括邮件数据、Web 上的文本或图形、目录服务（Directory Services），以及主机系统中的文件和地理数据和自定义业务对象等。OLE DB 标准的核心内容就是提供一种相同的访问接口，使得数据的使用者（应用程序）可以使用同样的方法访问各种数据，而不用考虑数据的具体存储地点、格式或类型，其结构图如图 11.6 所示。

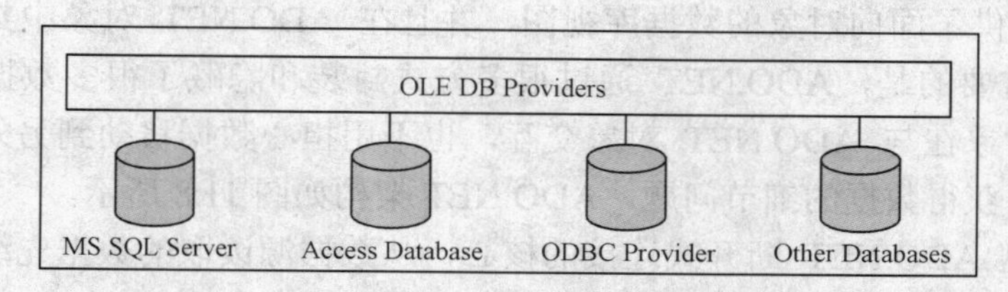

图 11.6　OLE DB 数据库接口

3．ADO 数据库接口

ADO（ActiveX Data Objects）是微软公司开发的基于 COM 的数据库应用程序接口，通过 ADO 连接数据库，可以灵活地操作数据库中的数据。

图 11.7 展示了应用程序通过 ADO 访问 SQL Server 数据库接口。从图中可看出，使用 ADO 访问 SQL Server 数据库有两种途径：一种是通过 ODBC 驱动程序，另一种是通过 SQL Server 专用的 OLE DB Provider，后者有更高的访问效率。

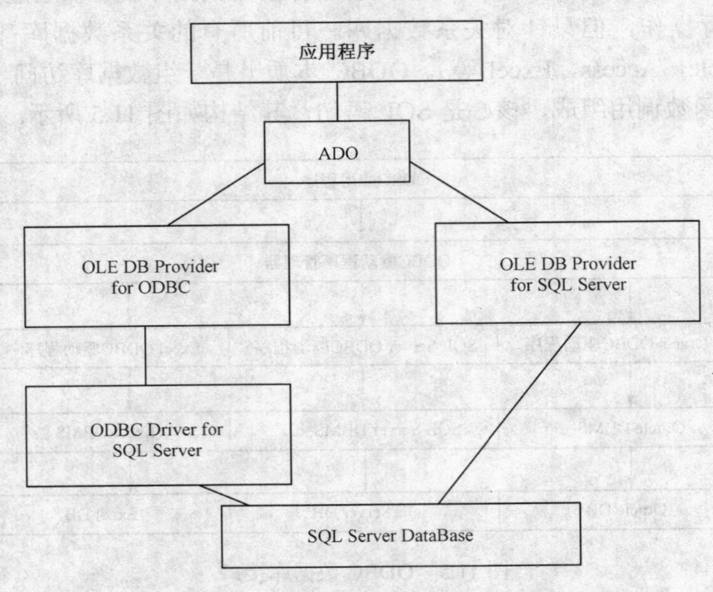

图 11.7 ADO 访问 SQL Server 的接口

4. ADO.NET 数据库接口

ASP.NET 使用 ADO.NET 数据模型。该模型从 ADO 发展而来，但它不只是对 ADO 的改进，而是采用了一种全新的技术。主要表现在以下 3 个方面：

① ADO.NET 不是采用 ActiveX 技术，而是与.NET 框架紧密结合的产物。

② ADO.NET 包含对 XML 标准的完全支持，这对于跨平台交换数据具有重要的意义。

③ ADO.NET 既能在与数据源连接的环境下工作，又能在断开与数据源连接的条件下工作。特别是后者，非常适合于网络应用的需要。因为在网络环境下，保持与数据源连接，不符合网站的要求、效率低，付出的代价高，而且常常会引发由于多个用户同时访问时带来的冲突。因此 ADO.NET 系统集中主要精力用于解决在断开与数据源连接的条件下数据处理的问题。

ADO.NET 提供了面向对象的数据库视图，并且在 ADO.NET 对象中封装了许多数据库属性和关系。最重要的是，ADO.NET 通过很多方式封装和隐藏了很多数据库访问的细节。可以完全不知道对象在与 ADO.NET 对象交互，也不用担心数据移动到另外一个数据库，或者从另一个数据库获得数据的细节问题。ADO.NET 架构如图 11.8 所示。

数据集是实现 ADO.NET 断开式连接的核心，从数据源读取的数据先缓存到数据集中，然后被程序或控件调用。数据源可以是数据库或者 XML 数据。

数据提供器用于建立数据源与数据集之间的联系，它能连接各种类型的数据，并能按要求将数据源中的数据提供给数据集，或者从数据集向数据源返回编辑后的数据。

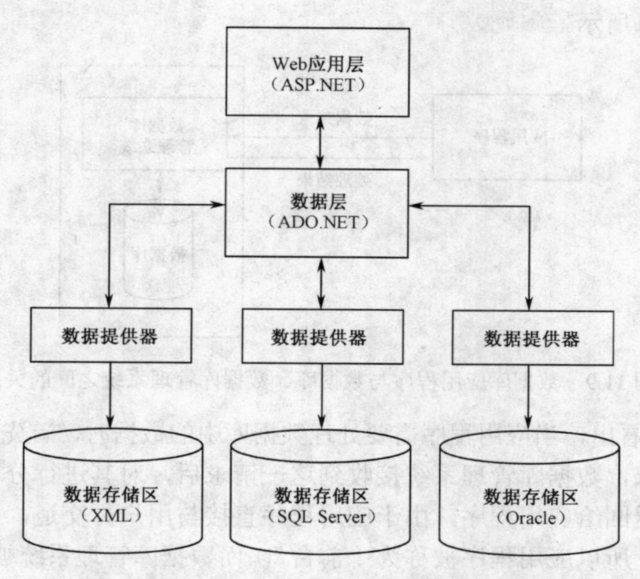

图 11.8　ADO.NET 架构总览

5．JDBC 数据库接口

JDBC（Java Data Base Connectivity）是 Java Soft 公司开发的，一组 Java 语言编写的用于数据库连接和操作的类和接口，可为多种关系数据库提供统一的访问方式。通过 JDBC 完成对数据库的访问包括 4 个主要组件：Java 应用程序、JDBC 驱动管理器、驱动器和数据源。

在 JDBC API 中有两层接口：应用程序层和驱动程序层，前者使开发人员可以通过 SQL 调用数据库和取得结果，后者处理与具体数据库驱动程序的所有通信。

使用 JDBC 接口对数据库操作有如下优点：

① JDBC API 与 ODBC 十分相似，有利于用户理解；

② 使编程人员从复杂的驱动器调用命令和函数中解脱出来，而致力于应用程序功能的实现；

③ JDBC 支持不同的关系数据库，增强了程序的可移植性。

使用 JDBC 的主要缺点：访问数据记录的速度会受到一定影响，此外，由于 JDBC 结构中包含了不同厂家的产品，这给数据源的更改带来了较大麻烦。

6．数据库连接池技术

对于网络环境下的数据库应用，由于用户众多，使用传统的 JDBC 方式进行数据库连接，系统资源开销过大成为制约大型企业级应用效率的瓶颈，采用数据库连接池技术对数据库连接进行管理，可以大大提高系统的效率和稳定性。

11.2.2　客户/服务器（C/S）模式

对于一般的数据库应用系统，除了使用数据库管理系统外，需要设计适合普通人员操作数据库的应用程序。目前，流行的开发数据库应用程序的工具主要包括 Visual BASIC，Visual C++，Visual FoxPro，Delphi，PowerBuilder 等。数据库应用程序与数据库、数据库管理系统之间的关系如图 11.9 所示。

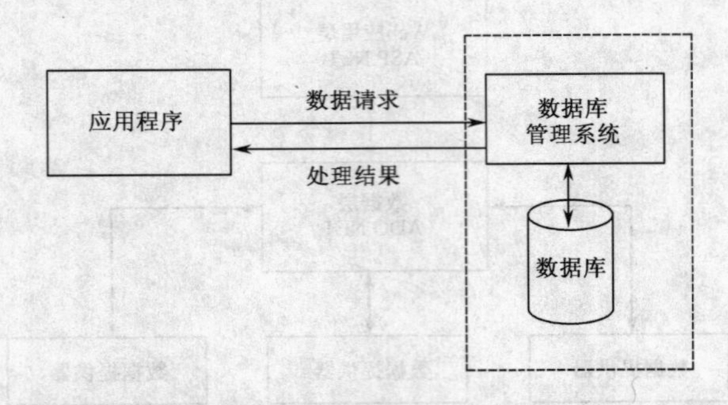

图 11.9　数据库应用程序与数据库、数据库管理系统之间的关系

从图 11.9 中可看出，当应用程序需要处理数据库中的数据时，首先向数据库管理系统发送一个数据处理请求，数据库管理系统接收到这一请求后，对其进行分析，然后执行数据操作，并把操作结果返回给应用程序。由于应用程序直接与用户打交道，而数据库管理系统不直接与用户打交道，所以应用程序被称为“前台”，而数据库管理系统被称为“后台”。由于应用程序是向数据库管理系统提出服务请求，通常称为客户程序（Client），而数据库管理系统为其他应用程序提供服务，通常称为服务器程序（Server），所以又将这种操作数据库模式称为客户/服务器（C/S）模式。

应用程序和数据库管理系统可以运行在同一台计算机上（单机方式），也可以运行在网络方式。在网络方式下，数据库管理系统在网络上的一台主机上运行，应用程序可以在网络上的多台主机上运行即一对多的方式。对于 SQL Server，除了服务器安装数据库管理系统外，还需要在客户端安装数据库客户程序。

11.2.3　浏览器/服务器（B/S）模式

基于 Web 的数据库应用采用浏览器/服务器模式，也称 B/S 结构。第一层为浏览器，第二层为 Web 服务器，第三层为数据库服务器。浏览器是用户输入数据和显示结果的交互接口，用户在浏览器窗体中输入数据，然后将窗体中的数据提交并发送到 Web 服务器，Web 服务器应用程序接受并处理用户的数据，通过数据库服务器，从数据库中查询需要的数据（或把数据录入数据库）送 Web 服务器，Web 服务器把返回的结果插入 HTML 页面，传送到客户端，在浏览器中显示出来，如图 11.10 所示。

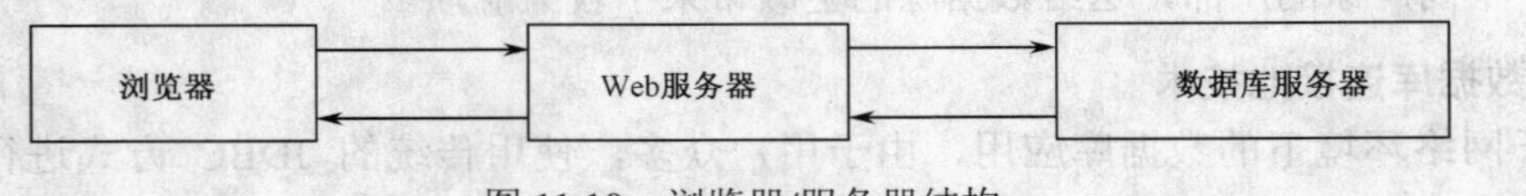

图 11.10　浏览器/服务器结构

11.3　创建应用系统数据库

前面例子使用的学生成绩数据库均使用汉字作为字段名，其目的是为了教程方便阅读和方便教学。但实际应用时，用汉字作为字段名会不太方便，后续内容主要介绍实际应用，因此，将所有的字段名变成代号。

11.3.1 学生成绩数据库表结构

学生成绩数据库 XSCJ 使用的表结构如下。

1．学生信息表（XS）

学生信息表（XS）存放学生的基本信息。 学生的基本信息表结构字段说明见表 11.1。

表 11.1 学生的基本信息表字段说明

字 段 名	XH	XM	XB	ZY	CSSJ	ZXF	BZ	ZP
项目	学号	姓名	性别	专业名	出生时间	总学分	备注	照片

2．课程信息表（KC）

课程信息表（KC）存放课程的基本信息，课程的基本信息表结构字段说明见表 11.2。

表 11.2 课程的基本信息表字段说明

字 段 名	KCH	KCM	LB	XQ	XS	XF
项目	课程号	课程名	类别	开课学期	学时	学分

3．学生课程成绩表（XSKE）

学生课程成绩表（XSKE）存放学生课程的成绩信息，学生课程的成绩表结构字段说明见表 11.3。

表 11.3 学生课程的成绩表字段说明

字 段 名	XH	KCH	CJ	XF
项目	学号	课程号	成绩	学分

11.3.2 学生成绩数据库数据样本

1．学生信息表（表名 XS）数据样本

学号（XH）	姓名（XM）	专业名（ZY）	性别（XB）	出生时间（CSSJ）	总学分（ZXF）	备注（BZ）
081101	王林	计算机	1	1990-02-10	50	NULL
081102	程明	计算机	1	1991-02-01	50	NULL
081103	王燕	计算机	0	1989-10-06	50	NULL
081104	韦严平	计算机	1	1990-08-26	50	NULL
081106	李方方	计算机	1	1990-11-20	50	NULL
081107	李明	计算机	1	1990-05-01	54	提前修完《数据结构》，并获学分
081108	林一帆	计算机	1	1989-08-05	52	已提前修完一门课
081109	张强民	计算机	1	1989-08-11	50	NULL
081110	张蔚	计算机	0	1991-07-22	50	三好生

081111	赵琳	计算机	0	1990-03-18	50	NULL
081113	严红	计算机	0	1989-08-11	48	有一门功课不及格，待补考
081201	王敏	通信工程	1	1989-06-10	42	NULL
081202	王林	通信工程	1	1989-01-29	40	有一门课不及格，待补考
081203	王玉民	通信工程	1	1990-03-26	42	NULL
081204	马琳琳	通信工程	0	1989-02-10	42	NULL
081206	李计	通信工程	1	1989-09-20	42	NULL
081210	李红庆	通信工程	1	1989-05-01	44	已提前修完一门课，并获得学分
081216	孙祥欣	通信工程	1	1989-03-09	42	NULL
081218	孙研	通信工程	1	1990-10-09	42	NULL
081220	吴薇华	通信工程	0	1990-03-18	42	NULL
081221	刘燕敏	通信工程	0	1989-11-12	42	NULL
081241	罗林琳	通信工程	0	1990-01-30	50	转专业学习

2. 课程表（表名 KC）数据样本

课程号（KCH）	课程名（KCM）	开课学期（XQ）	学时（XS）	学分（XF）
101	计算机基础	1	80	5
102	程序设计与语言	2	68	4
206	离散数学	4	68	4
208	数据结构	5	68	4
209	操作系统	6	68	4
210	计算机原理	5	85	5
212	数据库原理	7	68	4
301	计算机网络	7	51	3
302	软件工程	7	51	3

3. 学生与课程表（表名 XS_KC）数据样本

学号（XH）	课程号（KCH）	成绩（CJ）	学号（XH）	课程号（KCH）	成绩（CJ）	学号（XH）	课程号（KCH）	成绩（CJ）
081101	101	80	081107	101	78	081111	206	76
081101	102	78	081107	102	80	081113	101	63
081101	206	76	081107	206	68	081113	102	79

081103	101	62	081108	101	85	081113	206	60
081103	102	70	081108	102	64	081201	101	80
081103	206	81	081108	206	87	081202	101	65
081104	101	90	081109	101	66	081203	101	87
081104	102	84	081109	102	83	081204	101	91
081104	206	65	081109	206	70	081210	101	76
081102	102	78	081110	101	95	081216	101	81
081102	206	78	081110	102	90	081218	101	70
081106	101	65	081110	206	89	081220	101	82
081106	102	71	081111	101	91	081221	101	76
081106	206	80	081111	102	70	081241	101	90

11.4 VB/SQL Server 学生成绩管理系统

VB6.0 提供了包含数据管理器（Data Manager）、数据控制项（Data Control）及 ADO（ActiveX 数据对象）等支持数据库管理和应用程序开发的工具，VB 作为 SQL Server 的前端开发工具，进行数据库应用软件的开发。

11.4.1 连接 SQL Server 数据库

1．通过 ODBC 连接 SQL Server 数据库

数据库管理器是 VB6.0 环境下可视化管理数据库的工具，下面介绍如何通过数据库管理器以 ODBC 方式连接 SQL Server。

（1）创建 ODBC 数据源

首先在“控制面板”的“管理工具”中创建 ODBC 数据源，方法如下。

① 在“控制面板”的“管理工具”中选择“ODBC 数据源”图标双击，出现如图 11.11 所示的接口，在图中单击“添加”按钮，进入如图 11.12 所示的接口。

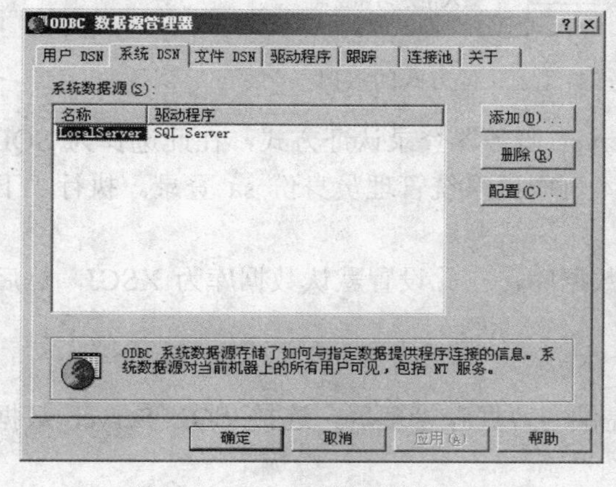

图 11.11 ODBC 数据源接口

图 11.12 安装数据源驱动程序的接口

② 在图 11.12 的接口中，选择安装的驱动程序为“SQL Server”，单击“完成”按钮，出现如图 11.13 所示的接口。

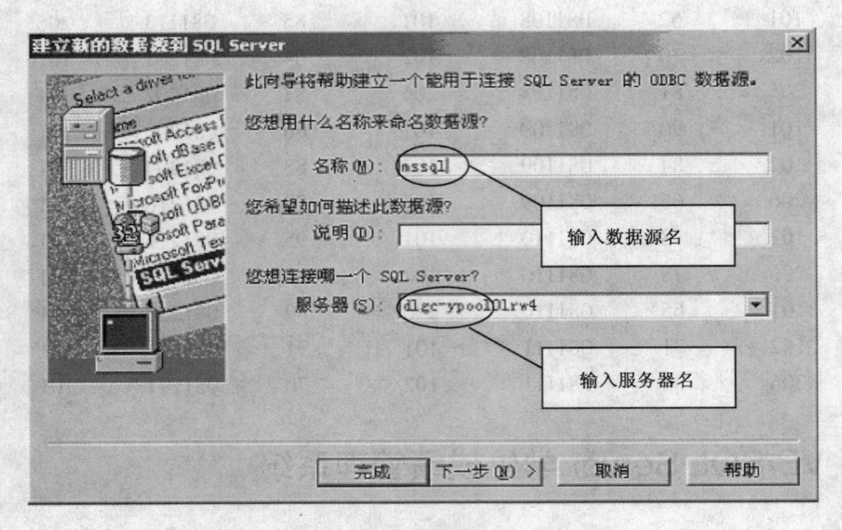

图 11.13　安装数据源驱动程序的接口

③ 在图 11.13 中，单击“下一步”按钮，出现如图 11.14 所示的接口。

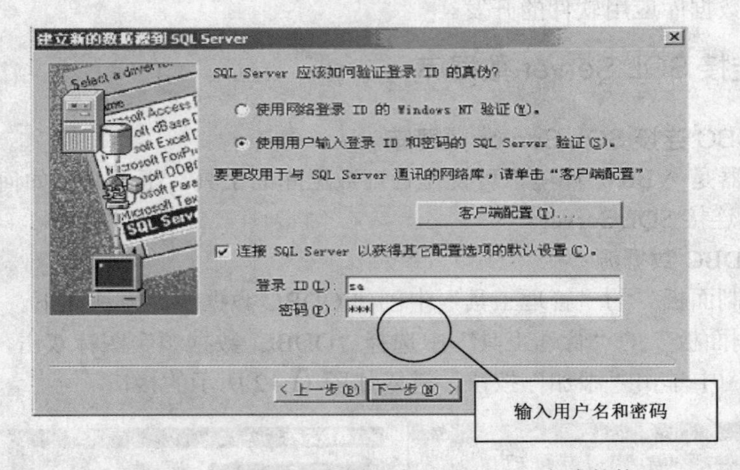

图 11.14　选择 SQL Server 服务器登录认证方式的接口

④ 在图 11.14 所示的接口中，选择 SQL Server 服务器登录认证方式，在此选择为 SQL Server 认证方式，并输入用户登录账号和密码，本例中以系统管理员身份 sa 登录。执行“下一步”，出现如图 11.15 所示的接口。

在如图 11.15 所示的接口中，可更改默认的数据库，在此设置默认数据库为 XSCJ，然后按照提示完成剩余工作。

（2）连接 SQL Server 数据库

创建 ODBC 数据源后，即可通过 VB6.0 提供的数据库管理器，连接 SQL Server 数据库，步骤如下。

① 在 VB 接口中，执行“外接程序”菜单的“可视化数据管理器”命令。

② 在“文件”菜单中执行“新建”可新建数据库，执行“打开”可打开指定的数据库，在此，执行以“ODBC”方式打开 XSCJ 数据库，执行结果如图 11.16 所示。

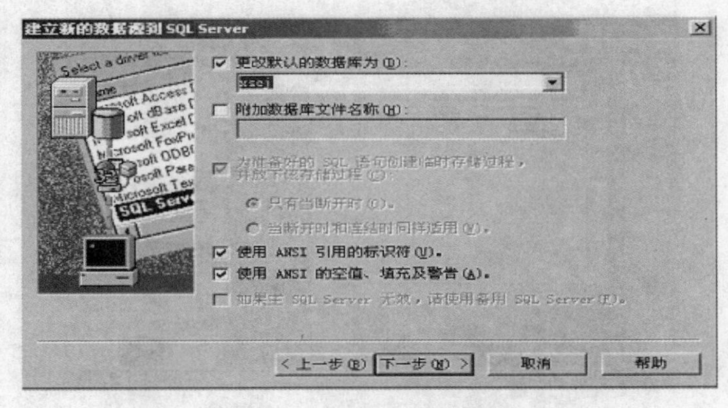

图 11.15　选择默认数据库的接口

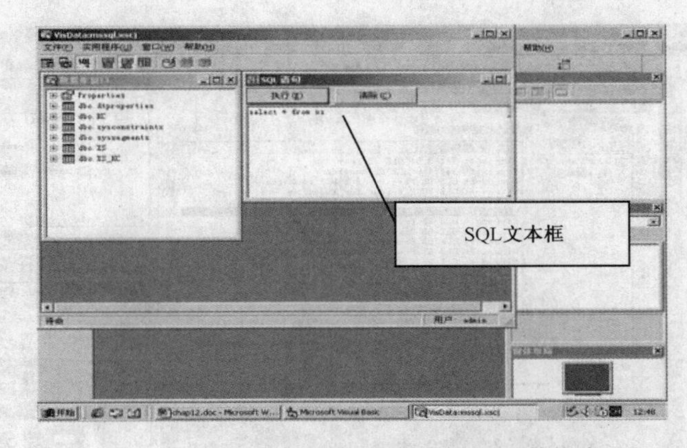

图 11.16　通过数据管理器连接 XSCJ 数据库

在如图 11.6 所示的接口中，可在数据库中创建表、对表中的数据进行查询、插入、删除、修改操作。在 SQL 文本框中，可输入 SQL 语句，并单击“执行”按钮执行。

2．通过 OLE 连接 SQL Server 数据库

数据环境设计器（Data Environment）是用于建立数据库连接和定义命令的图形接口，下面介绍数据环境设计器下通过 OLE 建立与 SQL Server 数据库的连接。

（1）给工程添加数据环境设计器

在 VB 接口的工程菜单中选择“添加 Data Environment”菜单项，出现如图 11.17 所示的接口，在属性窗口可修改默认的数据环境对象名；

（2）通过 OLE 建立与数据库的连接

在图 11.17 的 Connection 对象图标上右击，出现一快捷菜单，选择“属性”菜单项，出现如图 11.18 所示的接口。

在图 11.18 中，对于“提供者”选项卡，选择“Microsoft OLE DB Provider for SQL Server”；对于“连接”选项卡，设置各项连接属性，“在服务器上选择数据库”下拉表中选择指定的数据库。如图 11.19 所示，单击“测试连接”按钮，测试成功，则建立了与数据库的连接。

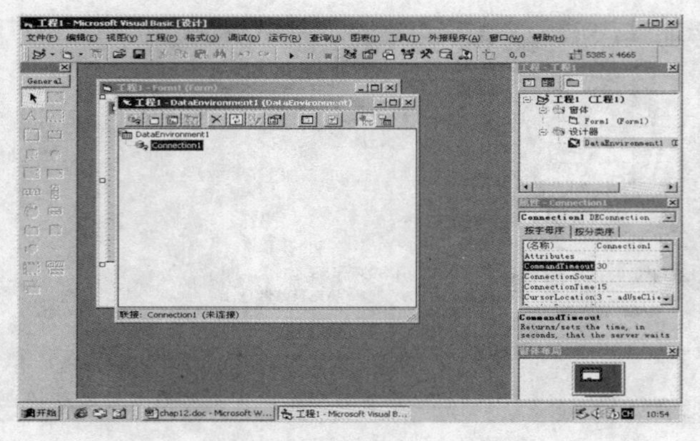

图 11.17　数据环境设计器的接口

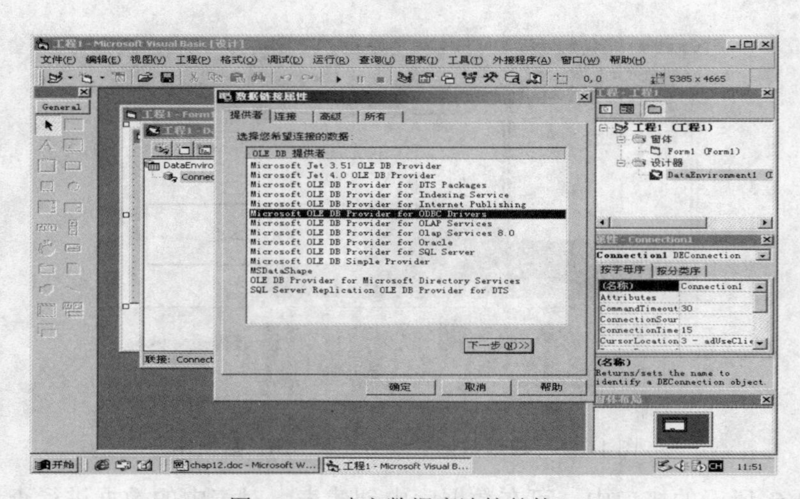

图 11.18　建立数据库连接的接口

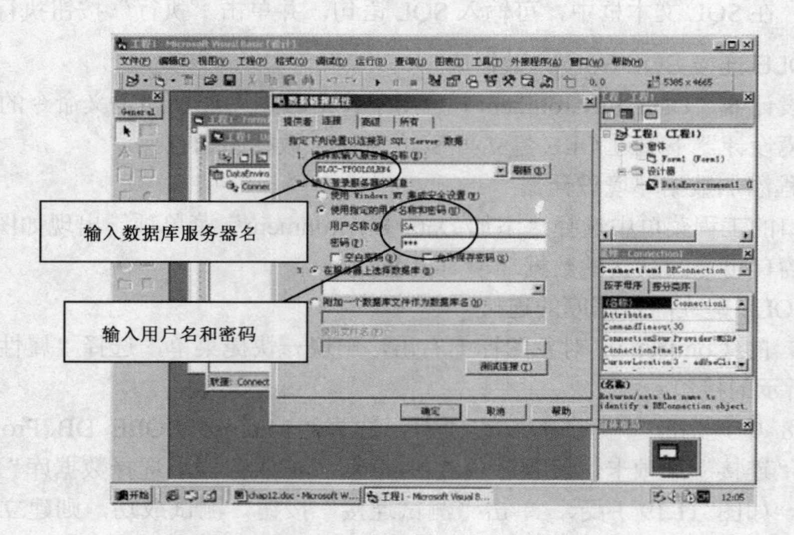

图 11.19　设置数据库连接属性的接口

3. ADO Data 和 ADODB 连接 SQL Server 数据库

（1）用可视 ADODC 控件连接数据库

① 在 VB 选“工程”菜单→“部件”菜单项，系统打开“部件”对话框，如图 11.20 所示。

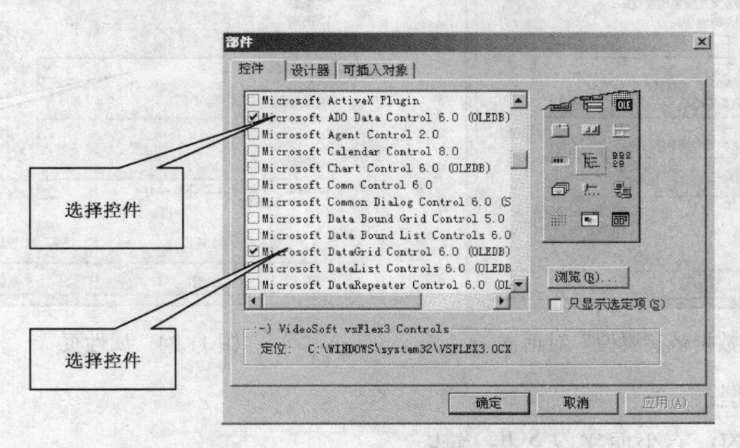

图 11.20 “部件”对话框

选择两个 ADO 控件，他们是“Microsoft ADO Data Control 6.0”和“Microsoft DataGrid Control 6.0”。最后单击“确定”按钮，此后 VB6.0 工具栏中就增加了上述两个控件的图标。前者用于连接数据库，后者用于以表格形式显示数据库表的内容。

② 在 VB 窗体中加入“Microsoft ADO Data Control 6.0”控件（简称 ADODC），命名合适的名称，如 StuADO。

③ 设置控件 ADODC 的 ConnectionString 属性。选择该属性，如图 11.21 所示。

单击“…”，系统打开对话框，如图 11.22 所示。单击“生成…”，系统显示“数据链接属性”对话框，如图 11.23 所示。

选择“连接”选项卡，进行设置。最后单击“确定”按钮。

④ 设置 ADODC 的 RecordSource 属性。打开“属性页”，如图 11.24 所示。

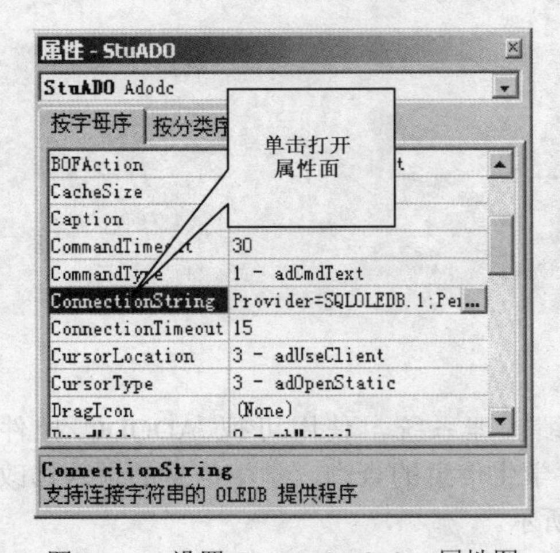

图 11.21 设置 ConnectionString 属性图

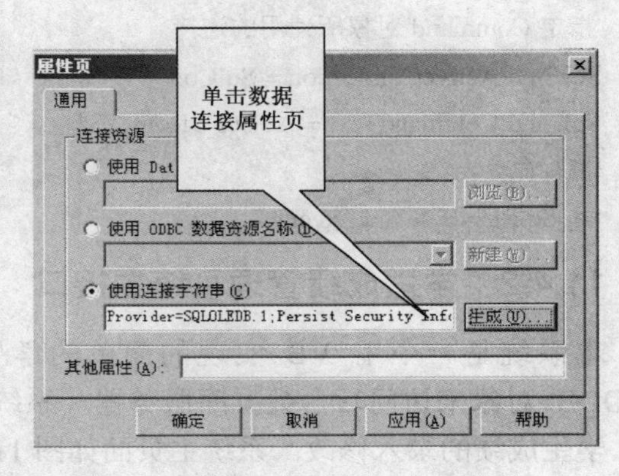

图 11.22 生成连接字符串

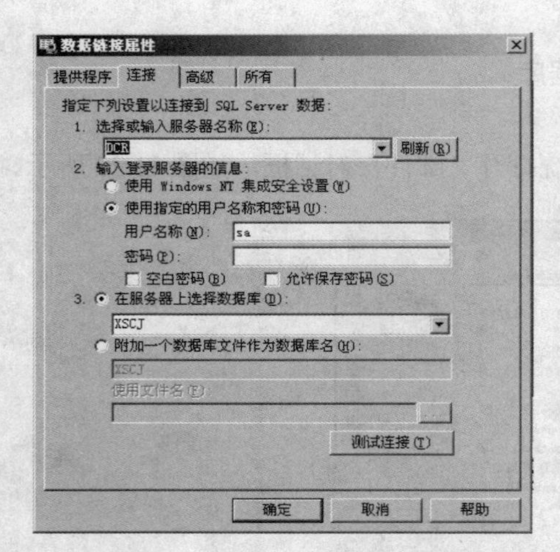

图 11.23 “数据链接属性”对话框

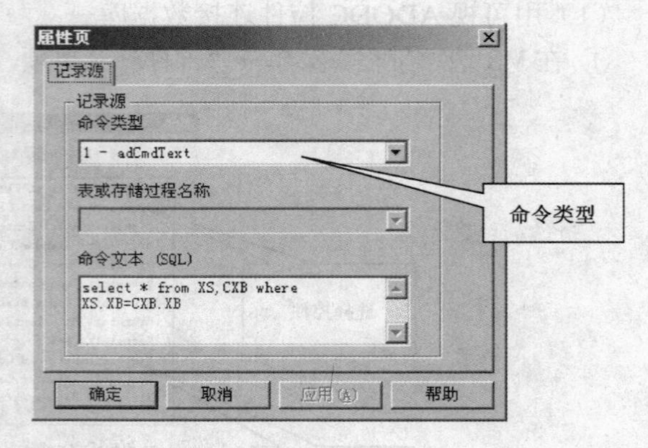

图 11.24 属性页

选择命令类型：

1 - adCmdText：表示命令为 SQL 语句。

2 - adCmdTable：表示命令为一个表名。

4 - adCmdStoredProc：表示命令是一个存储过程名。

8 - adCmdUnknown：表示不确定命令类型。

如果命令类型为表名或存储过程名，则选择对应的名称，否则在命令文本中写入 SQL 语句。最后单击“确定”按钮。数据源控件连接数据库完成。此时可以直接访问它，或者可以充当数据表格控件的数据源使用。

（2）ADODB.CONNECTION 对象连接数据库

① 创建 ADODB.CONNECTION 对象：

```
Private SqlCon As New ADODB.Connection
SqlCon.Provider = "SQLOLEDB"
SqlCon.Open "Server=microsof-cee903\dcr;DataBase=XSCJ;UID=wmx;PWD=1234;"
```

② 用 ADODB.CONNECTION 对象：

```
Private SqlCmd As New ADODB.Command
'指定 Command 对象所使用的连接
SqlCmd.ActiveConnection = SqlCon
SqlCmd.CommandText = "select * from XS"
'执行命令
Set SqlRes=SqlCmd.Execute
```

11.4.2 学生成绩管理系统主接口

本系统是一个用 VB 实现的简单的学生成绩管理系统，使用可视 ADODC 控件和 ADODB 对象来访问后台数据库服务器，系统包含学生信息的查询、学生信息的录入修改删除、学生成绩的录入修改。系统主页面如图 11.25 所示。

主要功能：主接口，导航作用，单击可进入操作窗口。

创建过程：

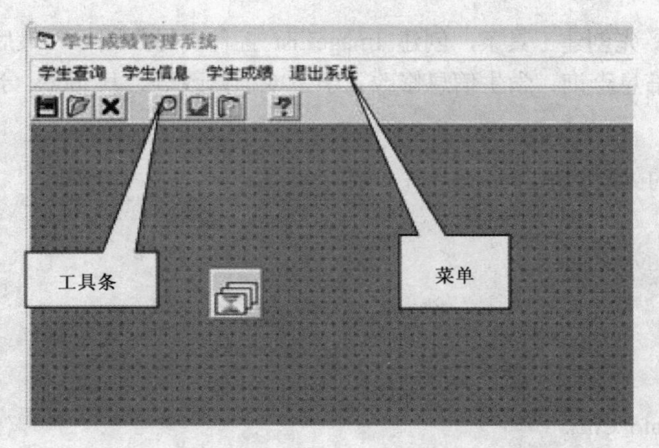

图 11.25　系统主接口

1．创建菜单

创建菜单如图 11.26 所示。

图 11.26　创建菜单

菜单分别起名为：学生信息查询（msStuSearch）、学生信息修改（msStuInfo）、学生成绩修改（msStuScore）、退出系统（msQuitSys）。

2．创建工具条

创建工具条如图 11.27 所示。

图 11.27　创建工具条

创建工具条包括：先创建工具条，创建 ImageList 控件，导入图标，最后与菜单关联。功能包括：退出系统、学生信息查询、学生信息修改、学生成绩修改等。其 index 分别为 3，6，7，8。

3. 主要代码

- 菜单 Click 的处理过程

```
退出系统菜单
Private Sub msQuitSys_Click（）
    End
End Sub
'学生信息修改菜单
Private Sub msStuInfo_Click（）
    AddStu.Show
End Sub
'学生成绩录入菜单
Private Sub msStuScore_Click（）
    AddStuScore.Show
End Sub
'学生信息查询菜单
Private Sub msStuSearch_Click（）
    StuSearch.Show
End Sub
```

- 工具条 Click 的处理

单击工具条的图标，分别对应调用菜单中的处理过程。

```
Private Sub Toolbar1_ButtonClick（ByVal Button As MSComctlLib.Button）
    '学生信息查询图标
    If Button.Index = 6 Then
        msStuSearch_Click
    End If
    '学生信息修改图标
    If Button.Index = 7 Then
        msStuInfo_Click
    End If
    '学生成绩修改图标
    If Button.Index = 8 Then
        msStuScore_Click
    End If
    '退出系统图标
    If Button.Index = 3 Then
        msQuitSys_Click
    End If
End Sub
```

11.4.3 学生信息查询

目的与要求：了解使用控件如何显示数据库中的数据，同时了解查询的基本方法。

程序接口：程序接口如图 11.28 所示。

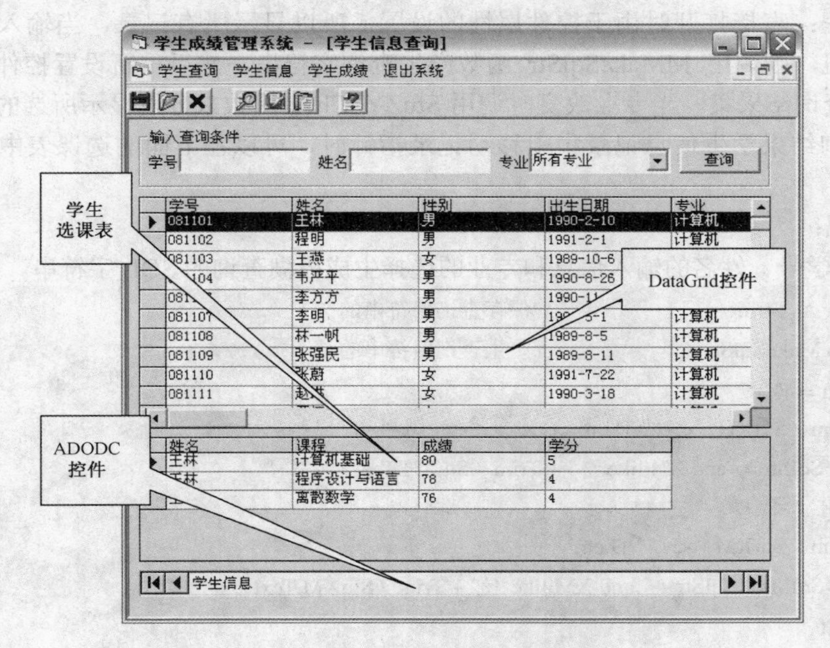

图 11.28 程序接口

主要功能：可以满足简单查询的需要，什么条件也不输则分页显示所有记录，可以输入条件进行简单的模糊查询，各条件之间为与的关系，在查询的结果中移动记录指针可以查看这个学生的具体选课信息。

创建过程：

① 在窗体上放入学生信息查询的 ADODC 和学生选课信息的 ADODC、创建两个学生信息显示的 DataGrid 和学生选课信息显示的 DataGrid，并分别起名为 StuADO，StuKCADO，StuDG，StuKCDG。放入学号 Edit、姓名 Edit 和专业下拉列表框。为了美观，StuKCADO 隐藏在 StuKCDG 后面。

② 设置 StuADO 的 ConnectionString 属性为：

Provider=SQLOLEDB.1;Integrated Security=SSPI;Persist Security Info=False;
User ID=sa;Initial Catalog=XSCJ;Data Source=microsof-cee903\dcr

③ 设置 StuADO 的 RecordSource 属性为：

select * from XS， CXB where XS.XB=CXB.XB

④ 设置 StuDG 的 DataSource 属性为 StuADO。

⑤ 设置 StuKCADO 的 ConnectionString 属性为：

Provider=SQLOLEDB.1;Integrated Security=SSPI;Persist Security Info=False;
User ID=sa;Initial Catalog=XSCJ;Data Source=microsof-cee903\dcr

⑥ 设置 StuKCADO 的 RecordSource 属性为：

select * from XS，KC，XS_KC
    where XS.XH=XS_KC.XH and KC.KCH=XS_KC.KCH

⑦ 设置 StuKCDG 的 DataSource 属性为 StuKCADO。

实现过程：直接打开时由于控件属性的设置，所以显示所有记录，当输入查询条件时单击查询按钮，则调用 MMakeSqlStr 函数产生查询字符串，然后重新设置控件的属性，打开控件显示查询结果集。当专业改变时调用 StuZY_Click 函数来分别显示所选的专业学生记录，当在查询结果学生信息记录集中移动记录指针时，可以在下面的选课表中看到学生选课的信息。

主要代码：

- 根据学号、姓名的输入信息和专业的选择生成模糊查询的 SQL 字符串。

```
Dim SqlStr As String                    '保存查询字符串的
Public Sub MakeSqlStr（）               '产生查询字符串的
    SqlStr = ""
    If Trim（StuXH）<> "" Then
        SqlStr = "and XH like '%" + Trim（StuXH.Text）+ "%'"
    End If
    If Trim（StuXM）<> "" Then
        SqlStr = SqlStr + " and XM like '%" + Trim（StuXM.Text）+ "%'"
    End If
    If Trim（StuZY）<> "所有专业" Then
        SqlStr = SqlStr + " and ZY = '" + Trim（StuZY.Text）+ "'"
    End If
End Sub
```

- “专业”列表 Click 事件处理。

显示选择当前专业，并且符合学号、姓名查询条件的学生的信息。

```
Private Sub StuZY_Click（）
    '当专业改变时重新从数据库中提取数据
    MakeSqlStr
    StuADO.RecordSource = "select * from XS，CXB where XS.XB=CXB.XB " _
        & SqlStr + " and ZY = '" + Trim（StuZY.Text）+ "'"
    StuADO.Refresh
End Sub
```

- “查询”Click 事件处理。

用生成的模糊查询的 SQL 字符串，来刷新 StuADO，并显示到关联的 DataGrid 中。

```
Private Sub StuSch_Click（）
'单击查询按钮从数据库中提取数据
MakeSqlStr
StuADO.RecordSource = "select * from XS，CXB where XS.XB=CXB.XB " _
& SqlStr
```

```
StuADO.Refresh
End Sub
```

● 学生信息显示的 DataGrid 的 Click 事件处理。

以当前学生信息的学号作为查询条件，从 XS_KC 表中查找当前学生的选课记录，并显示到学生课程显示的 StuKCDG 中。

```
Private Sub StuDG_Click（）
    '单击 DataGrid 中学生记录，在下面显示学生课程成绩
    StuKCADO.RecordSource = "select * from XS，KC，XS_KC" _
        & " Where XS.XH = XS_KC.XH And KC.KCH = XS_KC.KCH" _
        & " and XS.XH='" + StuADO.Recordset（"XH"）+ "'"
    StuKCADO.Refresh
End Sub
```

注意：为了方便控件显示学生性别，这里建立了一个表 CXB（XB bit，XBM varchar（4））存放数据 1，男；0，女，这样把要显示的表与其连接便可以显示中文的性别，如有类似情况可参照此方法。

11.4.4 学生信息修改

目的要求：了解对数据库操作的基本方法（增、删、改）。

程序接口：程序接口如图 11.29 所示。

图 11.29 程序接口

主要功能：用户可以单击下面的表格，用户资料便反映到上面的控件中去，这时可以修改控件中的信息，单击更新实现修改。如输入一个新的学号，单击更新按钮实现记录的添加，当选中当前记录，单击删除按钮时，则可以删除此学生记录，双击照片可以选择学生照片，用于更新学生照片信息。

创建过程：

① 在窗体上放入 ADODC，DataGrid 并起名为 StuADO，StuDG。

② 设置 StuADO 的 ConnectionString 属性为：

Provider=SQLOLEDB.1;Integrated Security=SSPI;Persist Security Info=False;User ID=sa;Initial Catalog=XSCJ;Data Source=microsof-cee903\dcr

③ 设置 StuADO 的 RecordSource 属性为：

select * from XS，CXB where XS.XB=CXB.XB

④ 设置 StuDG 的 DataSource 属性为 StuADO。

⑤ 在窗体上放入 Image 控件并起名为 StuPic，用来显示学生照片，选择 Image 控件的 DataSource 属性为 StuADO，设置 DataField 属性为 ZP，这就完成了 Image 控件和数据库的绑定，记录集移动时 Image 里面会显示当前学生的照片。

⑥ 在窗体上放入如图 11.29 所示的所需控件。

实现过程：当单击 DataGrid 中的记录时记录集游标也跟着移动，在 StuADO_MoveComplete 事件中取出本条记录显示在上面的控件中，可以在控件中修改学生信息，双击选择学生照片，按更新调用 StuUpd_Click 更新到数据库中，当输入新的学生记录时按更新调用 StuUpd_Click 添加到数据库中，也可以按删除调用 StuDel_Click 函数删除此记录，系统会调用 CheckXs 触发器来保持数据的参照完整性。

1．SQL Server 数据库中定义的触发器

为了保证数据的参照完整性，在删除学生时要检查成绩表中此学生的记录，有就删除。此过程放在触发器中完成。

```
CREATE TRIGGER [CheckXs] ON [dbo].[XS]
FOR DELETE
AS
    delete from XS_KC
        where XH in（ select  XH  from deleted）
```

2．VB 主要代码

- General 中定义的全局变量

```
Private FileName As String
Private SqlCon As New ADODB.Connection
Private SqlRes As New ADODB.Recordset
Private SqlCmd As New ADODB.Command
```

- Form 加载时打开数据库连接

```
Private Sub Form_Load（）
    SqlCon.Provider = "SQLOLEDB"
    SqlCon.Open  "Server=microsof-cee903\dcr;DataBase=XSCJ;UID=wmx;PWD=1234;"
End Sub
```

- Form 卸载时关闭数据库连接

```
Private Sub Form_Unload（Cancel As Integer）
    SqlCon.Close
End Sub
```

● 学生信息记录集记录指针移动完成事件代码

当单击 StuADO 控件记录移动图标时产生，在这个过程中取出当前记录中的学生信息，更新到学号、姓名等显示控件中去，实现显示和 StuADO 控件记录移动连动。

```
    Private Sub StuADO_MoveComplete（ByVal adReason As ADODB.EventReasonEnum，ByVal pError As ADODB.Error，adStatus As ADODB.EventStatusEnum，ByVal pRecordset As ADODB.Recordset）
    If Not pRecordset.EOF And Not pRecordset.BOF Then
        StuXH.Text = pRecordset（"XH"）
        StuXM.Text = pRecordset（"XM"）
        StuCSSJ.Text = pRecordset（"CSSJ"）
        StuZY.Text = pRecordset（"ZY"）
        StuZXF.Text = pRecordset（"ZXF"）
        StuBZ.Text = CStr（pRecordset（"BZ"）& ""）
        If pRecordset（"XB"）= 0 Then
            StuXBF.Value = True
        Else
            StuXBM.Value = True
        End If
    End If
End Sub
```

● “删除”Click 事件处理代码

从 StuADO 记录集中取出当前记录的学号，然后通过 commad 对象执行 delete 语句来删除当前的学生记录，delete 语句的调用会引起 CheckXs 触发器的动作。

```
Private Sub StuDel_Click（Index As Integer）
    Ret = MsgBox（"是否要删除" + StuADO.Recordset（"XH"）+
    "号学生的记录！"，vbYesNo，"提示"）
    If Ret = vbYes Then
        SqlCmd.ActiveConnection = SqlCon
        SqlCmd.CommandText =
         "delete from XS where XH='" + StuADO.Recordset（"XH"）+ "'"
        SqlCmd.Execute
        StuADO.RecordSource = "select * from XS，CXB where XS.XB=CXB.XB"
        StuADO.Refresh
    End If
End Sub
```

● “照片”Double Click 事件的处理代码

打开对话框，给用户选择照片，并显示在 StuPic 控件中，同时记录下选择的文件名和路径到全局 FileName 变量中，给后面的更新学生信息使用。

```
Private Sub StuPic_DblClick（）
    '显示打开文件的公用对话框，选择需要加入数据库的图片
    CDlg.Filter = "位图（*.bmp）|*.bmp|图像（*.jpg）|*.jpg"
```

```
    CDlg.ShowOpen
    FileName = CDlg.FileName
    StuPic.Picture = LoadPicture（FileName）'预览图片
End Sub
```

● 读取照片数据的函数代码

根据输入的照片的文件名，打开文件读入照片数据到数组中，然后通过 AppendChunk 函数把照片数据写入到 Field 对象中去。

```
Private Sub PicSaveToDB（ByRef Fld As ADODB.Field，DiskFile As String）
    '保存到图片到 ADODB.Field 对象中去
    Const BLOCKSIZE = 4096
    Dim byteData（）As Byte                              '定义数据块数组
    Dim NumBlocks As Long                                '定义数据块个数
    Dim FileLength As Long                               '标识文件长度
    Dim LeftOver As Long                                 '定义剩余位组长度
    Dim SourceFile As Long                               '定义自由文件号
    Dim i As Long                                        '定义循环变量
    SourceFile = FreeFile                                '提供一个尚未使用的文件号
    Open DiskFile For Binary Access Read As SourceFile   '打开文件
    FileLength = LOF（SourceFile）                        '得到文件长度
    If FileLength = 0 Then                               '判断文件是否存在
        Close SourceFile
        MsgBox DiskFile &                                "无内容或不存在!"
    Else
        NumBlocks = FileLength \ BLOCKSIZE               '得到数据块的个数
        LeftOver = FileLength Mod BLOCKSIZE              '得到剩余字节数
        Fld.Value = Null
        ReDim byteData（BLOCKSIZE）                          '重新定义数据块的大小
        For i = 1 To NumBlocks
            Get SourceFile，，byteData（）                  '读到内存块中
            Fld.AppendChunk byteData（）                    '写入 FLD
        Next i
        ReDim byteData（LeftOver）                        '重新定义数据块的大小
        Get SourceFile，，byteData（）                      '读到内存块中
        Fld.AppendChunk byteData（）                        '写入 FLD
        Close SourceFile                                 '关闭源文件
    End If
End Sub
```

● “更新”Click 事件处理代码

先查询当前学号的学生信息，有当前学生的信息则修改相应的记录字段，调用 PicSaveToDB 保存选择的照片到记录集中的“ZP”字段，更新记录集到数据库中去。没有则

通过 AddNew 新增一条记录，然后修改相应的记录字段，并更新记录集到数据库中去，这里在调用 PicSaveToDB 前先要判断 FileName 中是否选择了照片，有才保存到数据库中去。

```
Private Sub StuUpd_Click（Index As Integer）
    '看是否有此学生记录，有就修改，无则添加
    Dim SqlStr As String
    Dim byteData（）As Byte
    Dim ADOFld As ADODB.Field

    SqlStr = "select * from XS where XH='" + Trim（StuXH.Text）+ "'"
    SqlRes.Open SqlStr，SqlCon，adOpenDynamic，adLockPessimistic
    If Not SqlRes.EOF Then
        '修改
        SqlRes（"XM"）= StuXM.Text
        If StuXBM.Value = True Then
            SqlRes（"XB"）= 1
        Else
            SqlRes（"XB"）= 0
        End If
        SqlRes（"ZY"）= StuZY.Text
        SqlRes（"CSSJ"）= CDate（StuCSSJ.Text）
        SqlRes（"ZXF"）= CInt（StuZXF.Text）
        SqlRes（"BZ"）= StuBZ.Text
        '保存图片到 ADODB.Field 对象中
        Set ADOFld = SqlRes（"ZP"）
        If FileName <> "" Then
            Call PicSaveToDB（ADOFld，FileName）
        End If
        SqlRes.Update
        Else
            '添加
        SqlRes.AddNew
        SqlRes（"XH"）= StuXH.Text
        SqlRes（"XM"）= StuXM.Text
        If StuXBM.Value = True Then
            SqlRes（"XB"）= 1
  Else
            SqlRes（"XB"）= 0
        End If
        SqlRes（"ZY"）= StuZY.Text
        SqlRes（"CSSJ"）= CDate（StuCSSJ.Text）
```

```
        If Trim（StuZXF.Text）<> "" Then
            SqlRes（"ZXF"）= CInt（StuZXF.Text）
        End If
        SqlRes（"BZ"）= StuBZ.Text
        '保存图片到 ADODB.Field 对象中
        Set ADOFld = SqlRes（"ZP"）
        If FileName <> "" Then
            Call PicSaveToDB（ADOFld，FileName）
        End If
        SqlRes.Update
    End If
    FileName = ""
    SqlRes.Close
    StuADO.RecordSource = "select * from XS，CXB where XS.XB=CXB.XB"
    StuADO.Refresh
End Sub
```

11.4.5　学生成绩的录入

目的要求：了解 VB 中调用 SQL Server 存储过程的基本方法，Parameter 参数对象的使用，视图的使用，触发器的使用。

程序接口：程序接口如图 11.30 所示。

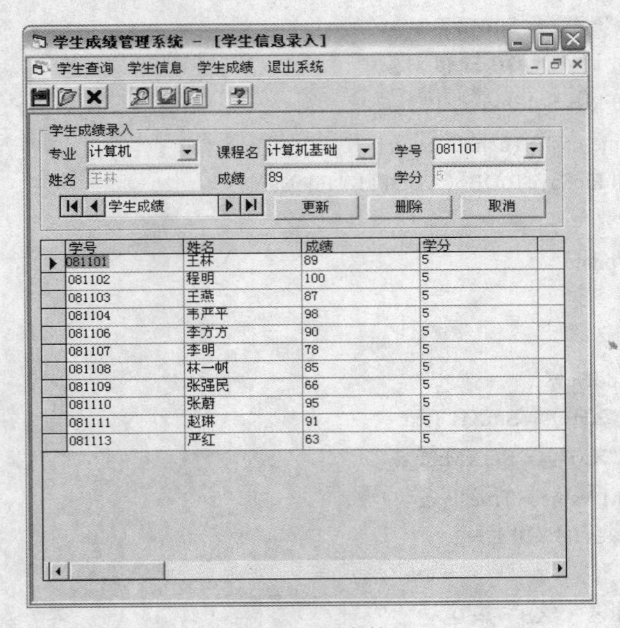

图 11.30　程序接口

主要功能：用户可以选择专业，这时会列出本专业所有的学生学号，选择课程，这时下面的 DataGrid 中会显示相应课程的学生的成绩和学分，可以在 DataGrid 中输入学生成绩，修改单个学生成绩，学分不允许修改，输入成绩，触发器会自动添加相应的学分。

创建过程：

① 参照上面学生信息修改窗口，姓名和学分 Enable = FALSE。

② 置 StuADO 的 RecordSource 属性为：

select * from XS_KC_CJ，XS_KC_CJ 为视图名称

③ DataGrid 窗口属性中 AllowUpdate=Enable，这样 DataGrid 修改才允许更新到视图中去，从而更新到数据库相应的表中。添加 4 列，分别选择 DataField 为 XH，XM，CJ，XF，如图 11.31、图 11.32 所示。

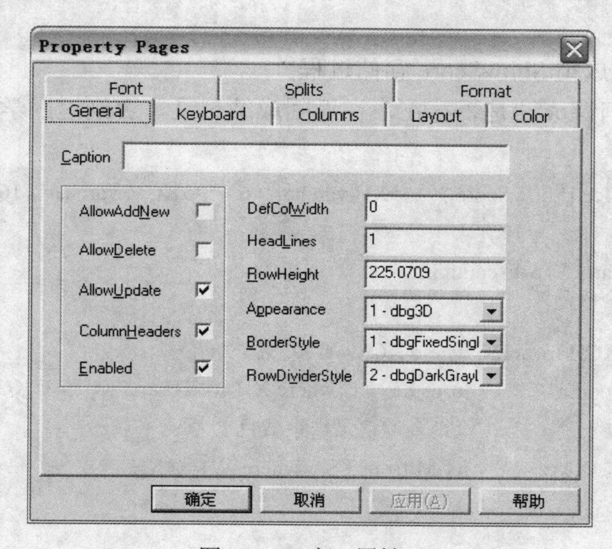

图 11.31　窗口属性 1

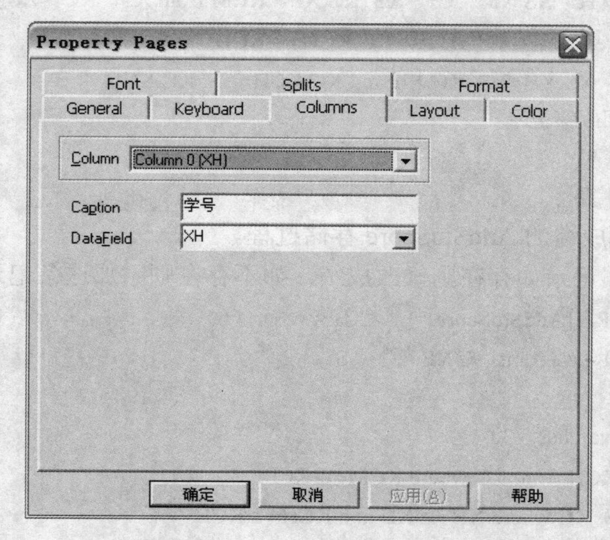

图 11.32　窗口属性 2

实现过程：在 Form_Load 事件中编写专业、课程列表项的添加，各专业通过调用 GetStuZY 存储过程来得到，同时检索视图中这个专业、选择这门课程的学生，显示在下面的 DataGrid 中，输入成绩，触发器会自动添入学分，可以选择学号，添加一个学生的某门课程的成绩和选课到学生选课表中，删除 XS_KC 表中此学生此门课程的成绩记录。

主要代码：

（1）SQL Server 中定义的存储过程

● 创建 GetStuZY 的存储过程，从学生表中查询专业信息：

```
CREATE PROCEDURE  GetStuZY
AS
    select DISTINCT ZY from XS    '加 DISTINCT，以返回不重复的专业
GO
```

● 创建显示学生成绩 ShowScore 存储过程。

查看此学生的这门课成绩是否存在，在返回成绩记录，否则返回学号、姓名、专业、课程名信息。

```
CREATE PROCEDURE [ShowScore] （@XH varchar（6），@KCM varchar（16））
AS
declare @KCH varchar（3），@count int
begin
    select @KCH=KCH from KC where KCM=@KCM
    select @count =count（ *）  from XS_KC where XH=@XH and KCH=@KCH
    if @count=0                    '检查查询记录结果数目
        select XH，XM  ZY  KCM from XS   where XH=@XH
        '返回学生记录
    else
        select XS.XH，XS.XM，CJ，XS_KC.XF，KCM from XS，KC，XS_KC
            where XS. XH=@XH and KC.KCH=@KCH
            and   XS.XH=XS_KC.XH and KC.KCH=XS_KC.KCH
            '返回成绩记录
end
GO
```

● 创建插入学生成绩的 AddStuScore 存储过程。

学生此门课程成绩记录如存在则修改成绩，如不存在则添加这条记录。

```
CREATE PROCEDURE [AddStuScore] （@XH varchar（6），
@KCM varchar（16），@CJ int，@XF int）AS
begin
    declare @KCH varchar（3）
    select @KCH=KCH from KC where KCM=@KCM
    select * from XS_KC where XH=@XH and KCH=@KCH
    if @@RowCount =1
        update XS_KC set CJ=@CJ，XF=@XF where XH=@XH and KCH=@KCH
```

```
        else
                insert into XS_KC values（@XH，@KCH，@CJ，@XF）
end
GO
```

- 创建 XS_KC_CJ 视图。

用来在 DataGrid 中显示学生、课程、成绩的信息。

```
CREATE VIEW [dbo].[XS_KC_CJ]
AS
SELECT dbo.XS_KC.XH，dbo.KC.KCM，dbo.XS_KC.CJ，
          dbo.XS_KC.XF，dbo.XS.XM，dbo.XS.ZY
     FROM    dbo.KC INNER JOIN
          dbo.XS_KC ON dbo.KC.KCH = dbo.XS_KC.KCH INNER JOIN
          dbo.XS ON dbo.XS_KC.XH = dbo.XS.XH
GO
```

- 创建 XS_KC 的 INSERT，UPDATE 触发器。

当添加和修改成绩后，根据当前的成绩自动为该学生该课程增加学分，当成绩小于 60 分时，学分为 0；当大于等于 60 分时，从该门课程表中取出当前课程的学分来更新当前学生在 XS_KC 表中这门课程的学分。

```
CREATE TRIGGER CHECKXF
   ON    XS_KC
   INSERT，UPDATE
AS
BEGIN
     SET NOCOUNT ON;
     update XS_KC set XF = 0 where CJ < 60
     update XS_KC set XF =  （select XF from KC where KCH = XS_KC.KCH）
     where CJ >= 60
END
GO
```

（2）VB 中的主要代码

- General 中定义的全局变量。

```
Private SqlCon As New ADODB.Connection
Private SqlRes As ADODB.Recordset
Private SqlCmd As New ADODB.Command
```

- Form 加载时打开数据库连接，并且通过执行 select 语句从数据库中提取课程名添加到课程下拉列表中，执行 GetStuZy 存储过程，把返回的专业添加到专业下拉列表中，在 DataGrid 中显示当前专业，当前课程的学生、成绩信息，方便修改。

```
Private Sub Form_Load（）
     SqlCon.Provider = "SQLOLEDB"
     SqlCon.Open    "Server=microsof-cee903\dcr;DataBase=XSCJ;UID=wmx;PWD=1234;"
```

```
    SqlCmd.ActiveConnection = SqlCon
    '添加课程
    SqlCmd.CommandText = "Select * from KC"
    SqlCmd.CommandType = adCmdText
    Set SqlRes = SqlCmd.Execute
     StuKCM.Text = SqlRes（"KCM"）
    While Not SqlRes.EOF
        StuKCM.AddItem （Trim（SqlRes（"KCM"）））
        SqlRes.MoveNext
    Wend
    '添加专业
    SqlCmd.CommandText = "GetStuZy"
    SqlCmd.CommandType = adCmdStoredProc
    Set SqlRes = SqlCmd.Execute
     StuZY.Text = SqlRes（"ZY"）
    While Not SqlRes.EOF
        StuZY.AddItem （SqlRes（"ZY"））
        SqlRes.MoveNext
    Wend
    StuZY_Click
    StuXH_Click
     StuADO.RecordSource = "select XH，XM，KCM，CJ，XH，ZY，XF
              from XS_KC_CJ where KCM = '" + Trim（StuKCM.Text）+ "'
              and ZY = '" + Trim（StuZY.Text）+ "'"
     StuADO.Refresh
End Sub
```

● Form 卸载时关闭数据库连接。

```
Private Sub Form_Unload（Cancel As Integer）
    SqlRes.Close
    SqlCon.Close
End Sub
```

● StuADO 移动记录完成的时候，在学号、姓名、成绩、学分等显示控件中显示当前学生的当前课程的成绩信息。

```
Private Sub StuADO_MoveComplete（ByVal adReason As
     ADODB.EventReasonEnum，ByVal pError As ADODB.Error，adStatus As
     ADODB.EventStatusEnum，ByVal pRecordset As ADODB.Recordset）
     If Not pRecordset.EOF And Not pRecordset.BOF Then
          StuXH.Text = pRecordset（"XH"）
          StuXM.Text = pRecordset（"XM"）
          StuCJ.Text = pRecordset（"CJ"）
```

```
        StuXF.Text = CStr（pRecordset（"XF"）& ""）
    End If
End Sub
```

- “删除”Click 事件处理，调用 Command 执行 delete 删除当前学号，当前课程名的成绩记录。

```
Private Sub StuDel_Click（）
    Ret = MsgBox（"是否要删除" + StuXH.Text + "号学生的" +
        Trim（StuKCM.Text）+ "课的成绩记录！"，vbYesNo，"提示"）
    If Ret = vbYes Then
        SqlCmd.ActiveConnection = SqlCon
        SqlCmd.CommandText = "delete from XS_KC
            where XH='" + StuXH.Text + "' and
            KCH in （select KCH from KC where KCM='" + StuKCM.Text + "'）"
        SqlCmd.CommandType = adCmdText
        SqlCmd.Execute
        StuADO.RecordSource = "select XH，XM，KCM，CJ，XH，ZY，XF
            from XS_KC_CJ where KCM = '" + Trim（StuKCM.Text）+ "'
            and ZY = '" + Trim（StuZY.Text）+ "'"
        StuADO.Refresh
    End If
End Sub
```

- “课程”下拉列表 Click 事件处理，从视图中查询当前专业、当前课程的学生成绩信息，同时调用 ShowScore 在姓名、成绩等 Edit 中显示当前学生的姓名、成绩等信息。

```
Private Sub StuKCM_Click（）
    Dim StXH，StKCM
    '选择当前课程的学生选课信息
    StuADO.RecordSource = "select XH，XM，KCM，CJ，XH，ZY，XF
        from XS_KC_CJ where KCM = '" + Trim（StuKCM.Text）+ "'
        and ZY = '" + Trim（StuZY.Text）+ "'"
    StuADO.Refresh
    '没有学生选择该门课程
    If StuADO.Recordset.RecordCount = 0 Then
        'if no record then exit sub
        StuXM.Text = ""
        StuCJ.Text = ""
        StuXF.Text = ""
        Exit Sub
    End If
```

```
    SqlCmd.CommandText = "ShowScore"
    SqlCmd.CommandType = adCmdStoredProc
    Set StXH = SqlCmd.CreateParameter（"@XH"，adVarChar，adParamInput，6）
    SqlCmd.Parameters.Append （StXH）
    Set StKCM =
    SqlCmd.CreateParameter（"@KCM"，adVarChar，adParamInput，16）
    SqlCmd.Parameters.Append （StKCM）
    SqlCmd（"@XH"）= StuXH.Text
    SqlCmd（"@KCM"）= StuKCM.Text

    Set SqlRes = SqlCmd.Execute
    StuXH.Text = SqlRes（"XH"）

    If Not SqlRes.EOF Then
        If SqlRes.Fields.Count = 4 Then
            StuXM.Text = SqlRes（"XM"）
            StuCJ.Text = SqlRes（"CJ"）
            StuXF.Text = CStr（SqlRes（"XF"）& ""）
        End If
    End If
    SqlCmd.Parameters.Delete （"@XH"）
    SqlCmd.Parameters.Delete （"@KCM"）
End Sub
```

● "更新"Click 事件处理，通过调用 AddStuScore，来添加当前课程，当前学生的成绩信息。

```
Private Sub StuUpd_Click（）
    Dim StXH，StKCM，StCJ，StXF
    If Trim（StuCJ.Text）= "" Then
        MsgBox "输入完整的信息！",, "提示"
        Exit Sub
    End If
    SqlCmd.CommandText = "AddStuScore"
    SqlCmd.CommandType = adCmdStoredProc
    '创建参数对象
    Set StXH = SqlCmd.CreateParameter（"@XH"，adVarChar，adParamInput，6）
    SqlCmd.Parameters.Append （StXH）
    Set StKCM = SqlCmd.CreateParameter（"@KCM"，adVarChar，adParamInput，16）
    SqlCmd.Parameters.Append （StKCM）
    Set StCJ = SqlCmd.CreateParameter（"@CJ"，adInteger，adParamInput）
    SqlCmd.Parameters.Append （StCJ）
```

```
    Set StXF = SqlCmd.CreateParameter（"@XF"，adInteger，adParamInput）
    SqlCmd.Parameters.Append （StXF）
    '为参数赋值
    SqlCmd（"@XH"）= StuXH.Text
    SqlCmd（"@KCM"）= StuKCM.Text
    SqlCmd（"@CJ"）= CInt（StuCJ.Text）
    SqlCmd（"@XF"）= 0
    '在此强制写 0，因为在 XS_KC 表的 Update、Insert 触发器中根据课程设定自动添加 XF
    Set SqlRes = SqlCmd.Execute
    SqlCmd.Parameters.Delete （"@XH"）
    SqlCmd.Parameters.Delete （"@KCM"）
    SqlCmd.Parameters.Delete （"@CJ"）
    SqlCmd.Parameters.Delete （"@XF"）
    '选择当前课程的学生选课信息
    StuADO.RecordSource = "select XH，XM，KCM，CJ，XH，ZY，XF
        from XS_KC_CJ where KCM = '" + Trim（StuKCM.Text）+ "'
        and ZY = '" + Trim（StuZY.Text）+ "'"
    StuADO.Refresh
End Sub
```

- “学号”下拉列表 Click 事件处理，调用 ShowScore 在姓名、成绩等 Edit 中显示当前学生的姓名、成绩等信息。

```
Private Sub StuXH_Click（）
    Dim StXH，StKCM
    SqlCmd.CommandText = "ShowScore"
    SqlCmd.CommandType = adCmdStoredProc
    Set StXH = SqlCmd.CreateParameter（"@XH"，adVarChar，adParamInput，6）
    SqlCmd.Parameters.Append （StXH）
    Set StKCM = SqlCmd.CreateParameter（"@KCM"，adVarChar，adParamInput，16）
    SqlCmd.Parameters.Append （StKCM）
    SqlCmd（"@XH"）= StuXH.Text
    SqlCmd（"@KCM"）= StuKCM.Text

    Set SqlRes = SqlCmd.Execute
    StuXH.Text = SqlRes（"XH"）

    If Not SqlRes.EOF Then
        If SqlRes.Fields.Count = 6 Then
        '有这个学生该门课程的记录
            StuXM.Text = SqlRes（"XM"）
            StuCJ.Text = SqlRes（"CJ"）
```

```
            StuXF.Text = CStr（SqlRes（"XF"）& ""）
        Else
            StuXM.Text = SqlRes（"XM"）
            StuCJ.Text = ""
            StuXF.Text = ""
        End If
    End If
    SqlCmd.Parameters.Delete （"@XH"）
    SqlCmd.Parameters.Delete （"@KCM"）
End Sub
```

- "专业"下拉列表 Click 事件处理，从视图中查询当前专业、当前课程的学生成绩信息，同时把当前专业的的学生学号加入到学号下拉列表中，实现专业和学号的连动。

```
Private Sub StuZY_Click（）
    '选择当前课程的学生选课信息
    StuADO.RecordSource = "select XH，XM，KCM，CJ，XH，ZY，XF
        from XS_KC_CJ where KCM = '" + Trim（StuKCM.Text）+ "'
        and ZY = '" + Trim（StuZY.Text）+ "'"
    StuADO.Refresh

    SqlCmd.CommandText = "Select * from XS where ZY='" + Trim（StuZY.Text）+ "'"
    SqlCmd.CommandType = adCmdText
    Set SqlRes = SqlCmd.Execute
    StuXH.Text = SqlRes（"XH"）
    While Not SqlRes.EOF
        StuXH.AddItem （Trim（SqlRes（"XH"）））
        SqlRes.MoveNext
    Wend
End Sub
```

11.5 ASP.NET（C#）/SQL Server 学生成绩管理系统

11.5.1 ADO.NET 连接数据库

ASP.NET 连接数据库的方式有两种：一种是数据控制项绑定；另一种是 ADO.NET 对象编程。

1. 数据控制项绑定

ASP.NET2.0 中提供了 5 种数据源控件，其中，SqlDataSource 数据源控件用于访问 SQL 关系数据库中的数据。SqlDataSource 控件可以与其他数据绑定控件一起使用，开发人员用极少代码甚至不用代码，就可以在 ASP.NET 网页上显示和操作数据库。

SqlDataSource 数据源控件主要提供如下功能：

- 无需代码实现数据库操作（查询、插入、更新、删除）；
- 以 DataReader 和 DataSet 方式返回查询结果集；
- 提供缓存功能；
- 提供冲突检测功能。

SqlDataSource 整体架构如图 11.33 所示：

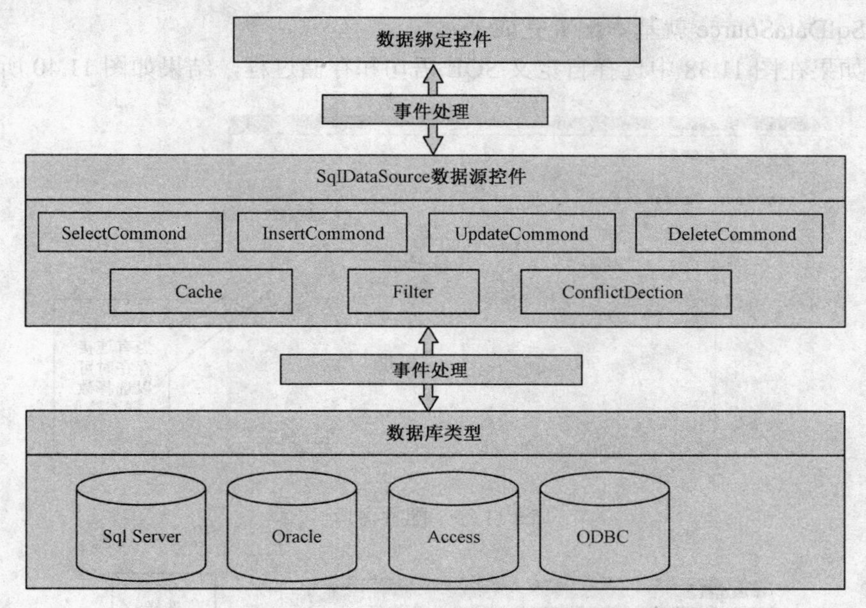

图 11.33　SqlDataSource 整体架构

SqlDataSource 和数据库绑定后可以和 GridView 控件和 DetailsView 控件关联来实现数据库的操作。VS.net 中 SqlDataSourse 连接 SQL Server 数据库步骤如下。

在工具箱中找 SqlDataSourse 控件，如图 11.34 所示。

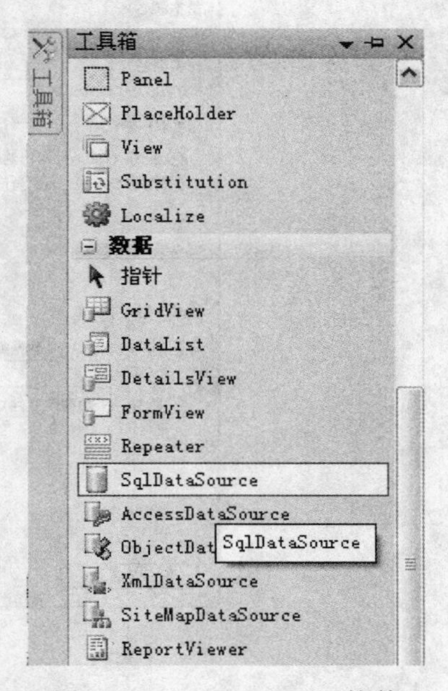

图 11.34　SqlDataSourse 控件

在页面上创建这个控件，在这个控件上单击右键，菜单选择配置数据源，设置其 ConnectionString 属性和数据库关联，配置窗口如图 11.35 所示。

选择新建连接，会出现如图 11.36 所示的添加连接配置接口。

选择数据源、数据库服务器和数据库。这里连接的是 SQL 数据库，所以数据源选择 Microsoft SQL Server，服务器名字是“microsof-cee903\dcr”，读者应该用自己的数据库服务器的名字，数据库使用的是 XSCJ。然后，选择“测试连接”，如果连接成功，要查一下这些设置是否有问题。连接成功，单击“确定”按钮，会出现配置好接口图，这时单击

“下一步”按钮出现图 11.37 的配置数据源接口。

在“是否将连接保存到应用程序配置文件中？”时，选择是，下次更换数据库时可以直接修改配置文件就可以了。这里，选择“是，将此连接另存为”XSCJConnectionString，这样以后再用 SqlDataSourse 时，只需要选择“XSCJConnectionString”就可以，不用再一步一步配置了。单击“下一步”按钮，出现如图 11.38 所示的配置 Select 的接口。

选择所需要的字段，单击“下一步”按钮，出现如图 11.39 所示的测试查询接口。

这样，SqlDataSource 就基本配置完成了。

当然，如果在图 11.38 中选择自定义 SQL 语句和存储过程，结果如图 11.40 所示。

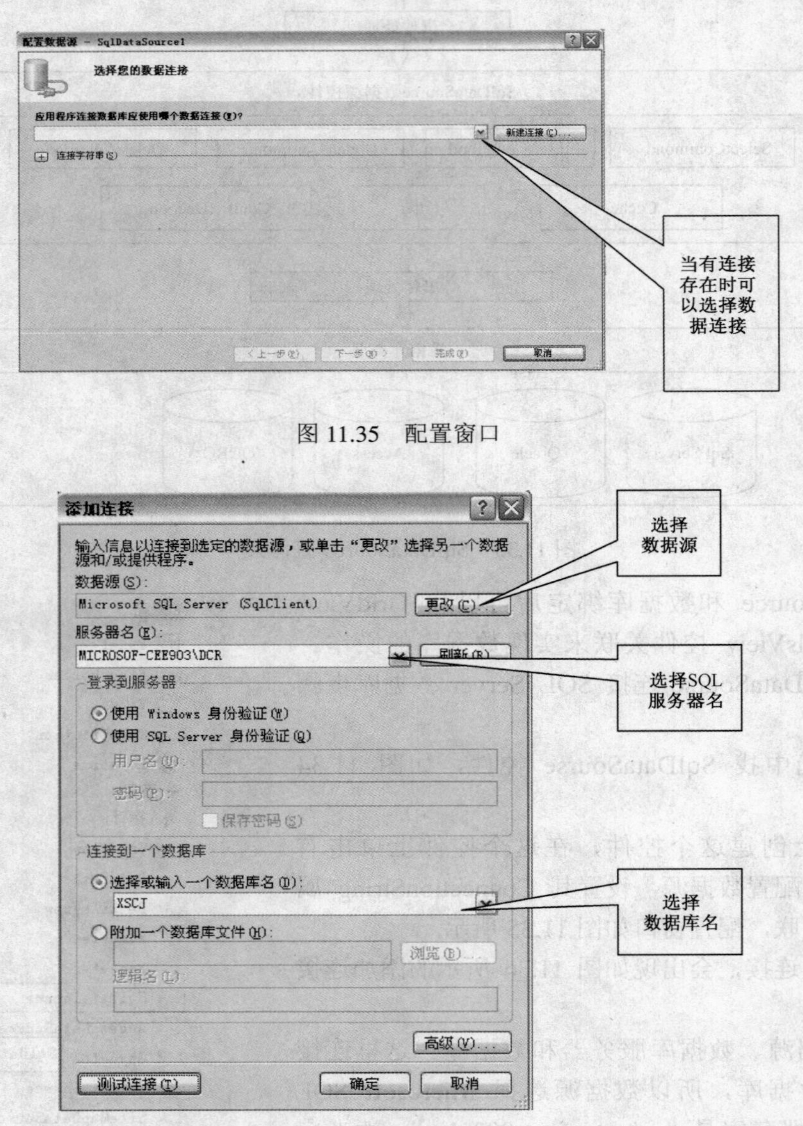

图 11.35　配置窗口

图 11.36　添加连接

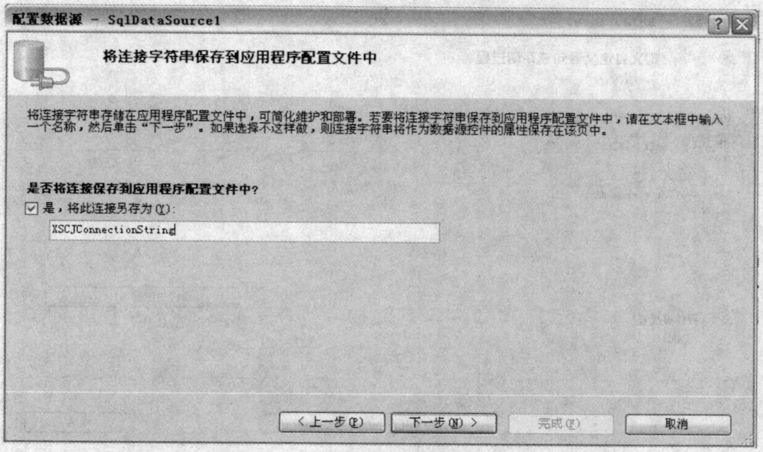

配置数据源 - SqlDataSource1

将连接字符串保存到应用程序配置文件中

将连接字符串存储在应用程序配置文件中，可简化维护和部署。若要将连接字符串保存到应用程序配置文件中，请在文本框中输入一个名称，然后单击“下一步”。如果选择不这样做，则连接字符串将作为数据源控件的属性保存在该页中。

是否将连接保存到应用程序配置文件中?

☑ 是，将此连接另存为(Y):

XSCJConnectionString

< 上一步(P)　下一步(N) >　完成(F)　取消

图 11.37　配置数据源

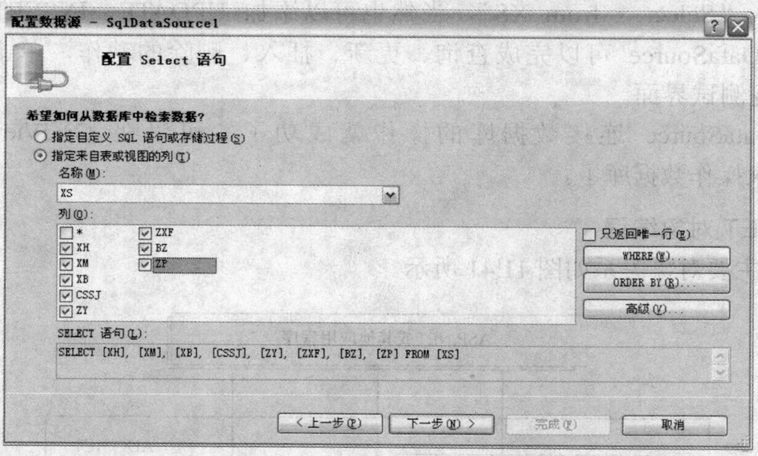

配置数据源 - SqlDataSource1

配置 Select 语句

希望如何从数据库中检索数据?

○ 指定自定义 SQL 语句或存储过程(S)

⊙ 指定来自表或视图的列(T)

名称(M):

XS

列(O):

☐ *　☑ XH　☑ XM　☑ XB　☑ CSSJ　☑ ZY　☑ ZXF　☑ BZ　☑ ZP

☐ 只返回唯一行(E)　WHERE(W)...　ORDER BY(R)...　高级(V)...

SELECT 语句(L):

SELECT [XH], [XM], [XB], [CSSJ], [ZY], [ZXF], [BZ], [ZP] FROM [XS]

< 上一步(P)　下一步(N) >　完成(F)　取消

图 11.38　配置 Select

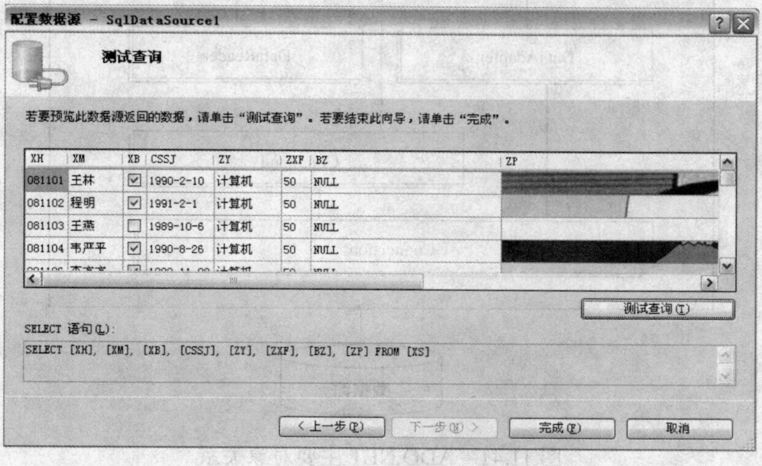

配置数据源 - SqlDataSource1

测试查询

若要预览此数据源返回的数据，请单击“测试查询”。若要结束此向导，请单击“完成”。

XH	XM	XB	CSSJ	ZY	ZXF	BZ	ZP
081101	王林	☑	1990-2-10	计算机	50	NULL	
081102	程明	☑	1991-2-1	计算机	50	NULL	
081103	王燕	☐	1989-10-6	计算机	50	NULL	
081104	韦严平	☑	1990-8-26	计算机	50	NULL	

测试查询(T)

SELECT 语句(L):

SELECT [XH], [XM], [XB], [CSSJ], [ZY], [ZXF], [BZ], [ZP] FROM [XS]

< 上一步(P)　下一步(N) >　完成(F)　取消

图 11.39　测试查询

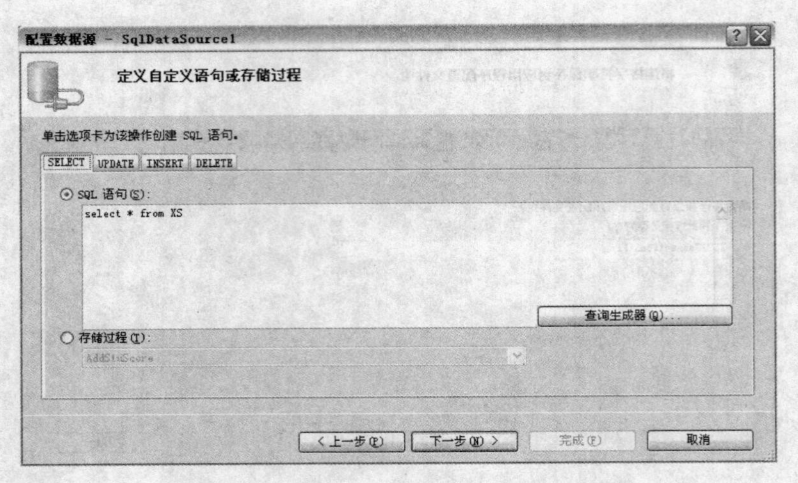

图 11.40　自定义 SQL 语句和存储过程

这里，输入“Select * from XS”，当然也可以添加 UPDATE，INSERT，DELETE 语句。这样，SqlDataSource 可以完成查询、更新、插入、删除的动作，单击“下一步”按钮，同样会出现测试界面。

这样 SqlDataSource 连接数据库的操作就成功了，可以在 GridView 等控件中用 SqlDataSource 来操作数据库了。

2. ADO.NET 对象编程

ADO.NET 主要对象关系如图 11.41 所示。

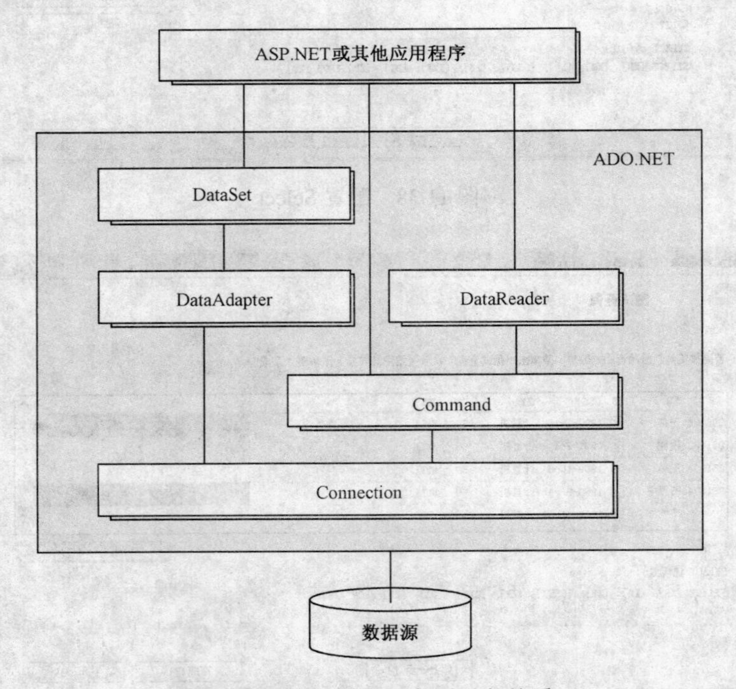

图 11.41　ADO.NET 主要对象关系

进入模板编辑接口，去除原来的 Label 控件，放入两个 HyperLink 控件，如图 11.49 所示。

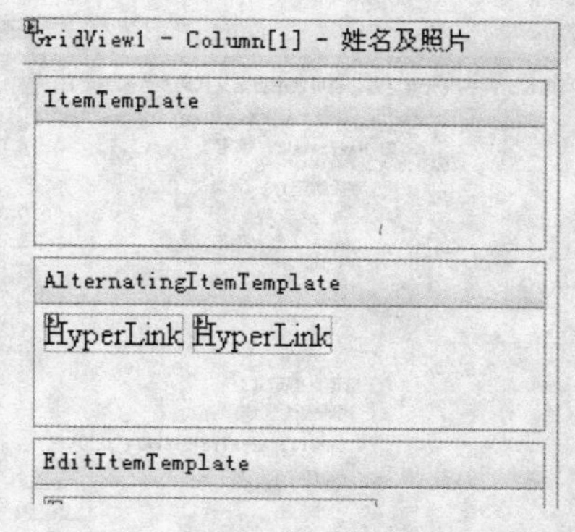

图 11.49　放入两个 HyperLink 控件

在 HyperLink 上选择编辑 DataBindings，如图 11.50 所示。

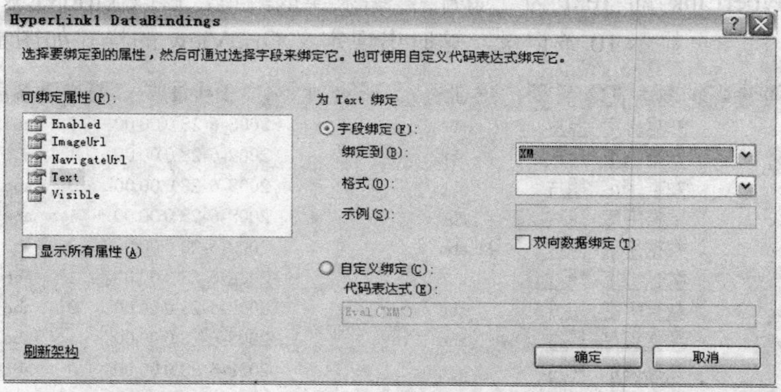

图 11.50　编辑 DataBindings

设置 Text 属性选择绑定到 SqlDataSource 的 XM 列上，设置 NavigateURL 为自定义绑定，表达式为"StuScore.aspx?xh="+Eval（"XH"），如图 11.51 所示。这样，当单击这个超链接时会打开 StuScore.aspx，并把 SqlDataSource 当前记录的 XH 字段（因为 XH 能够唯一区分记录）作为参数传过去。

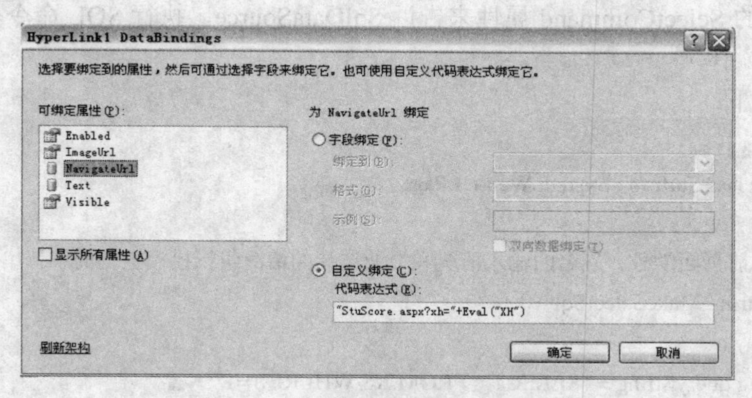

图 11.51　编辑 DataBindings

同样设定显示照片的 HyperLink 的属性为"ShowPic.aspx?id="+Eval（"XH"），如图 11.52 所示。

HyperLink2 DataBindings

选择要绑定到的属性，然后可通过选择字段来绑定它。也可使用自定义代码表达式绑定它。

可绑定属性(P):

Enabled
ImageUrl
NavigateUrl
Text
Visible

显示所有属性(A)

为 NavigateUrl 绑定

字段绑定(F):

绑定到(B):

格式(O):

示例(S):

双向数据绑定(T)

自定义绑定(C):

代码表达式(E):

"ShowPic.aspx?id="+Eval("XH")

刷新架构

确定 取消

图 11.52　编辑 DataBindings

同时设定 HyperLink 的 Text 为“照片”，结束模板编辑，修改 GridView 的 PageSize 属性，设置成 10，每一页显示 10 条记录，这时出现定义 GridView 的样式如图 11.53 所示。

学号	姓名及照片	专业名	性别	出生日期	总学分	备注
abc	数据绑定 照片	abc	男	2008-6-28 0:00:00	0	abc
abc	数据绑定 照片	abc	男	2008-6-28 0:00:00	1	abc
abc	数据绑定 照片	abc	男	2008-6-28 0:00:00	0	abc
abc	数据绑定 照片	abc	男	2008-6-28 0:00:00	1	abc
abc	数据绑定 照片	abc	男	2008-6-28 0:00:00	0	abc
abc	数据绑定 照片	abc	男	2008-6-28 0:00:00	1	abc
abc	数据绑定 照片	abc	男	2008-6-28 0:00:00	0	abc
abc	数据绑定 照片	abc	男	2008-6-28 0:00:00	1	abc
abc	数据绑定 照片	abc	男	2008-6-28 0:00:00	0	abc
abc	数据绑定 照片	abc	男	2008-6-28 0:00:00	1	abc

1 2

图 11.53　定义 GridView 的样式

至此，接口设计和数据库的绑定就完成了。

下面编写“查询”Button 的响应代码。通过用户输入组成查询 SQL 语句，再通过 SqlDataSource1 的 SelectCommand 属性来告诉 SqlDataSource，执行 SQL 命令获取查询结果，显示在 GridView 中。

主要代码如下：

```
//StuInfo.aspx.cs
public partial class StuInfo : System.Web.UI.Page
{
    //根据当前页面学号、姓名的输入情况和专业选择的情况组织模糊查询的字符串。
    private string MakeSelectSql（）
    {
        string queryString = "SELECT * FROM XS WHERE 1=1";
        if （stuXH.Text.Trim（）!= string.Empty）
```

```
            queryString += " and XH like '%" + stuXH.Text.Trim () + "%'";
        if (stuXM.Text.Trim () != string.Empty)
            queryString += " and XM like '%" + stuXM.Text.Trim () + "%'";
        if (stuZY.Text != "所有专业")
            queryString += " and ZY like '%" + stuZY.SelectedValue + "%'";
        return queryString;
    }
    //点击“查询”按钮，修改查询 SQL，通过 SqlDataSource1 以获得所需的结果集
    protected void Button1_Click (object sender, EventArgs e)
    {
        SqlDataSource1.SelectCommand = MakeSelectSql () ;
    }
    //翻页时修改查询 SQL，通过 SqlDataSource1 以获得所需的结果集
    protected void GridView1_PageIndexChanging
(object sender, GridViewPageEventArgs e)
    {
        SqlDataSource1.SelectCommand = MakeSelectSql () ;
    }
}
```

11.5.4 学生成绩查询

目的要求：带参数的查询，DetailsView，GridView 的使用。

程序接口：学生成绩查询程序接口如图 11.54 所示。

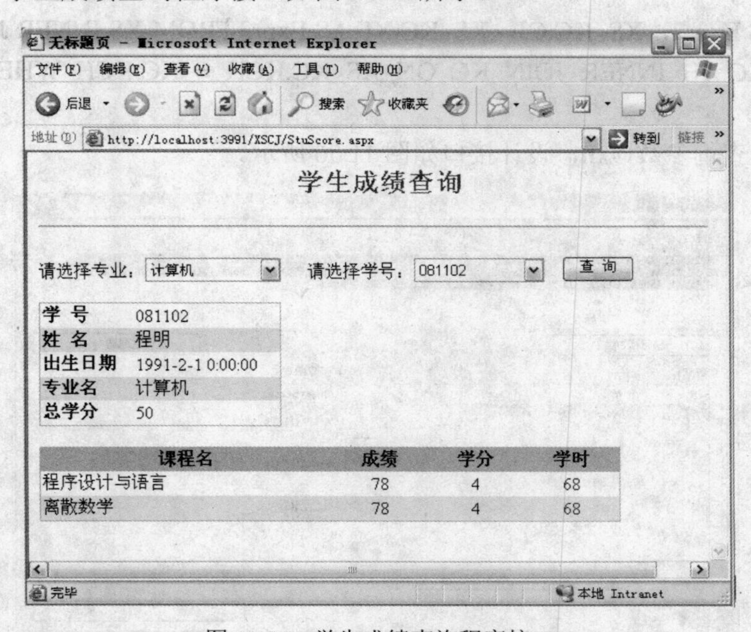

图 11.54 学生成绩查询程序接口

实现功能：通过选择专业和学号来查询学生的课程成绩情况。

创建过程：设计接口如图 11.55 所示。

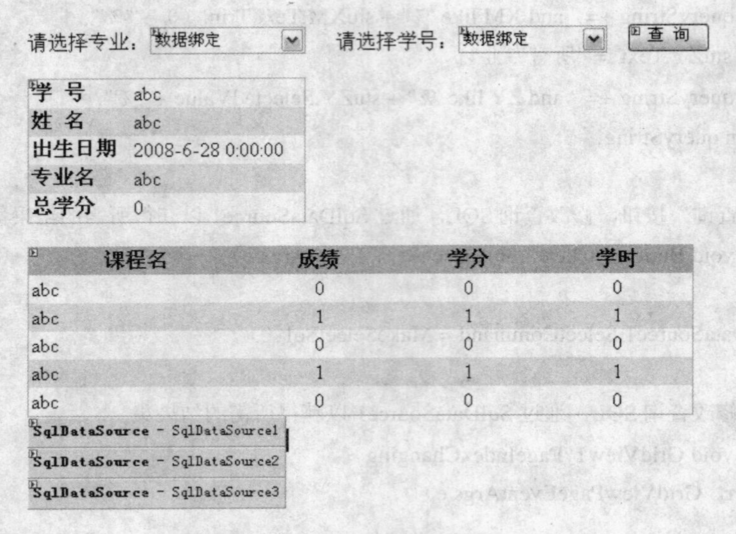

图 11.55　查询学生的课程成绩设计接口

（1）创建 3 个 SqlDataSource。

① SqlDataSource1

创建显示当前学生所选择的课程成绩信息的数据源，输入的查询参数为学号。

[ConnectionString]属性：选择 XSCJConnectionString。

[SelectQuery]属性：SELECTXS.XH，XS.XM，XS.XB，XS.CSSJ，XS.ZY，XS.ZXF，XS.BZ，XS.ZP，KC.KCH，KC.KCM，KC.XQ，KC.XS，KC.XF，XS_KC.XH AS Expr1，XS_KC.KCH AS Expr2，XS_KC.CJ，XS_KC.XF AS Expr3 FROM XS INNER JOIN XS_KC ON XS.XH = XS_KC.XH INNER JOIN KC ON XS_KC.KCH = KC.KCH WHERE （XS.XH = @xh）

这里有一个查询参数@xh，设计接口如图 11.56 所示。

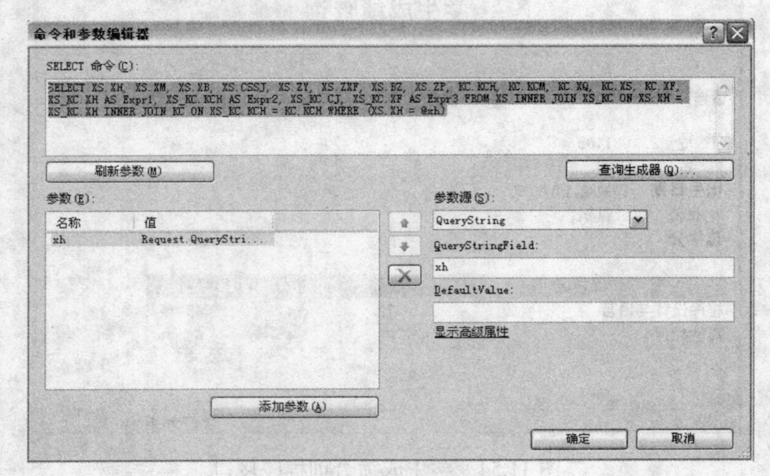

图 11.56　设计接口

设置其参数源为 QueryString，从窗体数据的 QueryString 集合中取查询参数，QueryStringField 为 xh，即以 QueryString（"xh"）值为查询参数。

② SqlDataSource2

用来显示专业情况的数据源，专业从 XS 表中查询，注意 DISTINCT 参数，保证查询的专业不重复。

[ConnectionString]属性：选择 XSCJConnectionString。

[SelectQuery]属性：SELECT DISTINCT [ZY] FROM [XS]

③ SqlDataSource3

用来显示学号情况的数据源。

[ConnectionString]属性：选择 XSCJConnectionString。

[SelectQuery]属性：SELECT * FROM [XS] WHERE （[ZY] = @ZYM）

同样，为了实现和 ZY 查询的连动，设置了查询参数@ZYM，如图 11.57 所示。

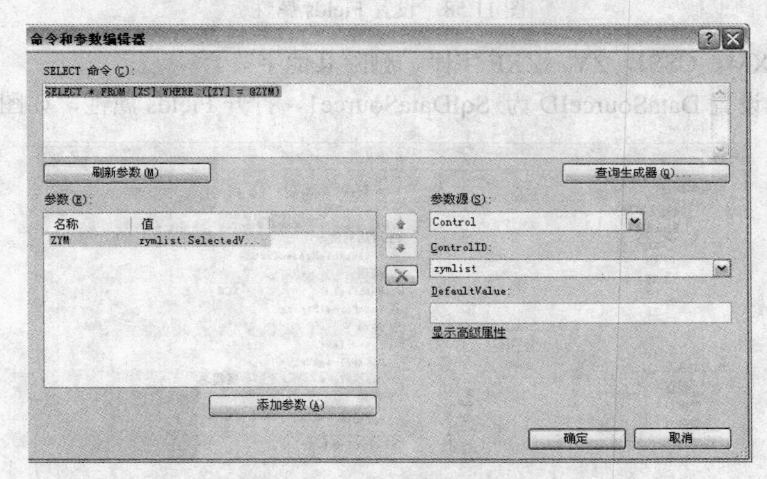

图 11.57　设置查询参数

设置其参数源为 Control，ControlID 为 zymlist 列表框，这样就实现了 SqlDataSource3 的查询结果和一个列表框的连动。

（2）创建显示专业的 List，名字为 zymlist；创建显示学号的 List，名字为 xhlist；创建“查询”按钮 Button1。

设置 zymlist 的 DataSourceID 为 SqlDataSource2，DataTextField，DataValueField 都为 SqlDataSource2 的 ZY 字段。

设置 xhlist 的 DataSourceID 为 SqlDataSource3，DataTextField，DataValueField 都为 SqlDataSource3 的 XH 字段。

（3）创建一个 DetailsView 和一个 GridView 分别显示学生信息和课程信息。

DetailsView，GridView 和 SqlDataSource1 绑定，DetailsView 显示 SqlDataSource1 中查询到的记录和学生基本信息相关的字段，而 GridView 中显示查询到的所有课程的成绩信息。DetailsView 的设置和 GridView 的设置类似，这里不再叙述，打开 DetailsView，设置 DataSourceID 选择 SqlDataSource1，打开 Fields 属性，如图 11.58 所示

图 11.58　设置 Fields 属性

保留 XH，XM，CSSJ，ZY，ZXF 字段，删除其他字段。

GridView：设置 DataSourceID 为 SqlDataSource1，打开 Fields 属性，如图 11.59 所示。

图 11.59　设置 Fields 属性

保留 KCM，CJ，XF，XS 字段，删除其他字段。接口设计和数据库的绑定完成。

（4）“查询”按钮的事件响应代码。

```
public partial class StuScore : System.Web.UI.Page
{
        // xhlist 的当前学号作为 SqlDataSource1 的“xh”参数，查询记录。
        protected void Button1_Click（object sender，EventArgs e）
        {
            SqlDataSource1.SelectParameters.Clear（）;
            SqlDataSource1.SelectParameters.Add（"xh"，xhlist.SelectedValue）;
        }
}
```

11.5.5 学生信息更新

目的要求：通过 DetailsView，用模板的方式实现 Update，Insert 和 Delete 功能，图像的显示和更新到数据库操作，触发器的使用。

程序接口：学生信息更新程序接口如图 11.60 所示。

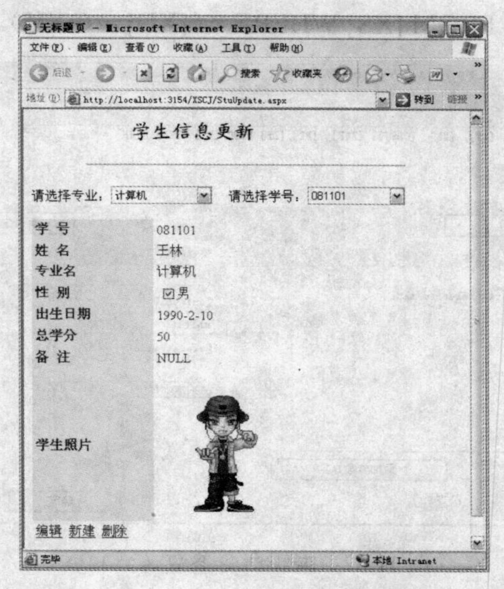

图 11.60 学生信息更新程序接口

实现功能：选择专业和学号可以查看当前学生的信息，单击“编辑”、“新建”、“删除”可以修改、插入、删除学生信息。当删除一条学生记录时，触发器会自动到选课表中删除此学生的选课记录，以保证数据的参照完整性。

实现过程：设计接口如图 11.61 所示。

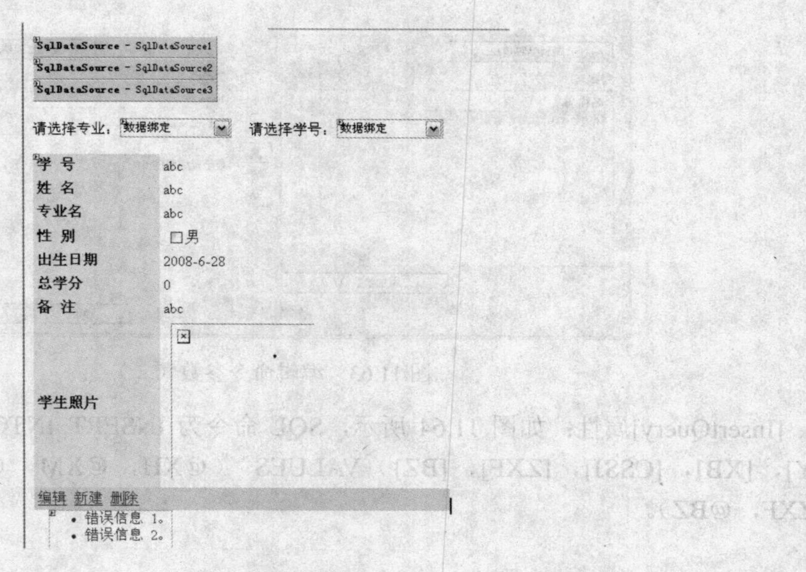

图 11.61 设计接口

（1）创建 3 个 SqlDataSource。

① SqlDataSource1

用来显示和更新学生信息的数据源，和 XS 表关联。

[ConnectionString] 属性：选择 XSCJConnectionString。

[SelectQuery]属性：如图 11.62 所示，SQL 命令为 SELECT [XH]，[XM]，[ZY]，[XB]，[CSSJ]，[ZXF]，[BZ]，[ZP] FROM [XS] WHERE （[XH] = @XH）。

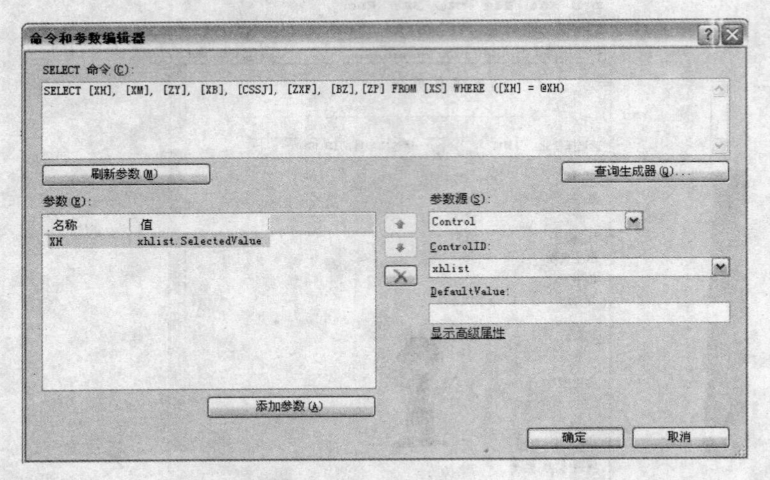

图 11.62 编辑命令参数（一）

[DeleteQuery]属性：如图 11.63 所示，SQL 命令为 DELETE FROM [XS] WHERE [XH] = @XH。

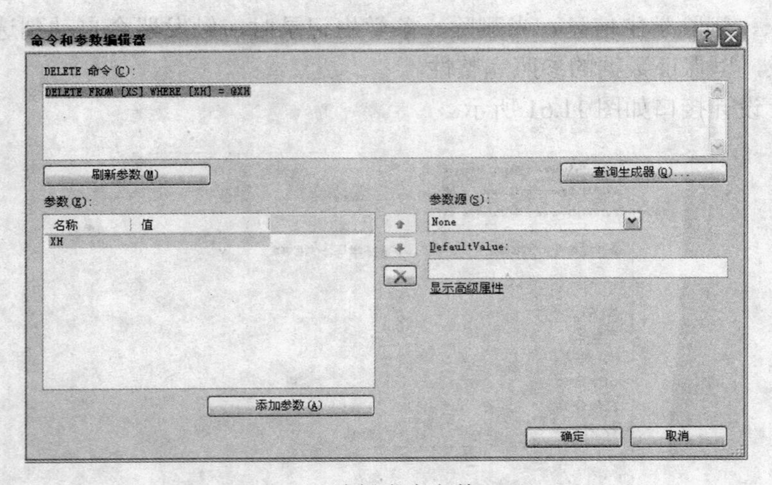

图 11.63 编辑命令参数（二）

[InsertQuery]属性：如图 11.64 所示，SQL 命令为 INSERT INTO [XS] （[XH]，[XM]，[ZY]，[XB]，[CSSJ]，[ZXF]，[BZ]）VALUES （@XH，@XM，@ZY，@XB，@CSSJ，@ZXF，@BZ）。

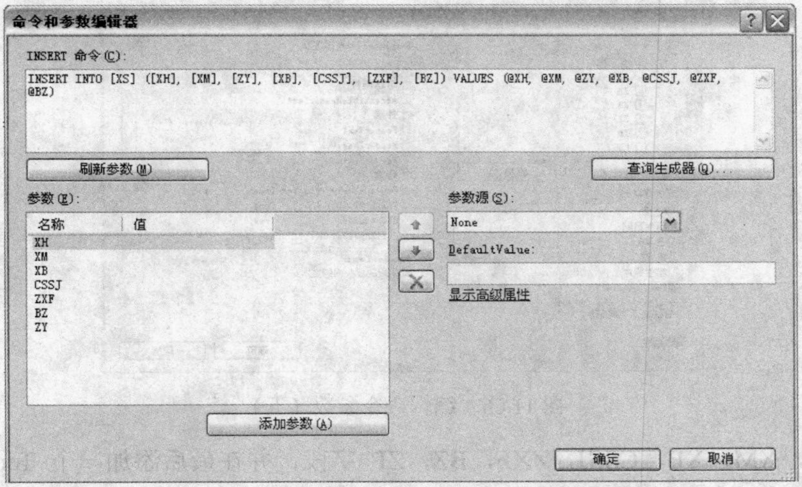

图 11.64　编辑命令参数（三）

[UpdateQuery]属性：如图 11.65 所示，SQL 命令为 UPDATE [XS] SET [XM] = @XM，[ZY] = @ZY，[XB] = @XB，[CSSJ] = @CSSJ，[ZXF] = @ZXF，[BZ] = @BZ WHERE [XH] = @XH。

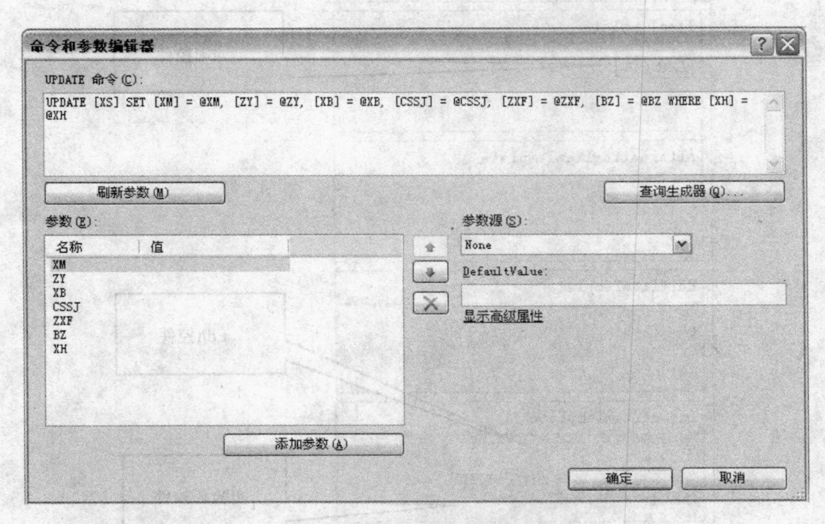

图 11.65　编辑命令参数（四）

② 创建显示专业的数据源 SqlDataSource2、显示学号的数据源 SqlDataSource3，设置方法与“学生成绩查询”功能相同。

（2）创建显示专业的 List，名字为 zymlist；创建显示学号的 List，名字为 xhlist，设置方法也和“学生成绩查询”的一样。

（3）创建一个显示和修改学生信息 DetailsView，设置方法与“学生成绩查询”类似。

这里介绍另外一种设置方法：

打开 DetailsView 的 Fields 属性，如图 11.66 所示。

图 11.66　编辑命令参数（五）

保留 XH，XM，XB，CSSJ，ZXF，BZ，ZP 字段，并在最后添加一个 TemplateField 字段用来放编辑、新建、删除的 LinkButton，把 XH，XM，XB，CSSJ，ZXF，ZP 的属性都设置成 TemplateField 模式，分别用来显示、添加、修改。选择 DetailsView 的编辑模板命令，选择 Field[0]-学号，如图 11.67 所示。

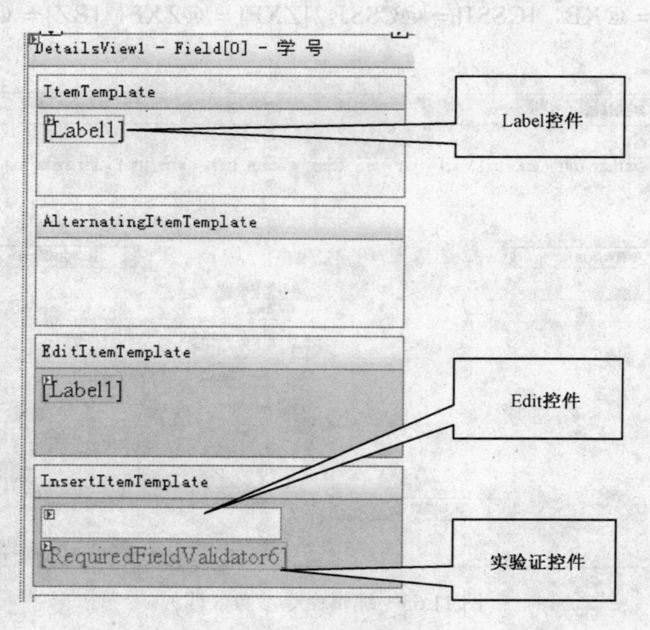

图 11.67　选择 Field[0]-学号

ItemTemplate 是显示的控件，EditItemTemplate 是编辑操作显示的控件，InsertItemTemplate 是插入操作显示的控件。因为当显示和修改其他信息的时候不允许修改学号，所以这里选择的是 Label，而添加时需要输入，所以选择 Edit。为了验证是否输入，用了 RequiredFieldValidator 来判断 Edit 是否输入，设置 ControlToValidator 属性到想要验证的 Edit 控件即可，选择 Label 的编辑 DataBindings 菜单，出现 DataBindings 编辑接口如图 11.68 所示，选择 Text 绑定到 XH，另一个 Label 和 Edit 设置方法相同。

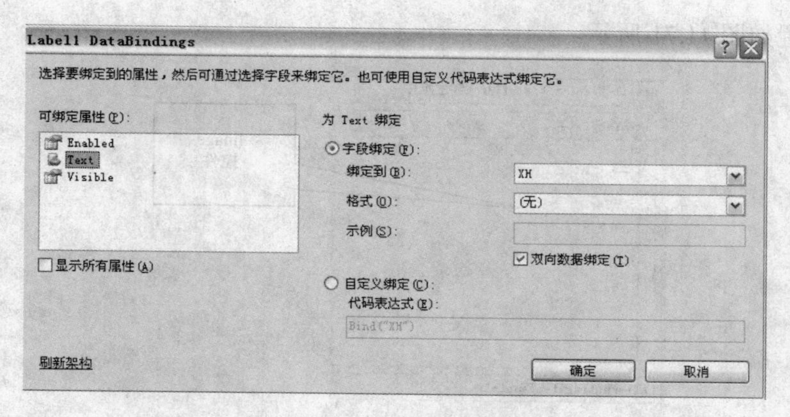

图 11.68　DataBindings 编辑

照此编辑模板方法分别对学号、姓名、专业名、出生时间、总学分设置模板。因为性别用的是 CheckBox，所以性别的设置如图 11.69 所示。

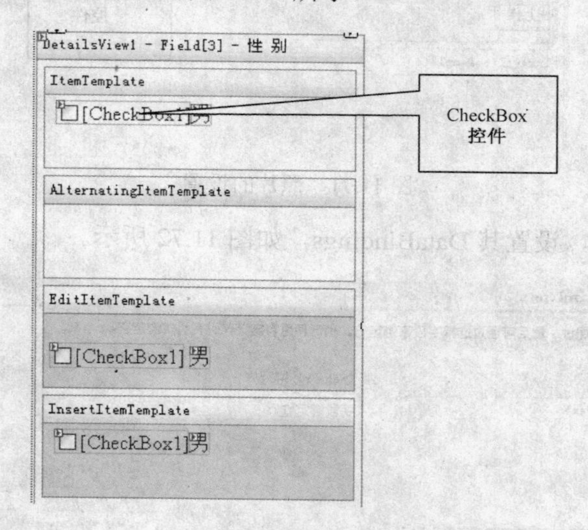

图 11.69　性别设置

选择 CheckBox 的编辑 DataBindings 菜单，选择 Checked 属性绑定到 XB，如图 11.70 所示。

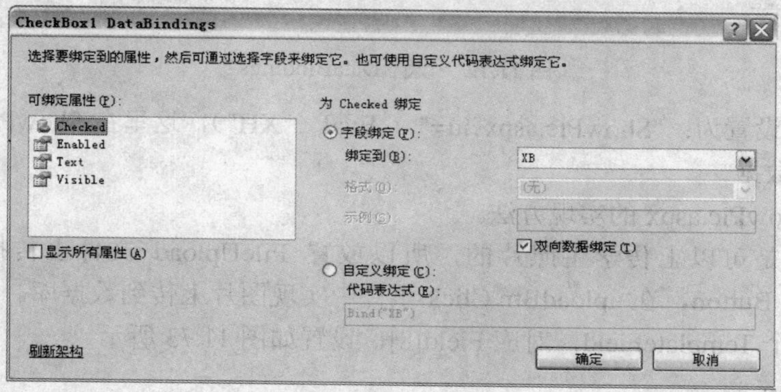

图 11.70　DataBindings 编辑

照片的设置如图 11.71 所示。

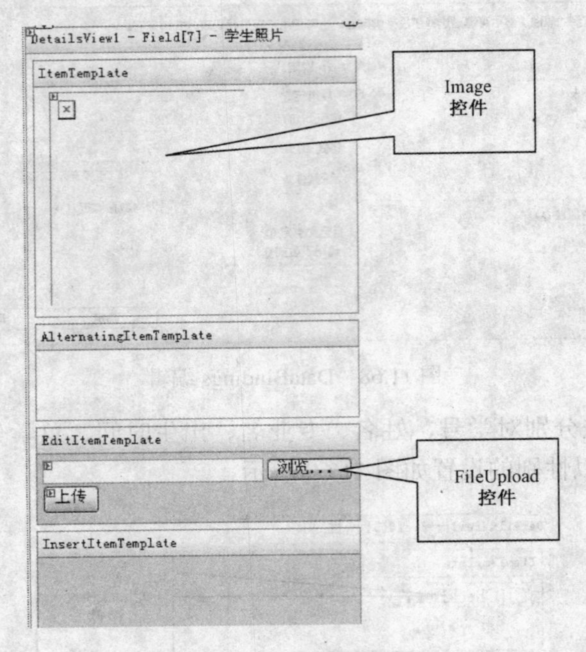

图 11.71 照片的设置

显示用 Image 控件，设置其 DataBindings，如图 11.72 所示。

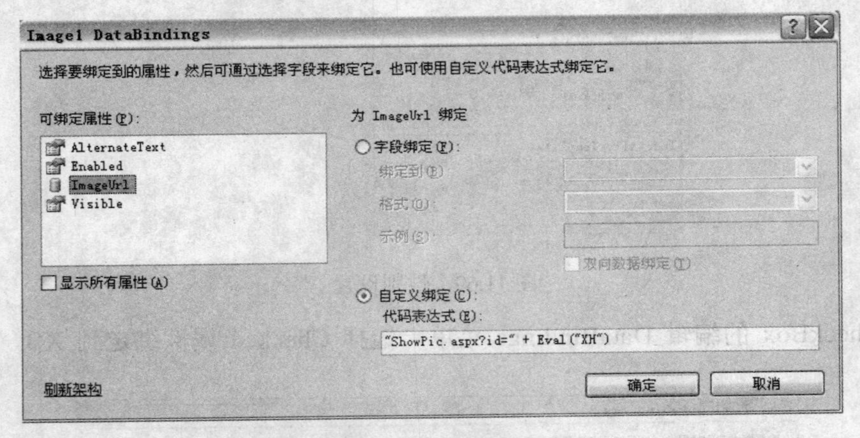

图 11.72 设置 DataBindings

其 ImageUrl 设置为："ShowPic.aspx?id=" + Eval（"XH"），这里在 ShowPic.aspx 页面中输出学生照片的流数据。

下面介绍 ShowPic.aspx 的实现方法。

编辑的时候是可以上传学生照片的，所以放置 FileUpload 文件上传控件和一个名为 uploadBtn 的上传 Button，在 uploadBtn Click 事件中实现图片上传到数据库。

下面还有一个 TemplateField，对应 Field[8]，设置如图 11.73 所示。

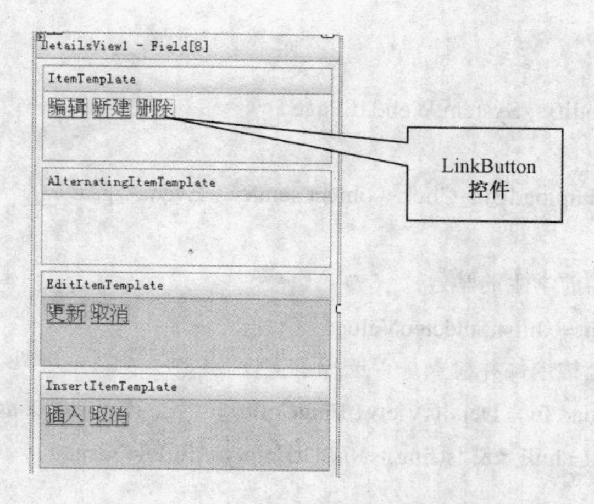

图 11.73 TemplateField-Field[8]设置

模板分别放置下列内容。

ItemTemplate：“编辑”LinkButton、“新建”LinkButton、“删除”LinkButton。当单击执行删除学生记录时，数据库会调用 CheckXs 触发器来保证 XS 表和 XS_KC 表记录的参照完整性（删除 XS 表中记录时，也删除 XS_KC 表中对应的记录）。

EditItemTemplate：“更新”LinkButton、“取消”LinkButton。

InsertItemTemplate：“插入”LinkButton、“取消“LinkButton。

设置它们的 CommandName 属性如下。：

ItemTemplate：Edit，New，Delete。

EditItemTemplate：Update，Cancel。

InsertItemTemplate：Insert，Cancel。

到这里，接口设计和数据库的绑定完成。

主要代码如下。

- XS 表创建触发器

为了保持数据的参照完整性，当删除某个学生时，同时删除学生选课表里的对应记录，所以需要在 XS 表创建如下触发器：

```
CREATE TRIGGER [CheckXs] ON [dbo].[XS]
FOR DELETE
AS
delete from XS_KC
    where XH in（ select   XH   from deleted）
```

其中：deleted 是系统中自动保存当前删除记录的系统表。

- 照片上传

客户端选择上传照片后，服务器端先从上传控件中查找是否上传了文件，如果有照片文件，则打开数据库连接，把照片以数据流的形式更新到数据库中 XS 表的 zp 字段。图片上传代码如下：

```
//StuUpdate.aspx
public partial class StuModify : System.Web.UI.Page
{
        protected void uploadBtn_Click（object sender，EventArgs e）
        {
            //获取当前学生的学号
            string xh = xhlist.SelectedValue;
            //查找上传控件并检查是否选择了文件
            FileUpload fu = DetailsView1.FindControl（"EditUpload"）as FileUpload;
            if （fu != null && !string.IsNullOrEmpty（fu.FileName））
            {
                //获取连接字符串
                string connStr = ConfigurationManager.
                ConnectionStrings["XSCJConnectionString"].ConnectionString;
                SqlConnection conn = new SqlConnection（connStr）;
                //设置 Sql 语句
                string sqlStr = "update [XS] set [ZP]=@zp where [XH]=@xh";
                SqlCommand cmd = new SqlCommand（sqlStr，conn）;
                //添加参数
                cmd.Parameters.Add（"@zp"，SqlDbType.Image）;        //这里选择 Image 类型
                cmd.Parameters.Add（"@xh"，SqlDbType.NVarChar）;
                cmd.Parameters[0].Value = fu.FileBytes;
                cmd.Parameters[1].Value = xh;
                try
                {
                    conn.Open（）;
                    cmd.ExecuteNonQuery（）;
                }
                finally
                {
                    conn.Close（）;
                }
            }
        }
}
```

- 照片显示

根据从 Form 中传递的学号，到 XS 表 zp 字段中查询此学生的照片数据，以二进制数据流的形式返回，存放到数组中。然后再通过 Response 对象写到客户端浏览器中，注意 Response 的输出数据类型应该选择“application/octet-stream”流的形式。照片显示代

码如下：

```
//ShowPic.aspx
//根据输入参数在页面 Load 事件中从数据库中提取学生照片信息，以流的方式写到页面上。
public partial class ShowPic : System.Web.UI.Page
{
protected void Page_Load（object sender，EventArgs e）
{
        if （!Page.IsPostBack）
        {
            //用以存储获取的图片数据
            byte[] picData;
            //获取传入参数
            string id = Request.QueryString["id"];
            //参数验证
            if （!CheckParameter（id，out picData））
            {
                Response.Write（"没有可以显示的照片。"）；
            }
            else
            {
                //设置页面的输出类型
                Response.ContentType = "application/octet-stream";
                //以二进制输出图片数据
                Response.BinaryWrite（picData）；
                //清空缓冲，停止页面执行
                Response.End（）；
            }
}
    }
```

从数据库中获取学生照片数据流，先保存到 object 对象中，检查数据的有效性，如果 object 对象为空，则没有此学生的照片数据；object 不为空，转换为数组类型，返回给 Page_Load 过程显示。代码如下：

```
private bool CheckParameter（string id，out byte[] picData）
{
    picData = null;
    //判断传入参数是否为空
    if（string.IsNullOrEmpty（id））
    {
        return false;
    }
```

```
    //从配置文件中获取连接字符串
    string connStr =
    ConfigurationManager.ConnectionStrings
["XSCJConnectionString"].ConnectionString;
        SqlConnection conn=new SqlConnection（connStr）;
        string query = string.Format（"select ZP from XS where XH='{0}'", id）;
        SqlCommand cmd = new SqlCommand（query, conn）;
        try
        {
            conn.Open（）;
            //根据参数获取数据
            object data = cmd.ExecuteScalar（）;
            //如果照片字段为空或者无返回值
            if （Convert.IsDBNull（data）|| data == null）
            {
                return false;
            }
            else
            {
                picData = （byte[]）data;
                return true;
            }
        }
        finally
        {
            conn.Close（）;
        }
}
```

11.5.6　学生成绩录入

目的要求：掌握 ASP.NET 中调用 SQL Server 数据库存储过程和触发器，直接用 ADO.NET 对象来操作数据库。

程序接口：学生成绩录入程序接口如图 11.74 所示。

实现功能：用户选择专业，这时列出本专业所有学生的学号，此时可以选择课程，如果学生学过这课程，那就会显示该课程的成绩、学分。如没有该课程的成绩则添加此课程的成绩。单击“上一条”、“下一条”时，会自动从学号列表中取出上一条、下一条学生的学号，并显示此学生的当前课程信息。

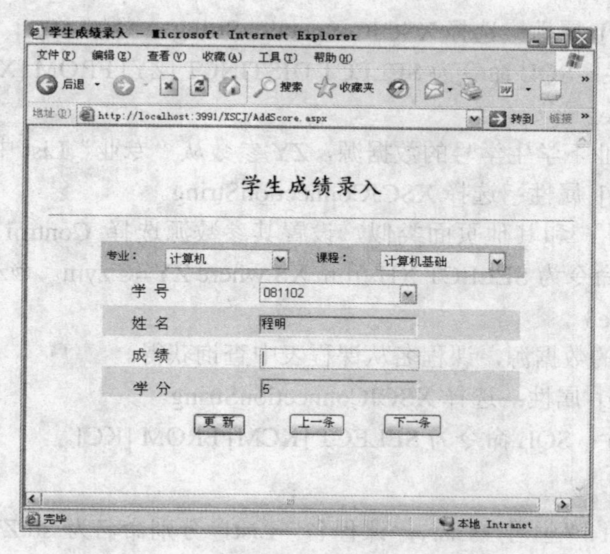

图 11.74 程序接口

实现过程："专业"列表项和数据库绑定显示、"课程"列表项也和数据库绑定显示，当"专业"列表项选择改变时，"学号"列表会跟着连动，使其始终显示当前专业的学生。当"学号"列表和"课程"列表选择改变时会调用 stuXH_SelectedIndexChanged 和 stuKCM_SelectedIndexChanged 显示此学生的成绩信息。当单击"更新"按钮时，在 update_btn_Click 中调用 AddStuScore 存储过程。如没有此学生此课程的信息则添加，有则修改。当单击"上一条"、"下一条"时会调用 prev_btn_Click，next_btn_Click 从列表中取出下一个学生信息显示，下面介绍接口的设计和数据库的绑定，设计接口如图 11.75 所示。

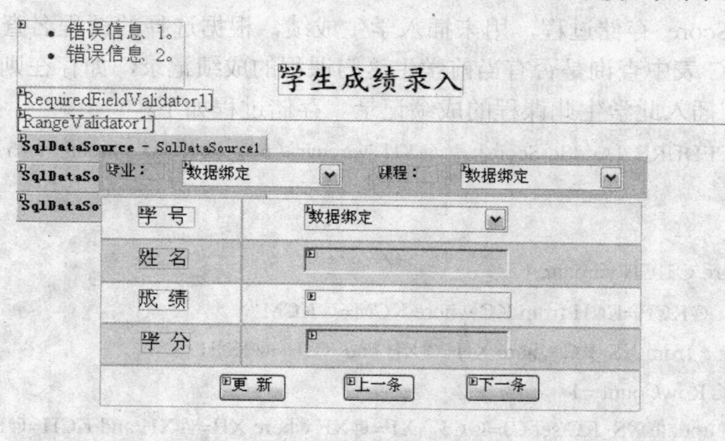

图 11.75 设计接口

1. 创建 3 个 SqlDataSource

- SqlDataSource1

用来显示专业情况的数据源，专业从 XS 表中查询，注意 DISTINCT 参数，保证查询到的专业不重复。

[ConnectionString] 属性：选择 XSCJConnectionString。

[SelectQuery]属性：SQL 命令为 SELECT DISTINCT [ZY] FROM [XS]

- SqlDataSource2

用来显示当前专业下学生学号的数据源，ZY 参数从“专业”List 中动态获得。

[ConnectionString] 属性：选择 XSCJConnectionString。

[SelectQuery]属性：和其他页面类似，设置其参数源选择 Control，ControlID 选择“专业”List 名字，SQL 命令为 SELECT XH from XS where ZY=@zym。@zym 为查询参数。

- SqlDataSource3

用来显示课程名的数据源，课程名从课程表中查询获得。

[ConnectionString] 属性：选择 XSCJConnectionString。

[SelectQuery]属性：SQL 命令为 SELECT [KCM] FROM [KC]。

2. 创建控件

创建“专业”List、“学号”List、“课程名”List，分别命名为 stuZY，stuXH，stuKCM，分别绑定到 SqlDataSource1，SqlDataSource2，SqlDataSource3 上。

创建“姓名“Edit、“成绩”Edit、“学分”Edit，分别命名为 stuXM，stuCJ，stuXF。

创建“更新”Button、“上一条”Button、“下一条”Button，用于，分别命名为 update_btn，prev_btn，next_btn。

创建 RequiredFieldValidator，并设置检查对象为 stuCJ；创建 RangeValidator，设置检查范围 0～100，检查对象为 stuCJ。

3. 编写代码

（1）存储过程

创建 AddStuScore 存储过程，用来插入学生成绩，根据选择的课程名查询该课程的课程号，然后在 XS_KC 表中查询是否有当前学生这门课程的成绩记录，如存在则用当前输入的成绩修改成绩；否则插入此学生此课程的成绩记录。存储过程如下：

```
CREATE PROCEDURE [AddStuScore] （@XH varchar（6），@KCM varchar（16），@CJ int，@XF int）AS
    BEGIN
        declare @KCH varchar（3）
        select @KCH=KCH from KC where KCM=@KCM
        select * from XS_KC where XH=@XH and KCH=@KCH
        if @@RowCount =1
            update XS_KC set CJ=@CJ，XF=@XF where XH=@XH and KCH=@KCH
        else
            insert into XS_KC values（@XH，@KCH，@CJ，@XF）
    END
GO
```

创建 XS_KC 的 INSERT，UPDATE 触发器，在添加和修改成绩后，根据当前的成绩自动为该学生该课程增加学分，当成绩小于 60 分时，学分为 0；当大于等于 60 分时，从该门课程表中取出当前课程的学分来更新当前学生在 XS_KC 表中这门课程的学分。

```
CREATE TRIGGER CHECKXF
   ON   XS_KC
   INSERT，UPDATE
AS
BEGIN
     SET NOCOUNT ON;
     update XS_KC set XF = 0 where CJ < 60
     update XS_KC set XF = （select XF from KC where KCH = XS_KC.KCH）
           where CJ >= 60
END
GO
```

（2）主要代码

```
using System.Data.SqlClient;
//用到 SqlConnection、SqlCommand、SqlDataReader 等对象，所以要加 SqlClient 命名空间
public partial class AddScore : System.Web.UI.Page
{
     //事件代码
}
```

● “学号”List 选择改变事件

“学号”List 选择改变，创建 SqlConnection 对象连接数据库和创建 SqlCommand 对象，用来从数据库中查询当前学生、当前一门课程的成绩、学分情况，同时显示出来。

代码如下：

```
protected void stuXH_SelectedIndexChanged（object sender，EventArgs e）
{
     //首先清空文本框
     stuXM.Text = string.Empty;
     stuCJ.Text = string.Empty;
     stuXF.Text = string.Empty;
     string xh = stuXH.Text;
     string kcm = stuKCM.Text;
     string connStr = ConfigurationManager.ConnectionStrings["XSCJConnectionString"].
ConnectionString;
     //定义 SQL 语句
     string sql = "select count（*）from XS_KC，XS where XS_KC.XH= XS.XH
           and XS_KC.KCH=（select KCH from KC where KCM='" + kcm + "'）
           and XS.XH='" + xh + "'";
     SqlConnection conn = new SqlConnection（connStr）;
     SqlCommand cmd = new SqlCommand（sql，conn）;
     try
     {
```

```
        conn.Open（）；
        int cnt = （int）cmd.ExecuteScalar（）；
        //如果有成绩记录存在
        if （cnt != 0）
        {
            sql = "select XS.XM，XS_KC.CJ，XS_KC.XF from XS_KC，XS，KC
        where XS_KC.XH= XS.XH and XS_KC.KCH =
        （select KCH from KC where KCM='" + kcm + "'）
        and XS.XH='" + xh + "'";
            cmd = new SqlCommand（sql，conn）；
            //获得记录行
            SqlDataReader sdr = cmd.ExecuteReader（）；
            sdr.Read（）；
            stuXM.Text = sdr[0].ToString（）；
            stuCJ.Text = sdr[1].ToString（）；
            stuXF.Text = sdr[2].ToString（）；
            sdr.Close（）；
        }
        //没有成绩记录则仅显示姓名
        else
        {
            sql = "select XS.XM，  KC.XF from XS，KC
          where XS.XH='" + xh + "'
          and KC.KCM='" + kcm + "'";
            cmd = new SqlCommand（sql，conn）；
            //获得记录行
            SqlDataReader sdr = cmd.ExecuteReader（）；
            sdr.Read（）；
            stuXM.Text = sdr[0].ToString（）；
            //stuXF.Text = sdr[1].ToString（）；
            sdr.Close（）；
        }
    }
    finally
    {
        conn.Close（）；
    }
}
```

● “课程”List 选择改变事件

“课程”List 选择改变，调用“学号”List 的 stuXH_SelectedIndexChanged 过程，取得当前的学生成绩信息。

代码如下：

```
protected void stuKCM_SelectedIndexChanged（object sender，EventArgs e）
{
    stuXH_SelectedIndexChanged（null，null）；
}
```

● “更新”按钮的 Click 事件

“更新”按钮的 Click 事件，创建 SqlConnection 对象连接数据库和创建 SqlCommand 对象，设置其 command 类型为存储过程，设置 commandText 为存储过程 AddStuScore，把取出的当前的学号、课程名、成绩当做调用存储过程的参数添加到 SqlCommand 对象中，最后执行这个存储过程，把学生成绩插入到学生成绩表中。

代码如下：

```
protected void update_btn_Click（object sender，EventArgs e）
    {
    string xh = stuXH.Text;
    string kcm = stuKCM.Text;
    int cj = int.Parse（stuCJ.Text）；
    string connStr = ConfigurationManager.ConnectionStrings["XSCJConnectionString"].ConnectionString;
    SqlConnection conn = new SqlConnection（connStr）；
    //SqlCommand cmd = null;
    try
    {
        conn.Open（）；
        //定义 SQL 语句
        string sql = null;
        //如果是已有记录则更新
        SqlCommand mycommand = new SqlCommand（）；
        mycommand.Connection = conn;
        mycommand.CommandType = CommandType.StoredProcedure;
        mycommand.CommandText = "AddStuScore";
        SqlParameter SqlStuXH = mycommand.Parameters.Add（"@XH"，SqlDbType.VarChar，6）；
        SqlStuXH.Direction = ParameterDirection.Input;
        SqlParameter  SqlStuKCM  =  mycommand.Parameters.Add （"@KCM"，SqlDbType.VarChar，
16）；
        SqlStuKCM.Direction = ParameterDirection.Input;
        SqlParameter SqlStuCJ = mycommand.Parameters.Add（"@CJ"，SqlDbType.Int）；
        SqlStuCJ.Direction = ParameterDirection.Input;
        SqlParameter SqlStuXF = mycommand.Parameters.Add（"@XF"，SqlDbType.Int）；
```

```
        SqlStuXF.Direction = ParameterDirection.Input;
        SqlStuXH.Value = xh;
        SqlStuKCM.Value = kcm;
        SqlStuCJ.Value = cj;
        SqlStuXF.Value = 0;
        //这里强制写 0，在 XS_KC 表的 Update、Insert 触发器中根据课程设定自动添加 XF
        mycommand.ExecuteReader（）;
    }
    finally
    {
        conn.Close（）;
    }
}
```

- “上一条”按钮的 Click 事件

当“学号”List 中不是第一条记录时，List 索引减一，调用 stuXH_SelectedIndexChanged 来显示索引减一后的学生成绩信息；否则显示“已经到达第一条记录！”。

代码如下：

```
protected void prev_btn_Click（object sender，EventArgs e）
{
    if （stuXH.SelectedIndex > 0）
    {
        stuXH.SelectedIndex--;
        stuXH_SelectedIndexChanged（null，null）;
    }
    else
    {
        Response.Write（"<script>alert（'已经到达第一条记录！'）</script>"）;
    }
}
```

- “下一条”按钮的 Click 事件

当“学号”List 中不是最后一条记录时，List 索引加一，调用 stuXH_SelectedIndexChanged 来显示索引加一后的学生成绩信息；否则显示“已经到达最后一条记录！”。

代码如下：

```
protected void next_btn_Click（object sender，EventArgs e）
{
    if （stuXH.SelectedIndex < stuXH.Items.Count - 1）
    {
        stuXH.SelectedIndex++;
        stuXH_SelectedIndexChanged（null，null）;
    }
```

```
    else
    {
        Response.Write（"<script>alert（'已经到达最后一条记录！'）</script>"）;
    }
}
```

11.5.7 CLR 存储过程和触发器的实现

SQL Server 2005 支持在 SQL Server 2005 环境之外，使用编程语言（如 C#语言）创建的外部例程，形成动态链接库（DLL）。使用时先将 DLL 加载到 SQL Server 2005 系统中，并且按照使用系统存储过程的方法执行。扩展存储过程在 SQL Server 实例地址空间中运行，这里主要介绍使用 CLR 机制，CLR 存储过程是指对 Microsoft .NET Framework 公共语言运行时 (CLR) 方法的引用，接受和返回用户提供的参数。它们在 .NET Framework 程序集中是作为类的公共静态方法实现的，也就是在 Microsoft .NET Framework 公共语言中创建一个动态链接库（DLL），然后在 SQL Server 2005 中通过引用来调用，实现存储过程的功能。下面单独介绍事例程序中的存储过程，以及触发器如何用 CLR 来实现。

① 按照前面介绍的步骤在 Microsoft Visual Studio 2005 中新建一个 C# 的 SQL Server 项目 XSCJ_CLR，如图 11.76 所示。

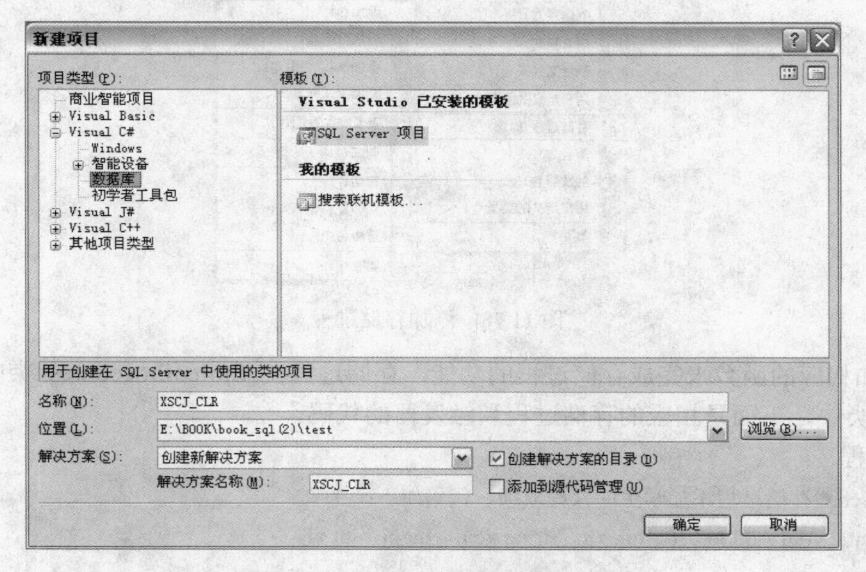

图 11.76 新建一个项目 XSCJ_CLR

② 设置完成后，单击“确定”按钮，出现如图 11.77 所示的“添加数据库引用”的窗口。在该窗口中选择存储过程相对应的数据库。单击“确定”按钮就完成了.NET Framework 运行时环境的建立，注意如果没有可用数据库需要添加新引用。

③ 在出现的“添加新项”对话框中选择存储过程子选项，并在下方输入该存储过程的名称，这里输入的存储过程名为 StoredProcedure1.cs，同样创建触发器文件 Trigger1.cs，如图 11.78 所示。

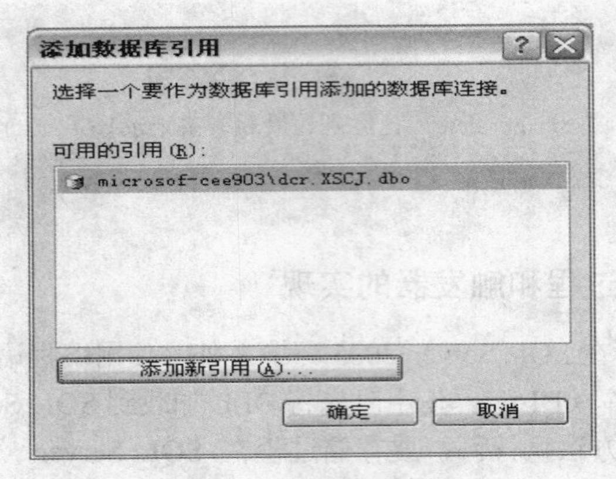

图 11.77　添加数据库引用

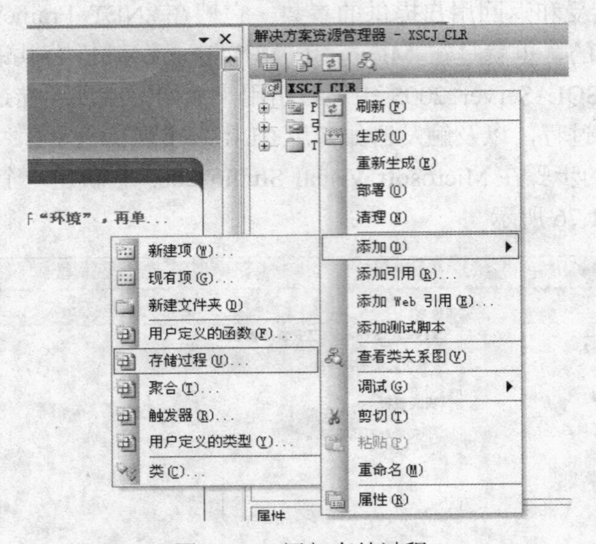

图 11.78　添加存储过程

④ 添加相应的函数来完成存储过程的功能，存储过程在 StoredProcedures 类中，触发器在 Triggers 类中，下面是相应的存储过程和触发器的代码。

存储过程

```
AddStuScore 存储过程添加学生的课程成绩，代码如下：
public static void AddScore(string xh, string kcm, int cj, int xf)
{
    string sqlstr;
    string kch;
    SqlCommand command;
    SqlDataReader myreader;
    using (SqlConnection connection = new SqlConnection("context connection=true"))
    {
        connection.Open();
        sqlstr = "select KCH from KC where KCM = '" + kcm + "'";
```

```
command = new SqlCommand(sqlstr， connection);
myreader = command.ExecuteReader();
if (myreader.Read())
        kch = myreader.GetString(0);
else
        kch = null;
myreader.Close();
sqlstr = "select xh from XS_KC where XH = '" + xh + "' and KCH = '" + kch + "'";
command.CommandText = sqlstr;
myreader = command.ExecuteReader();
if (myreader.Read())
{
        //update
        myreader.Close();
      command.CommandText = "update XS_KC set CJ = @cj， XF = @xf where
                XH = @xh and KCH = @kch";
      command.Parameters.Add(new SqlParameter("@xh"， SqlDbType.Char， 6， "学号"));
      command.Parameters.Add(new SqlParameter("@kch"， SqlDbType.Char， 16， "课程号"));
      command.Parameters.Add(new SqlParameter("@cj"， SqlDbType.Int， 4， "成绩"));
      command.Parameters.Add(new SqlParameter("@xf"， SqlDbType.Int， 4， "学分"));
      command.Parameters["@xh"].Value = xh;
      command.Parameters["@kch"].Value = kch;
      command.Parameters["@cj"].Value = cj;
      command.Parameters["@xf"].Value = xf;
      command.ExecuteNonQuery();
}
else
{
      //insert
      myreader.Close();
      command.CommandText = "insert into XS_KC values(@xh， @kch， @cj， @xf)";
      command.Parameters.Add(new SqlParameter("@xh"， SqlDbType.Char， 6， "学号"));
      command.Parameters.Add(new SqlParameter("@kch"， SqlDbType.Char， 16， "课程号"));
      command.Parameters.Add(new SqlParameter("@cj"， SqlDbType.Int， 4， "成绩"));
      command.Parameters.Add(new SqlParameter("@xf"， SqlDbType.Int， 4， "学分"));
      command.Parameters["@xh"].Value = xh;
      command.Parameters["@kch"].Value = kch;
      command.Parameters["@cj"].Value = cj;
      command.Parameters["@xf"].Value = xf;
```

```
            command.ExecuteNonQuery();
        }
    }
}
```

触发器

i ）CheckXs 触发器，当学生被删除时，删除成绩表中的该学生的成绩信息，保证完整性。

```
public static void Clr_CheckXS()
    {
        SqlTriggerContext triggContext = SqlContext.TriggerContext;
        SqlConnection connection = new SqlConnection("context connection = true");
        connection.Open();//打开一个与数据库的连接;
        SqlCommand command = connection.CreateCommand();
        command.CommandText = "delete from XS_KC where XH in( select    XH    from deleted)";
        command.ExecuteNonQuery();
    }
```

ii ）CheckXf 触发器，当添加或修改学生成绩时，自动修改学分。

```
public static void Clr_CheckXF()
    {
        SqlTransaction myTrans;
        SqlTriggerContext triggContext = SqlContext.TriggerContext;
        SqlConnection connection = new SqlConnection("context connection = true");
        connection.Open();//打开一个与数据库的连接;
        SqlCommand command = connection.CreateCommand();
        myTrans = connection.BeginTransaction(IsolationLevel.ReadCommitted);
        try
        {
            command.CommandText = "update XS_KC set XF = 0 where CJ < 60";
            command.ExecuteNonQuery();
            command.CommandText = "update XS_KC set XF =
                    (select XF from KC where KCH = XS_KC.KCH) where CJ >= 60";
            command.ExecuteNonQuery();
            myTrans.Commit();
        }
        catch (Exception e)
        {
            myTrans.Rollback();
        }
    }
```

iii）完成后编译工程，会生成\bin\Debug\XSCJ_CLR.dll 文件，这个里面包含上面创建的存储过程和触发器，可以使用生成菜单下的部署 XSCJ_CLR 功能，把存储过程自动注册到数据库中，为了灵活，这里使用手动方式注册方式，注意开启 SQL Server 2005 的 CLR 功能。

```
sp_configure 'clr enabled'，1;
GO
首先使用 CREATE ASSEMBLY 语句在 SQL Server 中注册程序集。
create ASSEMBLY XSCJ_CLR
from
'E:\BOOK\book_sql(2)\test\XSCJ_CLR\XSCJ_CLR\bin\Debug\XSCJ_CLR.dll'
```

创建 SQL 存储过程和 XSCJ_CLR 里相应的函数关联，这里注意 C# 函数参数的类型和存储过程参数类型的匹配。

```
CREATE PROCEDURE dbo.AddScore(@xh nChar(6) ，@kcm nChar(16)，@cj int，@xf int)
AS
EXTERNAL NAME XSCJ_CLR.StoredProcedures.AddScore
GO
```

创建触发器，Clr_CheckXS 为 XS 表上 Delete 操作的触发器，Clr_CheckXF 是学生课程表上插入和更新的触发器

```
create trigger Clr_CheckXS on XS for delete
AS EXTERNAL NAME XSCJ_CLR.Triggers.Clr_CheckXS
GO
create trigger Clr_CheckXF on XS_KC for insert，update
AS EXTERNAL NAME XSCJ_CLR.Triggers.Clr_CheckXF
GO
```

创建好后在数据库中可以看到相应加锁的存储过程和触发器，代表是外部的函数。如图 11.79 所示。

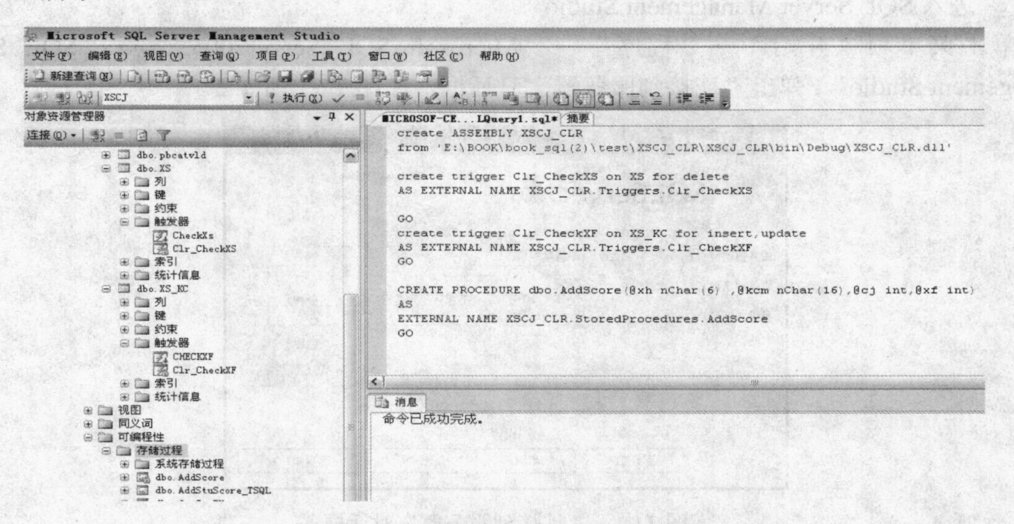

图 11.79　创建后存储过程和触发器显示

CLR 存储过程和触发器使用和 T-SQL 的存储过程和触发器使用方式一样。

第2部分 实 验

实验1 SQL Server 2005集成环境

目的与要求

① 掌握SQL Server Management Studio“对象资源管理器”使用方法；
② 掌握SQL Server Management Studio“查询分析器”使用方法；
③ 对数据库及其对象有一个基本了解。

实验准备

① 了解SQL Server 2005各种版本安装的软硬件要求；
② 了解SQL Server支持的身份验证模式；
③ 对数据库、表及其他数据库对象有一个基本了解。

实验内容

对象资源管理器的使用

① 进入SQL Server Management Studio

单击菜单项“开始”→“程序”→“Microsoft SQL Server2005”→“SQL Server Management Studio”，弹出“连接到服务器”对话框，如图T1.1所示。

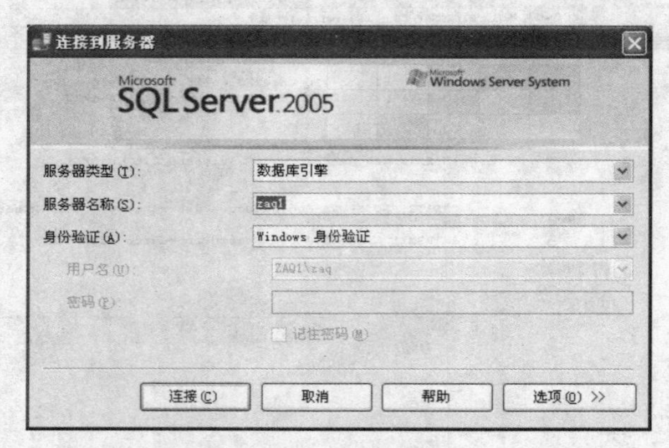

图T1.1 “连接到服务器”对话框

使用系统默认设置连接服务器，单击“连接”按钮，系统显示“Microsoft SQL Server Management Studio”窗口，如图T1.2所示。

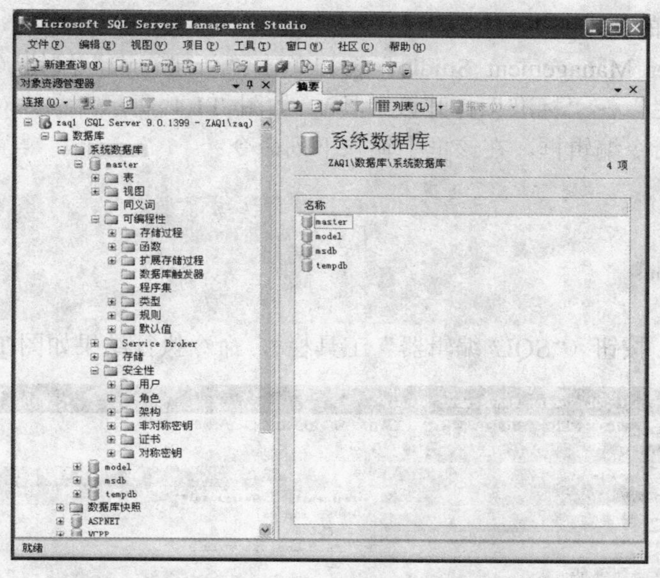

图 T1.2 “Microsoft SQL Server Management Studio”窗口

在“Microsoft SQL Server Management Studio”窗口中，左边是对象资源管理器，它以目录树的形式组织对象。单击指定对象，右边就会显示该对象的信息。

② 了解系统数据库和数据库的对象

在 SQL Server 2005 安装后，系统生成了 4 个数据库：master，model，msdb 和 tempdb。

在“对象资源管理器”中选择“系统数据库”项，右边显示 4 个系统数据库，如图 T1.2 所示。

选择系统数据库“master”项，观察 SQL Server 2005 对象资源管理器中数据库对象的组织方式。其中表、视图在数据库下面，存储过程、触发器、函数、类型、默认值、规则等在“可编程性”中，用户、角色、架构等在“安全性”中。

③ 试试不同数据库对象的操作功能

展开系统数据库“master” →“表”→“系统表”→“dbo.spt_valus”项，右键单击，弹出快捷菜单，如图 T1.3 所示。

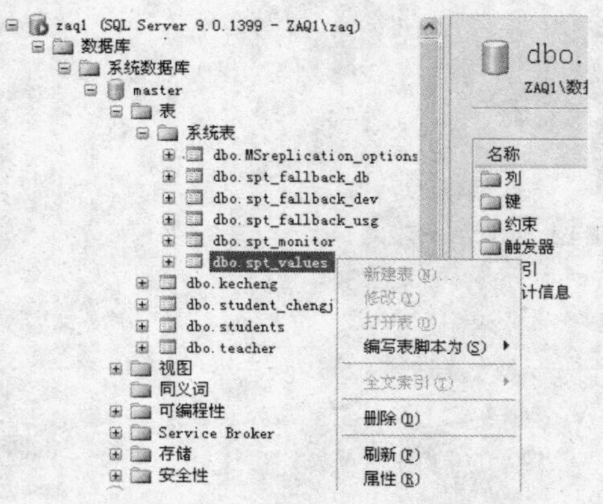

图 T1.3 对象操作快捷菜单

2. 查询分析器的使用

在“SQL Server Management Studio”窗口单击“新建查询”按钮（也可以单击菜单项“视图”→“工具栏”→“标准”打开该工具），如图 T1.4 所示。在“对象资源管理器”的右边就会出现查询命令编辑框，在该框中输入下列命令：

```
USE  master
SELECT *
FROM dbo.spt_valus
GO
```

单击“！执行”按钮（“SQL 编辑器”工具栏），命令执行结果如图 T1.4 所示。

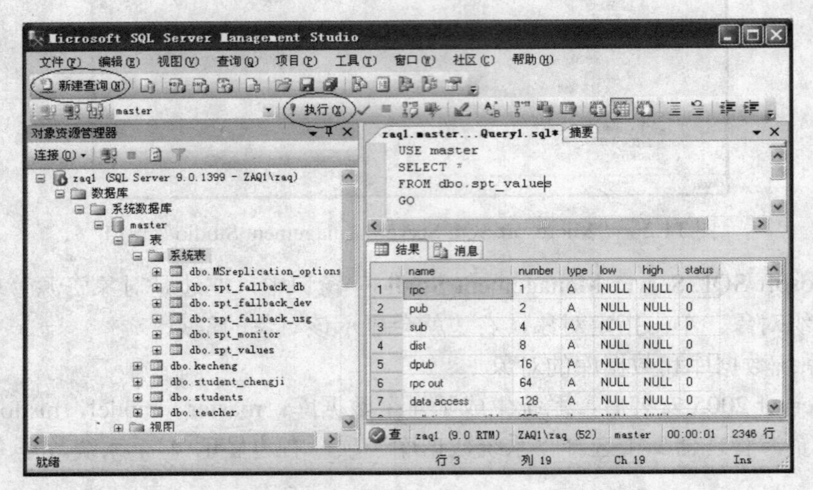

图 T1.4　查询命令和执行结果

如果在“SQL 编辑器”工具栏的“可用数据库”下拉列表中选择当前数据库为“master”，则“USE master”命令可以省略。

实验 2　创建数据库和表

目的与要求

① 了解 SQL Server 数据库的逻辑结构和物理结构；
② 了解表的结构特点；
③ 了解 SQL Server 的基本数据类型；
④ 了解空值概念；
⑤ 学会在对象资源管理器中创建数据库和表；
⑥ 学会使用 T-SQL 语句创建数据库和表。

实验内容

1. 实验题目

创建用于企业管理的员工管理数据库，数据库名为 YGGL，包含员工的信息、部门信息及员工的薪水信息。数据库 YGGL 包含下列 3 个表：

① Employees——员工自然信息表；
② Departments——部门信息表；
③ Salary——员工薪水情况表。

各表的结构见表 T2.1、表 T2.2、表 T2.3。

表 T2.1　Employees 表结构

列　　名	数 据 类 型	长　　度	是否允许为空值	说　　明
EmployeeID	Char	6	×	员工编号，主键
Name	Char	10	×	姓名
Birthday	Datetime	8	×	出生日期
Sex	Bit	1	×	性别
Address	Char	20	√	地址
Zip	Char	6	√	邮编
PhoneNumber	Char	12	√	电话号码
EmailAddress	Char	30	√	电子邮件地址
DepartmentID	Char	3	×	员工部门号，外键

表 T2.2　Departments 表结构

列　　名	数 据 类 型	长　　度	是否允许为空值	说　　明
DepartmentID	字符型（char）	3	×	部门编号，主键
DepartmentName	字符型（char）	20	×	部门名
Note	文本（text）	16	√	备注

表 T2.3　Salary 表结构

列　名	数 据 类 型	长　度	是否允许为空值	说　明
EmployeeID	字符型（char）	6	×	员工编号，主键
InCome	浮点型（float）	8	×	收入
OutCome	浮点型（float）	8	×	支出

2．实验准备

首先要明确，能够创建数据库的用户必须是系统管理员，或是被授权使用 CREATE DATABASE 语句的用户。

其次创建数据库必须要确定数据库名、所有者（即创建数据库的用户）、数据库容量（最初的容量、最大的容量、是否允许增长及增长方式）和存储数据库的文件。

然后，确定数据库包含哪些表，以及所包含的各表的结构，还要了解 SQL Server 的常用数据类型，以创建数据库的表。

此外还要了解两种常用的创建数据库、表的方法，即在对象资源管理器中创建和使用 T-SQL 的 CREATE DATABASE 语句创建。

实验步骤

1．在对象资源管理器中创建数据库 YGGL

要求：数据库 YGGL 初始容量为 10MB，最大容量为 50MB，数据库自动增长，增长方式是按 5%比例增长；日志文件初始容量为 2MB，最大可增长到 5MB（默认为不限制），按 1MB 增长（默认是按 5%比例增长）。数据库的逻辑文件名和物理文件名均采用默认值，分别为 YGGL_data 和 sys:\sql\data\MSSQL\Data\YGGL.mdf，其中，sys:\sql\data\MSSQL 为 SQL Server 的系统安装目录；事务日志的的逻辑文件名和物理文件名也均采用默认值分别为 YGGL_LOG 和 sys:\sql\data\MSSQL\Data\YGGL_Log.ldf。

注意：这里的盘符 sys 为用户安装 SQL Server 2005 的磁盘分区符号。

以系统管理员 Administrator 是被授权使用 CREATE DATABASE 语句的用户登录 SQL Server 服务器，启动对象资源管理器，在数据库文件夹图标上单击右键，新建数据库，输入数据库名“YGGL”，选择“数据文件”选项卡，设置增长方式和增长比例，选择“事务日志”选项卡，设置增长方式和增长比例，如图 T2.1 所示。

注意：在“数据文件”选项卡和“事务日志”选项卡中可以分别指定数据库文件和日志文件的物理路径等特性。

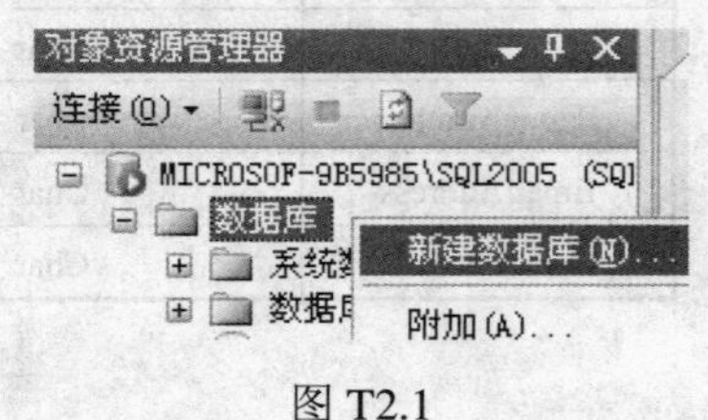

图 T2.1

2．在对象资源管理器中删除创建的 YGGL 数据库

在对象资源管理器中选择数据库 YGGL，在 YGGL 上单击右键，删除。

3．使用 T-SQL 语句创建数据库 YGGL

按照 1 的要求创建数据库 YGGL。

启动查询分析器，在“查询”窗口中输入以下 T-SQL 语句：

```
CREATE   DATABASE   YGGL
```

```
ON
（  NAME='YGGL_Data',
    FILENAME='sys:\sql\data\MSSQL\Data\YGGL.mdf',
    SIZE=10MB,
    MAXSIZE=50MB,
    FILEGROWTH=5%）
LOG ON
（  NAME='YGGL_Log',
    FILENAME='sys:\sql\data\MSSQL\Data\YGGL_Log.ldf',
    SIZE=2MB,
    MAXSIZE=5MB,
    FILEGROWTH=1MB）
GO
```

单击快捷工具栏的执行图标，执行上述语句，并在对象资源管理器中查看执行结果。

4．对象资源管理器中分别创建表 Employees，Departments 和 Salary

在对象资源管理器中选择数据库 YGGL，在 YGGL 上单击右键，新建，表，输入 Employees 表各字段信息，单击保存图标，输入表名 Employees，即创建了表 Employees。按同样的操作过程创建表 Departments 和 Salary。

5．对象资源管理器中删除 Employees，Departments 和 Salary 表

在对象资源管理器中选择数据库 YGGL 的表 Employees，在 Employees 上单击右键，删除，即删除了表 Employees。按同样的操作过程删除表 Departments 和 Salary。

6. 使用 T-SQL 语句创建表 Employees，Departments 和 Salary

启动查询分析器，在"查询"窗口中输入以下 T-SQL 语句：

```
USE YGGL
CREATE TABLE Employees
（  EmployeeID char（6）NOT NULL,
    Name char（10）NOT NULL,
    Birthday datetime NOT NULL,
    Sex bit NOT NULL,
    ddress char（20）NOT NULL,
    Zip char（6）NULL,
    PhoneNumber char（12）NULL,
    EmailAddree char（20）NULL,
    DepartmentID char（3）NOT NULL
）
GO
```

单击快捷工具栏的执行图标，执行上述语句，即可创建表 Employees。按同样的操作过程创建表 Departments 和 Salary，并在对象资源管理器中查看结果。

实验 3 表数据插入、修改和删除

目的和要求

① 学会在对象资源管理器中对数据库表进行插入、修改和删除数据操作；
② 学会使用 T-SQL 语句对数据库表进行插入、修改和删除数据操作；
③ 了解在数据更新操作时要注意数据完整性；
④ 了解 T-SQL 语句对表数据操作的灵活控制功能。

实验内容

1. 实验题目

分别使用对象资源管理器和 T-SQL 语句，向在实验 1 建立的数据库 YGGL 的 3 个表 Employees，Departments 和 Salary 中插入多行数据记录，然后修改和删除一些记录。使用 T-SQL 进行有限制的修改和删除。

2. 实验准备

首先了解对表数据的插入、删除、修改都属于表数据的更新操作。对表数据的操作可以在对象资源管理器中进行，也可以由 T-SQL 语句实现。

其次要掌握 T-SQL 中用于对表数据进行插入、修改和删除的命令分别是 INSERT，UPDATE 和 DELETE（或 TRANCATE TABLE）。

要特别注意在执行插入、删除、修改等数据更新操作时，必须保证数据完整性。

此外，还要了解在使用 T-SQL 语句在对表数据进行插入、修改及删除时，比在对象资源管理器中操作表数据更为灵活，功能更强大。

实验步骤

1. 在对象资源管理器中初始化数据库 YGGL 中所有表的数据

① 在对象资源管理器中打开表 Employees，并向表中加入下列记录。

编号	姓名	地址	邮编	电话	电子邮件	部门号	出生日期	性别
000001	王林	中山路 32-1-508	210003	3355668	NULL	2	1956-1-23	1
010008	伍容华	北京东路 100-2	210001	3321321	NULL	1	1966-3-28	1
020010	王向荣	四牌楼 10-10-108	210006	3792361	NULL	1	1972-12-9	1
020018	李丽	中山东路 102-2	210002	3413301	lili@sina.com	1	1950-7-30	0
102201	刘明	虎距路 100-2	210013	3606608	NULL	5	1962-10-18	1
102208	朱俊	牌楼巷 5-3-1806	210004	4708817	zhujun@sina.com	5	1955-09-28	1
108991	钟敏	中山路 108-3-105	210003	3346722	zhongmin@sohu.com	3	1969-08-10	0
111006	张石兵	解放路 34-9-1-203	210010	4563418	zhang@china.com	5	1964-10-01	1

续表

编号	姓名	地址	邮编	电话	电子邮件	部门号	出生日期	性别
210678	林涛	中山北路 247-2-305	210008	3467336	NULL	3	1967-04-02	1
302566	李玉珉	热和路 209-3	210018	8765991	liyumin@jlonline.com	4	1958-09-20	1
308759	叶凡	北京西路 3-7-502	210001	3308901	NULL	4	1968-11-18	1
504209	陈林琳	汉中路 120-4-102	210002	4468158	NULL	4	1959-09-03	0

输入完后，关闭表窗口。

② 在对象资源管理器向表 Departments 中插入以下记录。

编号	部门名称	备注
1	财务部	NULL
2	人力资源部	NULL
3	经理办公室	NULL
4	研发部	NULL
5	市场部	NULL

③ 在对象资源管理器中向表 Salary 中插入以下记录。

编号	收入	支出
000001	2100.8	123.09
010008	1582.62	88.03
102201	2569.88	185.65
111006	1987.01	79.58
504209	2066.15	108.0
302566	2980.7	210.2
108991	3259.98	281.52
020010	2860.0	198.0
020018	2347.68	180.0
308759	2531.98	199.08
210678	2240.0	121.0
102208	1980.0	100.0

2. 在对象资源管理器中修改数据库 YGGL 表数据

① 在对象资源管理器中删除表 Employees 的第 2，8 行数据记录。

在对象资源管理器中选择表 Employees，在其上单击右键，选“返回所有行”，选择要删除的行，单击右键，删除，关闭表窗口。

注意：表 Employees 的第 2，8 行数据记录，EmployeeID 与此相对应的 Salary 的数据记录也应同时删除，以保持数据库数据的完整性。

② 在对象资源管理器中删除表 Departments 的第 2 行。

注意：同时也要删除表 Employees 中部门号与 Departments 中已经删除的编号相同的记录。

③ 在对象资源管理器中将表 Employees 中编号为 020018 的记录的部门号改为 4。

在对象资源管理器中选择表 Employees，在其上单击右键，选“返回所有行”，将光标定位至编号为 020018 的记录的 DepartmentID 字段，将值 1 改为 4。

3．使用 T-SQL 命令修改数据库 YGGL 表数据

① 使用 T-SQL 命令分别向 YGGL 数据库 Employees，Departments 和 Salary 表中插入一行记录。

启动查询分析器，在“查询”窗口中输入以下 T-SQL 语句：

```
USE YGGL
INSERT INTO Employees
    VALUES（'011112'，'罗林'，'1973-5-3'，1，'解放路 100 号'，210002，4055663，NULL，5）
GO
INSERT INTO Departments
    VALUES（'2'，'人力资源部'，NULL）
GO
INSERT INTO Salary
    VALUES（'011112'，1200.09，50）
GO
```

单击快捷工具栏的执行图标，执行上述语句。

注意：在对象资源管理器中分别打开 YGGL 数据库 Employees，Departments 和 Salary 表，观察数据变化。

② 使用 T-SQL 命令修改表 Salary 中的某个记录的字段值。

启动查询分析器，在“查询”窗口中输入以下 T-SQL 语句：

```
USE YGGL
UPDATE Salary
    SET InCome = 2890
    WHERE EmployeeID ='011112'
GO
```

单击快捷工具栏的执行图标，执行上述语句，将编号为 011112 的职工收入改为 2890。

注意：在对象资源管理器中分别打开 YGGL 数据库 Salary 表，观察数据变化。

③ 修改表 Employees 和 Departments 的记录值，仍要注意完整性，操作过程同②。

④ 使用 T-SQL 命令修改表 Salary 中的所有记录的字段值。

启动查询分析器，在“查询”窗口中输入以下 T-SQL 语句：

```
USE YGGL
UPDATE Salary
    SET InCome = InCome +100
GO
```

单击快捷工具栏的执行图标，执行上述语句，将所有职工的收入增加 100。

可见，使用 T-SQL 语句操作表数据比在对象资源管理器中操作表数据更为灵活。

注意：输入以下 T-SQL 语句，观察数据变化。

```
SELECT * FROM Salary
```

⑤ 使用 TRANCATE TABLE 语句删除表中所有行。

启动查询分析器，在“查询”窗口中输入以下 T-SQL 语句：

```
USE YGGL
TRANCATE TABLE Salary
GO
```

单击快捷工具栏的执行图标，执行上述语句，将删除 Salary 表中的所有行。

注意：实验时一般不轻易做这个操作，因为后面实验还要用到这些数据。如要试验该命令的效果，可建一个临时表，输入少量数据后进行。

实验 4　数据库的查询

目的与要求

① 掌握 SELECT 语句的基本语法；
② 掌握子查询的表示；
③ 掌握连接查询的表示；
④ 掌握数据汇总的方法；
⑤ 掌握 SELECT 语句的 GROUP BY 子句的作用和使用方法；
⑥ 掌握 SELECT 语句的 ORDER BY 子句的作用和使用方法。

实验准备

① 了解 SELECT 语句的基本语法格式；
② 了解 SELECT 语句的执行方法；
③ 了解子查询的表示方法；
④ 了解连接查询的表示方法；
⑤ 了解数据汇总的方法；
⑥ 了解 SELECT 语句的 GROUP BY 子句的作用和使用方法；
⑦ 了解 SELECT 语句的 ORDER BY 子句的作用。

实验内容

1．SELECT 语句的基本使用

① 对于实验 2 给出的数据库表结构，查询每个雇员的所有数据。
在查询分析器输入如下语句并执行：

```
USE YGGL
SELECT *
    FROM Employees
GO
```

【思考与练习】
用 SELECT 语句查询 Departments 和 Salary 表的所有记录。
② 查询每个雇员的地址和电话。
在查询分析器输入如下语句并执行：

```
USE YGGL
SELECT Address，PhoneNumber
    FROM Employees
GO
```

【思考与练习】

用 SELECT 语句查询 Departments 和 Salary 表的一列或若干列。

③ 查询 EmployeeID 为 000001 的雇员的地址和电话。

在查询分析器输入如下语句并执行：

```
USE YGGL
SELECT Address，PhoneNumber
    FROM Employees
    WHERE EmployeeID='000001'
GO
```

【思考与练习】

用 SELECT 语句查询 Departments 和 Salary 表中满足指定条件的一列或若干列。

④ 查询 Employees 表中女雇员的地址和电话，使用 AS 子句将结果中各列的标题分别指定为地址、电话。

在查询分析器输入如下语句并执行：

```
USE YGGL
SELECT Address AS 地址，PhoneNumber AS 电话
    FROM Employees
    WHERE sex = 0
GO
```

注意：使用 AS 子句可指定目标列的标题。

⑤ 计算每个雇员的实际收入。

在查询分析器输入如下语句并执行：

```
USE YGGL
SELECT EmployeeID ，实际收入 = InCome - OutCome
    FROM Salary
GO
```

⑥ 找出所有姓王的雇员的部门号。

在查询分析器输入如下语句并执行：

```
USE YGGL
SELECT DepartmentID
    FROM Employees
    WHERE name LIKE '王%'
GO
```

【思考与练习】

找出所有其地址中含有“中山”的雇员的号码及部门号。

⑦ 找出所有收入在 2000～3000 之间的雇员号码。

在查询分析器输入如下语句并执行：

```
USE YGGL
SELECT EmployeeID
    FROM Salary
```

```
    WHERE InCome BETWEEN 2000 AND 3000
GO
```

【思考与练习】

找出所有在部门‘1’或‘2’工作的雇员的号码。

注意：在 SELECT 语句中 LIKE，BETWEEN…AND，IN，NOT 及 CONTAIN 谓词的作用。

2．子查询的使用

① 查找在财务部工作的雇员的情况。

在查询分析器输入如下语句并执行：

```
USE YGGL
SELECT *
    FROM Employees
    WHERE DepartmentID =
        （ SELECT DepartmentID
            FROM Departments
            WHERE DepartmentName = '财务部'
        ）
GO
```

【思考与练习】

用子查询的方法查找所有收入在 2500 以下的雇员的情况。

② 查找财务部年龄不低于研发部雇员年龄的雇员的姓名。

在查询分析器输入如下语句并执行：

```
USE YGGL
SELECT Name
    FROM Employees
    WHERE DepartmentID IN
        （ SELECT DepartmentID
            FROM Departments
            WHERE DepartmentName = '财务部'
        ） AND Birthday !> ALL
            （ SELECT Birthday
                FROM Employees
                WHERE DepartmentID IN
                    （ SELECT DepartmentID
                        FROM Departments
                        WHERE DepartmentName = '研发部'
                    ）
            ）
GO
```

【思考与练习】

用子查询的方法查找研发部比所有财务部雇员收入都高的雇员的姓名。

③ 查找比所有财务部的雇员收入都高的雇员的姓名。

在查询分析器输入如下语句并执行：

```
USE YGGL
SELECT Name
   FROM Employees
   WHERE   EmployeeID IN
       ( SELECT EmployeeID
            FROM Salary
            WHERE InCome >
            ALL   ( SELECT InCome
                     FROM Salary
                     WHERE EmployeeID IN
                        ( SELECT EmployeeID
                           FROM Employees
                           WHERE DepartmentID =
                              ( SELECT DepartmentID
                                   FROM Departments
                                   WHERE DepartmentName = '财务部'
                              )
                        )
                  )
       )
GO
```

【思考与练习】

用子查询的方法查找所有年龄比研发部雇员年龄都大的雇员的姓名。

3. 连接查询的使用

① 查询每个雇员的情况，以及其薪水的情况。

在查询分析器输入如下语句并执行：

```
USE YGGL
SELECT Employees.* ， Salary.*
   FROM Employees ， Salary
   WHERE Employees.EmployeeID = Salary.EmployeeID
GO
```

【思考与练习】

查询每个雇员的情况及其工作部门的情况。

② 查找财务部收入在 2200 以上的雇员姓名及其薪水详情。

在查询分析器输入如下语句并执行：

```
USE YGGL
SELECT Name, InCome, OutCome
    FROM Employees , Salary , Departments
        WHERE Employees.EmployeeID = Salary.EmployeeID AND
            Employees.DepartmentID= Departments.DepartmentID AND
            DepartmentName= '财务部' AND InCome>2000
GO
```

【思考与练习】

查询研发部在 1966 年以前出生的雇员姓名及其薪水详情。

4．数据汇总

① 求财务部雇员的平均收入。

在查询分析器输入如下语句并执行：

```
USE YGGL
SELECT AVG（InCome）AS '财务部平均收入'
    FROM Salary
    WHERE EmployeeID IN
     ( SELECT EmployeeID
        FROM Employees
        WHERE DepartmentID =
          ( SELECT DepartmentID
             FROM Departments
             WHERE DepartmentName = '财务部'
          )
    )
GO
```

【思考与练习】

查询财务部雇员的最高和最低收入。

② 求财务部雇员的平均实际收入。

在查询分析器输入如下语句并执行：

```
USE YGGL
SELECT AVG（InCome-OutCome）AS '财务部平均实际收入'
    FROM Salary
    WHERE EmployeeID IN
     ( SELECT EmployeeID
        FROM Employees
        WHERE DepartmentID =
             ( SELECT DepartmentID
             FROM Departments
             WHERE DepartmentName = '财务部'
             )
```

```
    )
GO
```

【思考与练习】

查询财务部雇员的最高和最低实际收入。

③ 求财务部雇员的总人数。

在查询分析器输入如下语句并执行：

```
USE YGGL
SELECT COUNT ( EmployeeID )
    FROM Employees
    WHERE DepartmentID =
        ( SELECT DepartmentID
            FROM Departments
            WHERE DepartmentName = '财务部'
        )
GO
```

【思考与练习】

统计财务部收入在2500以上雇员的人数。

5. GROUP BY、ORDER BY子句的使用

① 求各部门的雇员数。

在查询分析器输入如下语句并执行：

```
USE YGGL
SELECT COUNT ( EmployeeID )
    FROM Employees
    GROUP BY DepartmentID
GO
```

【思考与练习】

统计各部门收入在2000以上雇员的人数。

② 将各雇员的情况按收入由低到高排列。

在查询分析器输入如下语句并执行：

```
USE YGGL
SELECT Employees.*, Salary.*
    FROM Employees, Salary
    WHERE Employees.EmployeeID = Salary.EmployeeID
    ORDER BY InCome
GO
```

【思考与练习】

将各雇员的情况按出生时间先后排列。

实验 5　T-SQL 编程

目的与要求

① 进一步巩固第 2 章～第 4 章所学内容；
② 掌握用户自定义类型的使用；
③ 掌握变量的分类及其使用；
④ 掌握各种运算符的使用；
⑤ 掌握各种控制语句的使用；
⑥ 掌握系统函数及用户自定义函数的使用。

实验准备

① 了解 T-SQL 支持的各种基本数据类型；
② 了解自定义数据类型使用的一般步骤；
③ 了解 T-SQL 各种运算符、控制语句的功能及使用方法；
④ 了解系统函数的调用方法；
⑤ 了解用户自定义函数使用的一般步骤。

实验内容

1. 自定义数据类型的使用

① 对于实验 2 给出的数据库表结构，自定义一个数据类型 ID_type，用于描述员工编号。在查询分析器编辑窗口输入如下程序并执行：

```
USE YGGL
EXEC sp_addtype 'ID_type',
    'char（6）', 'not null'
GO
```

注意：不能漏掉单引号。

② 重新创建 YGGL 数据库的 Employees 表。在查询分析器编辑窗口输入如下程序并执行：

```
USE YGGL
/*首先在系统表中查看 Employees 表是否存在，若存在，删除该表*/
IF EXISTS （SELECT name FROM sysobjects
        WHERE type = 'U'and name='Employees'）
    DROP table employees
CREATE TABLE Employees
（   EmployeeID ID_type,              /*定义字段 EmployeeID 的类型为 ID_type */
        Name char（10）NOT NULL,
```

```
    Birthday datetime NOT NULL，
    Sex bit NOT NULL，
    Address char（20）NOT NULL，
    Zip char（6）NULL，
    PhoneNumber char（12）NULL，
    EmailAddree char（20）NULL，
    DepartmentID char（3）NOT NULL
）
GO
```

2．自定义函数的使用

① 定义一个函数并实现如下功能。对于一个给定的 DepartmentID 值，查询该值在 Departments 表中是否存在，若存在返回 0，否则返回–1。

在查询分析器的编辑窗口输入如下程序并执行：

```
CREATE FUNCTION CHECK_ID （@departmentid char（3））
RETURNS integer AS
BEGIN
    DECLARE @num int
    IF EXISTS （SELECT departmentID FROM departments
            WHERE @departmentid =departmentID）
        SELECT @num=0
    ELSE
        SELECT @num=–1
    RETURN @num
END
GO
```

② 写一段 T-SQL 脚本程序调用上述函数。当向 Employees 表插入一条记录时，首先调用函数 CHECK_ID 检索该记录的 DepartmentID 值在表 Departments 的 DepartmentID 字段中是否存在对应值，若存在，则将该记录插入 Employees 表。

在查询分析器编辑窗口输入如下程序并执行：

```
USE yggl
DECLARE @num int
SELECT @num=dbo.check_id（'2'）
IF @num=0
    INSERT employees
        VALUES（'990210'，'张文'，1982-03-24，0，
        '南京镇江路 2 号'，'210009'，'3497534'，'zhang@jlonline.com'，'2'）
GO
```

【思考与练习】

编写如下程序：

① 自定义一个数据类型，用于描述 YGGL 数据库中的 DepartmentID 字段，然后编写代码重新定义数据库的各表。

② 当对 Departments 表的 DepartmentID 字段值修改时，对 Employees 表中对应的 DepartmentID 字段值也进行相应修改。

③ 对 Employees 表进行修改时，不允许对 DepartmentID 字段值进行修改。

实验6　索引的使用和数据完整性

目的与要求

① 掌握索引的使用方法；
② 掌握数据完整性的定义方法。

实验准备

① 了解索引的作用与分类；
② 掌握索引的创建方法；
③ 理解数据完整性的概念及分类；
④ 掌握各种数据完整性的实现方法。

实验内容

1. 建立索引

① 对 YGGL 数据库 Employees 表中的 DepartmentID 列建立索引。在查询分析器编辑窗口输入如下程序并执行：

```
USE YGGL
IF EXISTS （SELECT name FROM sysindexes
    WHERE name = 'depart_ind'）
    DROP INDEX employees.depart_ind                    /*应使用表名.索引名的形式*/
GO
USE YGGL
CREATE INDEX depart_ind
    ON Employees （departmentID）
```

② 对 XSCJ 数据库 KC 表中的课程号列建立索引。在查询分析器编辑窗口输入如下程序并执行：

```
/*使用唯一聚集索引*/
USE XSCJ
IF EXISTS （SELECT name FROM sysindexes WHERE name = 'kc_id_ind'）
      DROP INDEX KC. kc_id_ind
GO
CREATE UNIQUE CLUSTERED INDEX kc_id_ind   ON   KC （课程号）
GO
```

【思考与练习】

① 对 XSCJ 数据库的 XS_KC 表中的学号列和课程号列建立复合索引。
② 什么情况下可以看到建立索引的好处？

2．定义数据的完整性

在查询分析器编辑窗口输入如下程序并执行：

```
--定义表
CREATE TABLE book
 (
            book_id   char（6）
            name      varchar（20） NOT NULL，
            hire_date    datetime   NOT NULL
            cost        CHECK （cost>=0 AND cost<=500） NULL
)
GO
      --创建默认值对象
CREATE DEFAULT today    AS getdate（）
GO
--绑定默认值对象
EXEC sp_bindefault 'today'，'book.[hire_ date]'
ALTER TABLE book
     ADD CONSTRAINT BOOK_PK
            PRIMARY KEY CLUSTERED（book_id）
GO
```

【思考与练习】

① 建立一个规则对象，输入 4 个数字，每一个的范围分别为 0～3，0～9，0～6，0～9。然后把它绑定到 book 表的 book_id 字段上。

② 删除上述建立的默认值对象和规则对象。

实验 7　存储过程和触发器的使用

目的与要求

① 掌握存储过程的使用方法；
② 掌握触发器的使用方法。

实验准备

① 理解数据完整性的概念及分类；
② 了解各种数据完整性的实现方法；
③ 了解存储过程的使用方法；
④ 了解触发器的使用方法；
⑤ 了解 inserted 逻辑表和 deleted 逻辑表的使用。

实验内容

1. 创建触发器

对于 YGGL 数据库，表 Employees 的 DepartmentID 列与表 Departments 的 DepartmentID 列应满足参照完整性规则，即：

① 向 Employees 表添加一记录时，该记录的 departmentID 值在 Departments 表中应存在；

② 修改 Departments 表 departmentID 字段值时，该字段在 Employees 表中的对应值也应修改；

③ 删除 Departments 表中一记录时，该记录 departmentID 字段值在 Employees 表中对应的记录也应删除。

对于上述参照完整性规则，在此通过触发器实现。

在查询分析器编辑窗口输入各触发器的代码并执行。

① 向 Employees 表插入或修改一记录时，通过触发器检查记录的 departmentID 值在 Departments 表是否存在，若不存在，则取消插入或修改操作。

```
USE YGGL
GO
CREATE TRIGGER EmployeesIns on dbo.Employees
    FOR INSERT，UPDATE
AS
BEGIN
    IF（(SELECT ins.departmentid from inserted ins）NOT IN
            （SELECT departmentid FROM departments））
        ROLLBACK
```

```
            /*对当前事务回滚，即恢复到插入前的状态*/
END
```

② 修改 Departments 表 departmentID 字段值时，该字段在 Employees 表中的对应值也做相应修改。

```
USE YGGL
GO
CREATE TRIGGER DepartmentsUpdate on dbo.Departments
FOR UPDATE
AS
BEGIN
IF（COLUMNS_UPDATED（）&01）>0
     UPDATE Employees
              SET DepartmentID=（SELECT ins.DepartmentID from INSERTED ins）
                   WHERE   DepartmentID=（SELECT DepartmentID FROM deleted）
END
GO
```

③ 删除 Departments 表中一记录的同时删除该记录 departmentID 字段值在 Employees 表中对应的记录。

```
USE YGGL
GO
CREATE TRIGGER DepartmentsDelete on dbo.Departments
FOR DELETE
AS
BEGIN
     DELETE FROM Employees
          WHERE   DepartmentID=（SELECT DepartmentID FROM deleted）
END
GO
```

【思考与练习】

上述触发器的功能用定义外码的方法完成。

2．创建存储过程

在查询分析器编辑窗口输入各存储过程的代码并执行。

① 添加职员记录的存储过程 EmployeeAdd。

```
USE YGGL
GO
CREATE   PROCEDURE EmployeeAdd
     （@employeeid char（6），@name char（10），@birthday datetime，
     @sex bit，@address char（20），@zip char（6），@phonenumber char（12），
     @emailaddress char（20），@departmentID char（3））
AS
```

```
BEGIN
        INSERT INTO Employees
        VALUES（@employeeid，@name，@birthday，@sex，@address，
            @zip，@phonenumber，@emailaddress，@departmentID）
END
RETURN
GO
```

② 修改职员记录的存储过程 EmployeeUpdate。

```
USE YGGL
GO
CREATE  PROCEDURE EmployeeUpdate
（   @empid char（6），@employeeid char（6），@name char（10），@birthday datetime，
     @sex bit，@address char（20），@zip char（6），@phonenumber char（12），
     @emailaddress char（20），@departmentID char（3）
）
AS
BEGIN
        UPDATE Employees
        SET Employeeid=@employeeid，
            Name=@name，
            Birthday=@birthday，
            Sex=@sex，
            Address=@address，
            Zip=@zip，
            Phonenumber=@phonenumber，
            Emailaddree=@emailaddress，
            DepartmentID=@departmentID
        WHERE Employeeid =@empid
END
RETURN
GO
```

③ 删除职员记录的存储过程 EmployeeDelete。

```
USE YGGL
GO
CREATE PROCEDURE EmployeeDelete
（   @employeeid char（6）   ）
AS
BEGIN
     DELETE FROM Employees
     WHERE Employeeid=@employeeid
```

```
END
RETURN
GO
```

3．调用存储过程

```
USE YGGL
EXEC EmployeeAdd '990230'，'刘朝'，'890909'，1，'武汉小洪山 5 号'，''，''，''，'3'
GO
USE YGGL
EXEC Employeeupdate '990230'，'990232'，'刘平'，'890909'，1，'武汉小洪山 5 号'，' '，' '，' '，'2'
GO
USE YGGL
EXEC EmployeeDelete '990232'
GO
```

分析一下此段程序执行时可能出现哪几种情况。

【思考与练习】

编写如下 T-SQL 程序：

① 自定义一数据类型，用于描述 YGGL 数据库中的 DepartmentID 字段，然后编写代码重新定义数据库各表。

② 对于 YGGL 数据库，表 Employees 的 EmployeeID 列与表 Salary 的 EmployeeID 列应满足参照完整性规则，请用触发器实现两个表间的参照完整性。

③ 编写对 YGGL 各表进行插入、修改、删除操作的存储过程，然后，编写一段程序调用这些存储过程。

实验 8　数据库的安全性

实验 8.1　数据库用户权限的设置

实验目的

① 掌握 Windows NT 认证模式下数据库用户账号的建立与取消方法；

② 掌握混合认证模式下数据库用户账号的建立与取消方法；

③ 掌握数据库用户权限的设置方法。

实验准备

① 了解 Windows NT 认证模式及混合模式下登录账号的建立与取消方法；

② 了解数据库用户账号的建立与取消方法；

③ 了解数据库用户权限的设置与回收方法。

实验步骤

① 设有一个 Windows 2000 用户，其计算机名为 office，用户名为 zhang，密码为 secret，请写出将该操作系统用户添加为产品销售数据库 CPXS 用户的步骤及命令。步骤如下：

- 以操作系统管理员身份登录；
- 从控制面板→管理工具→计算机管理→本地用户和组创建一用户 zhang，密码为 secret；
- 以系统管理员 sa 身份启动查询分析器，输入如下代码并执行。

```
/*将 Windows2000 的登录账号添加到 SQL Server 的登录中*/
/*若你的计算机名不是 office，则将如下代码中的 office 改为你的计算机名*/
EXEC sp_grantlogin 'office\zhang'
GO
USE cpxs
/*将 Windows2000 的登录账号添加为当前数据库的用户，其用户名为 user_1*/
EXEC sp_grantdbaccess 'office\zhang'，'user_1'
GO
```

【思考与练习】

- 在对象资源管理器中查看 Windows 2000 信任方式的登录账号'office\zhang'及该登录账号在数据库 CPXS 中的用户名'user_1'。
- 以账号 zhang 登录 Windows 2000，然后以 Windows 登录方式分别启动对象资源管理器和查询分析器并访问数据库 CPXS，看看会出现什么情况？

② 若要为产品销售数据库 CPXS 创建一个用户 user_2，该用户以混合模式登录 SQL

Server 服务器的账号为 cheng，登录密码为 secret，写出相应的命令。

以系统管理员身份 sa 启动查询分析器，在查询分析器中输入并执行如下代码：

```
EXEC sp_addlogin 'cheng'，@passwd='secret'
GO
/*将混合模式的登录账号添加为当前数据库的用户，其用户名为 user_2*/
USE cpxs
EXEC sp_grantdbaccess 'cheng'，'user_2'
GO
```

【思考与练习】

在混合登录模式下，以账号 cheng，密码 secret 分别启动对象资源管理器和查询分析器并访问数据库 CPXS，看看会出现什么情况？

③ 给登录账号'office\zhang'赋予创建数据库的权限，请写出相应代码。

以系统管理员身份 sa 启动查询分析器，在查询分析器中输入如下代码并执行：

```
USE master
GRANT create database TO [office\zhang]
GO
```

【思考与练习】

- 设混合模式登录账号 cheng 在系统数据库 master 中的用户名账号为 user_0，写出赋予 user_0 创建视图及存储过程权限的代码，然后在查询分析器中执行。
- 在对象资源管理器中取消给登录账号 cheng 赋予的权限。

④ 在本实验第①，②步中没有给 CPXS 的用户 user_1，user_2 赋予数据库的操作权限，所以，用户对数据库 CPXS 不能进行任何操作，下面，根据要求给用户赋予操作权限。

- 写出给数据库 CPXS 的用户 user_1 赋予对 CP，XSS 表所有操作权限及 CPXS 查询操作权限的代码。

以系统管理员身份 sa 启动查询分析器，在查询分析器中输入并执行如下代码：

```
USE    cpxs
GRANT ALL ON cp TO user_1
GRANT ALL ON xss TO user_1
GRANT SELECT ON xscp TO user_1
GO
```

- 写出给数据库 CPXS 的用户 user_2 赋予对 CP 表进行插入、修改、删除操作权限的代码。

```
USE cpxs
GRANT INSERT，UPDATE，DELETE ON cp TO user_2
GO
```

【思考与练习】

- 在混合登录模式下，以账号 cheng，密码 secret 分别启动对象资源管理器和查询分析器并访问数据库 CPXS。
- 以系统管理员身份 sa 启动对象资源管理器，然后取消本实验第④步给 CPXS 数据库用户 user_1，user_2 赋予的权限。

实验 8.2　服务器角色的应用

实验目的

掌握服务器角色的用法。

实验准备

① 了解服务器角色的分类；
② 了解每类服务器角色的功能。

实验步骤

给混合模式登录账号 cheng 及 Windows 登录账号赋予系统管理员的权限，写出相应的代码。

以系统管理员身份 sa 启动查询分析器，输入并执行如下代码：

```
EXEC sp_addsrvrolemember 'cheng'，'sysadmin'
EXEC sp_addsrvrolemember 'OFFICE\zhang'，'sysadmin'
GO
```

【思考与练习】

① 在混合登录模式下以账号 cheng 启动对象资源管理器和查询分析器访问 CPXS 数据库，以验证本实验的结果。

② 在对象资源管理器中删除系统管理员角色成员 cheng。

实验 8.3　数据库角色的应用

实验目的

① 掌握数据库角色的分类；
② 掌握数据库角色的作用；
③ 掌握数据库角色的使用方法。

实验准备

① 了解数据库角色的分类；
② 了解数据库角色的使用方法。

实验步骤

若一个小组共 3 个成员，他们对 CPXS 具有相同的操作权限，具体权限如下：

- 对于 CP，XSS 表只能进行数据查询；
- 对于 XSCP 表只能进行修改、删除或插入。

该小组成员访问 CPXS 数据库进行权限管理的方案如下：

① 以系统管理员 sa 身份启动对象资源管理器，自定义数据库角色 role；

② 给数据库角色 role 赋予对 CP，XSS 表进行数据查询的权限，以及对 XSCP 表进行修改、删除和插入的权限；

③ 给每个成员建一个登录账号，然后将每个登录账号添加为数据库角色 role 的成员。

【思考与练习】

① 在对象资源管理器中删除实验 8.3 创建的数据库角色 role 及其所有成员；

② 写出实现实验 8.3 功能的代码，然后在查询分析器中执行。

实验 9 备份恢复与导入/导出

实验 9.1 数据库的备份

实验目的

① 掌握在对象资源管理器中创建命名备份设备的方法；
② 掌握在对象资源管理器中进行备份操作的步骤；
③ 掌握使用 T-SQL 语句进行数据库完全备份的方法。

实验准备

了解在对象资源管理器中创建命名备份设备和进行数据库完全备份操作的方法。

实验步骤

使用对象资源管理器对数据库 CPXS 进行完全数据库备份和恢复。

1．在对象资源管理器中进行数据库完全备份

（1）在对象资源管理器中创建命名备份设备

① 以管理员账号登录 SQL Server 并打开 SQL Server 对象资源管理器；

② 在控制台目录树中，展开服务器组和服务器，展开“服务器对象”文件夹，在“备份设备”上单击右键，选择“新建备份设备”；

③ 在所出现如图 T9.1 所示的对话框中分别输入备份设备的逻辑名 CPXSBAK 和完整的物理路径名（可通过该文本框右侧的[...]按钮点击选择路径）。输入完毕后，单击“确定”按钮。

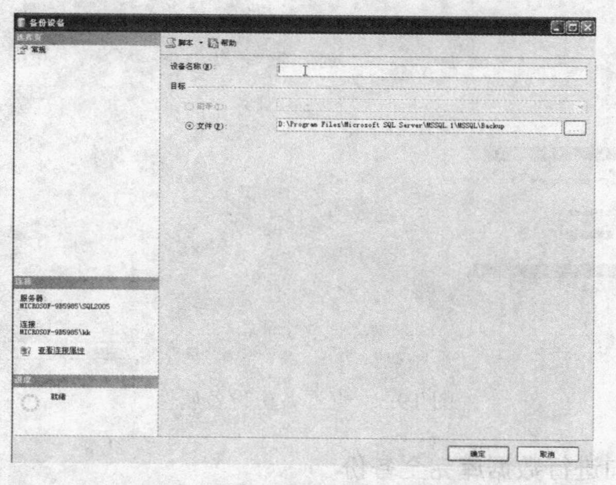

图 T9.1 “备份设备”对话框

（2）在对象资源管理器中进行数据库完全备份

① 在 SQL Server 对象资源管理器窗口中打开服务器组和服务器，展开“服务器对象”文件夹，右键单击“备份设备”选项，在弹出的菜单上选择“备份数据库…”选项；

② 在所出现的如图 T9.2 所示“SQL Server 备份”对话框中选择被备份的数据库名 CPXS，选择备份设备名 CPXSBAK，单击“确定”按钮。

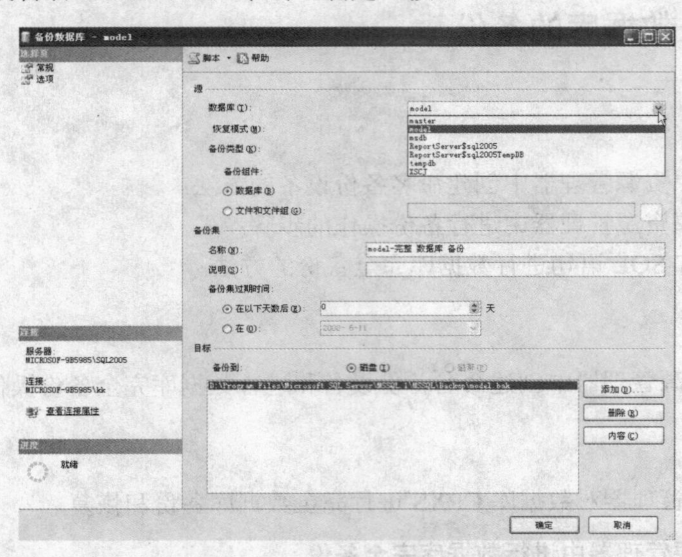

图 T9.2 “备份数据库”对话框

③ 在“管理”文件夹的 CPXSBAK 备份设备上单击右键，选择“属性”，在所出现的对话框中单击“查看内容”按钮，将显示该备份设备上的数据库，如图 T9.3 所示。

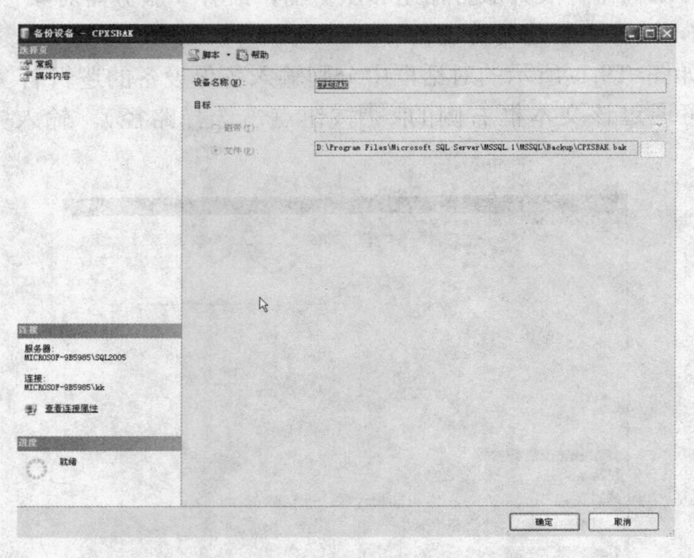

图 T9.3 查看备份设备属性

2．用 T-SQL 语句进行数据库完全备份

使用逻辑名 CPXSBAK1 创建一个命名的备份设备，并将数据库 CPXSXS 完全备份到该设备。在查询分析器窗口输入如下语句并执行：

```
USE master
EXEC sp_addumpdevice 'disk'  ， 'CPXSBK'， ' E:\Program Files\Microsoft SQL Server\MSSQL\
BACKUP\CPXSBK.BAK'
BACKUP DATABASE CPXS TO CPXSBK
```

【思考与练习】

① 写出将数据库 CPXS 完全数据库备份到备份设备 CPXSBK，并覆盖该设备上原有的内容的 T-SQL 语句，执行该语句。

② 写出将数据库 CPXS 完全数据库备份到备份设备 CPXSBK，并对该设备上原有的内容进行追加的 T-SQL 语句，执行该语句。

实验 9.2　数据库的恢复

实验目的

① 掌握在对象资源管理器中进行数据库恢复的步骤；

② 掌握使用 T-SQL 语句进行数据库恢复的方法。

实验准备

① 了解在对象资源管理器中进行数据库恢复的步骤；

② 了解使用 T-SQL 语句进行数据库恢复的方法。

实验步骤

使用 T-SQL 语句，对数据库 CPXS 进行完全数据库恢复。

1．在对象资源管理器中进行数据库恢复

启动 SQL Server 对象资源管理器，展开数据库树型目录。选择“数据库”文件夹，在“数据库”上单击右键，选择“还原数据库”，如图 T9.4 所示。

在所出现窗口中按提示操作选择备份设备 CPXSBAK，此时在设备框中将显示该逻辑设备的物理路径名，单击“确定”按钮。

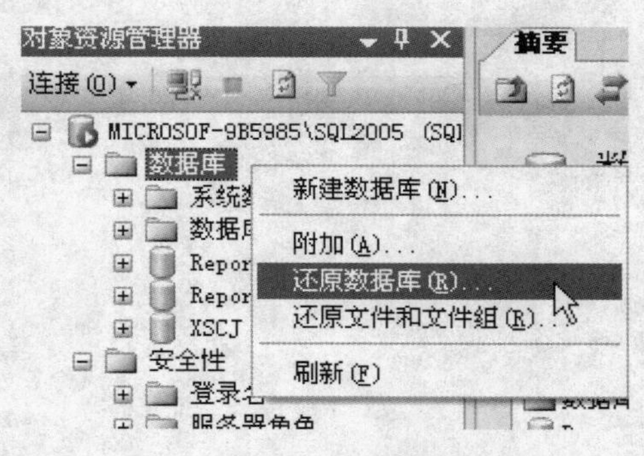

图 T9.4　还原数据库

2．使用 T-SQL 语句进行数据库恢复

在查询分析器窗口输入如下的语句并执行：

```
RESTORE DATABASE CPXS
    FROM CPXSBK
```

附录 A T-SQL 语言

Transact-SQL（T-SQL）是微软公司在 SQL Server 数据库管理系统中 ANSI SQL—99 的实现。在 SQL Server 数据库中，T-SQL 语言由以下几部分组成。

① 数据定义语言（DDL）。用于执行数据库的任务，对数据库及数据库中的各种对象进行创建、删除、修改等操作。如前所述，数据库对象主要包括：表、默认约束、规则、视图、触发器、存储过程。DDL 包括的主要语句及功能见表 A.1。

表 A.1 DDL 主要语句及功能

语 句	功 能	说 明
CREATE	创建数据库或数据库对象	不同数据库对象，其 CREATE 语句的语法形式不同
ALTER	对数据库或数据库对象进行修改	不同数据库对象，其 ALTER 语句的语法形式不同
DROP	删除数据库或数据库对象	不同数据库对象，其 DROP 语句的语法形式不同

DDL 各语句的语法、使用方法及举例请参考相关章节。

② 数据操纵语言（DML）。用于操纵数据库中各种对象，检索和修改数据。DML 包括的主要语句及功能如表 A.2。

表 A.2 DML 主要语句及功能

语 句	功 能	说 明
SELECT	从表或视图中检索数据	是使用最频繁的 SQL 语句之一
INSERT	将数据插入到表或视图中	
UPDATE	修改表或视图中的数据	既可修改表或视图的一行数据，也可修改一组或全部数据
DELETE	从表或视图中删除数据	可根据条件删除指定的数据

DML 各语句的语法、使用方法及举例请参考相关章节。

③ 数据控制语言（DCL）。用于安全管理，确定哪些用户可以查看或修改数据库中的数据，DCL 包括的主要语句及功能见表 A.3。

表 A.3 DCL 主要语句及功能

语 句	功 能	说 明
GRANT	授予权限	可把语句许可或对象许可的权限授予其他用户和角色
REVOKE	收回权限	与 GRANT 的功能相反，但不影响该用户或角色从其他角色中作为成员继承许可权限
DENY	收回权限，并禁止从其他角色继承许可权限	功能与 REVOKE 相似，不同之处：除收回权限外，还禁止从其他角色继承许可权限

④ T-SQL 增加的语言元素。这部分不是 ANSI SQL—99 所包含的内容，而是微软为了用户编程的方便增加的语言元素。这些语言元素包括变量、运算符、函数、流程控制语句和注解。这些 T-SQL 语句都可以在查询分析器中交互执行。

A.1　常量、数据类型与变量

A.1.1　常量

常量指在程序运行过程中值不变的量，常量又称为字面值或标量值，常量的使用格式取决于值的数据类型。

根据常量值的不同类型，分为字符串常量、整型常量、实型常量、日期时间常量、货币常量、唯一标识常量。各类常量举例说明如下。

1．字符串常量

分为 ASCII 字符串常量和 Unicode 字符串常量。

ASCII 字符串常量是用单引号括起来，由 ASCII 字符构成的符号串。

Unicode 字符串常量与 ASCII 字符串常量相似，但它前面有一个 N 标识符（N 代表 SQL—92 标准中的国际语言）。N 前缀必须大写字母。

ASCII 字符串常量举例：

'China'

'How do you!'

'O''Bbaar'

/*如果单引号中的字符串包含引号，可以使用两个单引号表示嵌入的单引号。*/

Unicode 字符串常量举例：

N'China'

N'How do you! '

N'O''Bbaar''

Unicode 数据中的每个字符用两个字节存储，而每个 ASCII 字符用一个字节存储。

2．整型常量

按照整型常量的不同表示方式，又分为二进制整型常量、十六进制整型常量和十进制整型常量。

十六进制整型常量的表示：前辍 0x 后跟十六进制数字串表示。十六进制常量的举例：

0xEBF

0x12Ff

0x69048AEFDD010E

0x　　　　　　　　　　/*空十六进制常量*/

二进制整型常量的表示：即数字 0 或 1，并且不使用引号。如果使用一个大于 1 的数字，它将被转换为 1。

十进制整型常量即不带小数点的十进制数，例如：

1894

2

+145345234

–2147483648

3．实型常量

实型常量有定点表示和浮点表示两种方式，举例如下。

定点表示：

1894.1204

2.0

+145345234.2234

-2147483648.10

浮点表示：

101.5E5

0.5E-2

+123E-3

-12E5

4．日期时间常量

日期时间常量：用单引号将表示日期时间的字符串括起来构成。SQL Server 可以识别如下格式的日期和时间。

字母日期格式，如：'April 20，2000'

数字日期格式，如：'4/15/1998'、'April 20，2000'

未分隔的字符串格式，如：'20001207'、'December 12，1998'

如下是时间常量的例子：

'14:30:24'

'04:24:PM'

如下是日期时间常量的例子：

'April 20，2000 14:30:24'

5．money 常量

money 常量是以“$”作为前缀的一整型或实型常量数据。下面是 money 常量的例子：

$12

$542023

-$45.56

+$423456.99

6．uniqueidentifier 常量

uniqueidentifier 常量是用于表示全局唯一标识符（GUID）值的字符串。可以使用字符或十六进制字符串格式指定。例如：

'6F9619FF-8A86-D011-B42D-00004FC964FF'

0xff19966f868b11d0b42d00c04fc964ff

A.1.2 数据类型

在 SQL Server 2005 中，根据每个字段（列）、局部变量、表达式和参数对应数据的特性，都有一个相关的数据类型。在 SQL Server 2005 中支持两种数据类型：系统数据类型和用

户自定义数据类型。

系统数据类型又称为基本数据类型。用户自定义数据类型可看做是系统数据类型的别名。

在多表操作的情况下，当多个表中的列要存储相同类型的数据时，往往要确保这些列具有完全相同的数据类型、长度和为空性（数据类型是否允许空值）。例如，在第 2 章中，对于学生成绩管理数据库（XSCJ），创建了 XS，KC，XS_KC 三张表，从表结构中可看出：表 XS 中的学号字段值与表 XS_KC 中的学号字段值应有相同的类型，均为字符型值、长度可定义为 6，并且不允许为空值，为了确保这一点，可以先定义一数据类型，命名为 student_num，用于描述学号字段的这些属性，然后将表 XS 中的学号字段和表 XS_KC 中的学号字段定义为 student_num 数据类型。

在用户自定义数据类型 student_num 后，可以重新设计学生成绩管理数据库表 XS，XS_KC 结构中的学号字段，见表 A.4、表 A.5、表 A.6。

表 A.4　自定义类型 student_num

依赖的系统类型	值允许的长度	为 空 性
char	6	NOT NULL

表 A.5　表 XS 中学号字段的重新设计

字 段 名	类 型
学号	student_num

表 A.6　表 XS_KC 中学号字段的重新设计

字 段 名	类 型
学号	student_num

通过上例可知道，要使用用户自定义类型，首先应定义该类型，然后用这种类型定义字段或变量。创建用户自定义数据类型时首先应考虑如下 3 个属性：

① 数据类型名称；

② 新数据类型所依据的系统数据类型（又称为基类型）；

③ 为空性。

如果为空性未明确定义，系统将依据数据库或连接的 ANSI Null 默认设置进行指派。

1. 利用命令定义数据类型

在 SQL Server 中，通过系统定义的存储过程实现用户数据类型的定义。

语法格式：

```
sp_addtype    [ @typename = ]   type,                      /*定义自定义类型名称*/
              [ @phystype = ]   system_data_type       /*定义自定义类型的基类型*/
              [ , [ @nulltype = ] [null_type ]              /*定义为空性*/
              [ , [ @owner = ]   [owner_name ]              /*定义新类型的创建者或所有者*/
```

说明：

type。用户自定义数据类型的名称。数据类型名称必须遵照标识符的规则，而且在每个数据库中必须是唯一的，数据类型名称必须用单引号括起来。

system_data_type。用户自定义数据类型所依赖的基类型（如 decimal，int 等）。可能取值有如下三种情况。

① 当只是给一个基类型重命名时，取值即为该基类型名。基类型可为 SQL Server 支持的不需指定长度和精度的系统类型。如'bit'，'int'，'smallint'，'text'，'datetime'，'real'，'uniqueidentifier'，'image'等。

② 若要指定基类型及允许的数据长度或小数点后保留的位数，则必须用括号将数据长度或指定的保留位数括起来。如果参数中嵌入有空格或标点符号，则必须用引号将该参数引起来，此时 system_data_type 的定义可为：'binary（n）'，'char（n）'，'varchar（n）'，'float（n）'，等。在此，n 为整数，表示存储长度或小数点后的数据位数。

③ 若在自定义数据类型中要指定基类型及数据的存储长度、小数点后保留的位数，此时，system_data_type 的定义可为：'numeric[（n[，s]）]'，'decimal[（n[，s]）]'。其中，n 为整数，表示数据的存储长度；s 为整数，表示数据小数点后保留的位数；中括号表示该项可不定义。

null_type。指明用户自定义数据类型处理空值的方式。取值可为'NULL'，'NOT NULL'或'NONULL'（注意：必须用单引号引起来），如果没有用 sp_addtype 显式定义 null_type，则将其设置为当前默认值，系统默认值一般为'NULL'。

owner_name。指定新数据类型的创建者或所有者。当没有指定时，owner_name 为当前用户。

根据上述语法，定义描述学号字段的数据类型如下：

```
USE XSCJ                                                  /*打开数据库*/
EXEC sp_addtype'student_num'，'char（6）'，'not null'      /*调用存储过程*/
GO                          /*将当前的 T-SQL 批处理语句发送给 SQL Server*/
```

2．利用命令删除用户自定义数据类型

语法格式：

```
sp_droptype    [@typename=] type
```

type 用户自定义数据类型的名称，应用单引号括起来。

例如，删除前面定义的 student_num 类型的语句为：

```
USE XSCJ                                                  /*打开数据库*/
EXEC sp_drop type    'student_num'                        /*调用存储过程*/
GO                                                        /*执行语句*/
```

说明：

① 如果在表定义内使用某个用户定义的数据类型，或者将某个规则或默认值绑定到这种数据类型，则不能删除该类型。

② 要删除一个用户自定义类型，该数据类型必须已经存在，否则返回一条错误信息。

3．执行权限

执行权限默认授予 sysadmin 固定服务器角色、db_ddladmin 和 db_owner 固定数据库角

色成员，以及数据类型所有者。

4．利用自定义类型定义字段

在定义类型后，接着应考虑定义这种类型的字段，同样可以利用企业管理器和命令两种方式实现，读者可以参照第 2 章进行定义，不同点只是数据类型为用户自定义类型，而不是系统类型。

利用命令定义 XS 表结构如下：

```
USE XSCJ
CREATE TABLE XS
(     学号 student_num,                          /*将学号定义为 student_num 类型*/
      姓名 char（8）NOT NULL,
      专业名 char（10）NULL,
      性别 bit NOT NULL,
      出生时间 smalldatetime NOT NULL,
      总学分 tinyint NULL,
      备注 text NULL
)
GO
```

A.1.3 变量

变量用于临时存放数据，变量中的数据随着程序的运行而变化，变量有名字及其数据类型两个属性。变量名用于标识该变量，变量的数据类型确定了该变量存放值的格式及允许的运算。

1．变量

变量名必须是一个合法的标识符。

（1）标识符

在 SQL Server 中标识符分为如下两类。

① 常规标识符

以 ASCII 字母、Unicode 字母、下划线（_）、@或#开头，后续可跟一个或若干个 ASCII 字符、Unicode 字符、下划线（_）、美元符号（$）、@或#，但不能全为下划线（_）、@或#。

注意：常规标识符不能是 T-SQL 的保留字。常规标识符中不允许嵌入空格或其他特殊字符。

② 分隔标识符

包含在双引号（"）或者方括号（[ ]）内的常规标识符或不符合常规标识符规则的标识符。

标识符允许的最大长度为 128 个字符。符合常规标识符格式规则的标识符可以分隔，也可以不分隔。对不符合标识符规则的标识符必须进行分隔。

（2）变量的分类

SQL Server 中变量可分为如下两类。

① 全局变量

全局变量由系统提供且预先声明，通过在名称前加两个“@”符号区别于局部变量。T-SQL 全局变量作为函数引用。全局变量的意义及使用请参考附录部分。

② 局部变量

局部变量用于保存单个数据值。例如，保存运算的中间结果，作为循环变量等。

当首字母为“@”时，表示该标识符为局部变量名；当首字母为“#”时，此标识符为一临时数据库对象名；若开头含一个“#”，表示局部临时数据库对象名；若开头含两个“#”，表示全局临时数据库对象名。

2．局部变量的使用

（1）局部变量的定义与赋值

① 局部变量的定义

在批处理或过程中用 DECLARE 语句声明局部变量，所有局部变量在声明后均初始化为 NULL。

语法格式：

```
DECLARE    { @local_variable data_type } [ ，...n]
```

说明：

local_variable。局部变量名，应为常规标识符。前面的“@”表示是局部变量。

data_type。数据类型，用于定义局部变量的类型，可为系统类型或自定义类型。

n。表示可定义多个变量，各变量间用“，”隔开。

② 局部变量的赋值

当申明局部变量后，可用 SET 或 SELECT 语句给其赋值。

● 用 SET 语句赋值

将 DECLARE 语句创建的局部变量设置为给定表达式的值。

语法格式：

```
SET   @local_variable＝expression
```

说明：

@local_variable。是除 cursor，text，ntext，image 外的任何类型变量名。变量名必须“@”开头。

Expression。是任何有效的 SQL Server 表达式。

【例 A.1】 创建局部变量@var1，@var2，并赋值，然后输出变量的值。

```
DECLARE @var1，@var2 char（20）
SET   @var1＝'中国'                              /*一个 SET 语句只能给一个变量赋值*/
SET   @var2＝@var1+'是一个伟大的国家'
SELECT @var1，@var2
GO
```

【例 A.2】 创建一个名为 sex 的局部变量，并在 SELECT 语句中使用该局部变量查找表 XS 中所有女同学的学号、姓名。

```
USE XSCJ
DECLARE @sex bit
```

```
SET @sex=0
SELECT 学号，姓名
    FROM XS
    WHERE 性别=@sex
GO
```

【例 A.3】 使用查询给变量赋值。

```
USE XSCJ
DECLARE @student char（8）
SET @student=（SELECT 姓名 FROM XS）
GO
```

● 用 SELECT 语句赋值

语法格式：

```
SELECT {@local_variable=expression} [，…n]
```

说明：

@local_variable。是除 cursor，text，ntext，image 外的任何类型变量名。变量名必须"@"开头。

Expression。任何有效的 SQL Server 表达式，包括标量子查询。

N。表示可给多个变量赋值。

关于 SELECT，需说明以下几点：

① SELECT @local_variable 通常用于将单个值返回到变量中。如果 expression 为列名，则返回多个值，此时将返回的最后一个值赋给变量。

② 如果 SELECT 语句没有返回行，变量将保留当前值。

③ 如果 expression 是不返回值的标量子查询，则将变量设为 NULL。

④ 一个 SELECT 语句可以初始化多个局部变量。

【例 A.4】 在 XS 表中不存在身份证号码 ID_number 字段，因此对该表的查询不返回结果，变量@var1 将保留原值。

```
USE XSCJ
DECLARE @var1 nvarchar（30）
SELECT @var1 = '刘丰'
SELECT @var1 = 姓名
    FROM XS
    WHERE ID_number = '64122312111'
SELECT @var1 AS 'NAME'
```

【例 A.5】 子查询用于给 @var1 赋值。在 XS 表中 ID_number 不存在，因此子查询不返回值并将变量@var1 设为 NULL。

```
USE XSCJ
DECLARE @var1 nvarchar（30）
SELECT @var1 =  '刘丰'
SELECT @var1 =
（SELECT 姓名
```

```
    FROM XS
    WHERE ID_number = '64122312111'
)
SELECT @var1 AS  'NAME'
```

（2）局部游标变量的定义与赋值

① 局部游标变量的定义

语法格式：

```
DECLARE
{ @cursor_variable_name CURSOR }
[ , ...n]
```

说明：

@cursor_variable_name。局部游标变量名，应为常规标识符。前面的“@”表示是局部的。

CURSOR。表示该变量是游标变量。

N。表示可定义多个游标变量，各变量间用“,”隔开。

② 局部游标变量的赋值

利用 SET 语句给一个游标变量赋值，有 3 种情况：

① 将一个已存在的并且赋值的游标变量的值赋给另一局部游标变量；

② 将一个已申明的游标名赋给指定的局部游标变量；

③ 申明一个游标，同时将其赋给指定的局部游标变量。

上述 3 种情况的语法描述如下。

语法格式：

```
SET
{ @cursor_variable =
{ @cursor_variable |          /*将一个已赋值的游标变量的值赋给一目标游标变量*/
cursor_name |                 /*将一个已申明的游标名赋给游标变量*/
{ CURSOR 子句 }               /*游标申明*/
}
}
```

说明：

cursor_variable 用于指定游标变量名，如果目标游标变量先前引用了一个不同的游标，则删除先前的引用。cursor_name 指用 DECLARE CURSOR 语句声明的游标名。

对于关键字 CURSOR 引导游标申明的语法格式及含义，请参考第 4 章游标部分。

④ 游标变量的使用步骤

定义游标变量，给游标变量赋值，打开游标，利用游标读取行（记录），使用结束后关闭游标，删除游标的引用。

【例 A.6】 使用游标变量。

```
USE XSCJ
DECLARE @CursorVar CURSOR                        /*定义游标变量*/
```

```
SET @CursorVar = CURSOR SCROLL DYNAMIC        /*给游标变量赋值*/
FOR
SELECT 学号，姓名
    FROM XS
    WHERE 姓名 LIKE  '王%'
OPEN @CursorVar                                /*打开游标*/
FETCH NEXT FROM @CursorVar
WHILE @@FETCH_STATUS = 0
BEGIN
    FETCH NEXT FROM @CursorVar                 /*通过游标读行记录*/
END
CLOSE @CursorVar
DEALLOCATE @CursorVar                          /*删除对游标的引用*/
```

A.2 运算符与表达式

SQL Server 2005 提供如下几类运算符：算术运算符、赋值运算符、位运算符、比较运算符、逻辑运算符、字符串串联运算符和一元运算符。通过运算符连接运算量构成表达式。

1．算术运算符

算术运算符在两个表达式上执行数学运算，这两个表达式可以是任何数字数据类型。

算术运算符有：+（加）、–（减）、*（乘）、/（除）和%（求模）5 种运算。+（加）和–（减）运算符也可用于对 datetime 及 smalldatetime 值进行算术运算。

【例 A.7】 求学生的年龄。

```
USE XSCJ
SET NOCOUNT ON
DECLARE @startdate datetime
SET @startdate = getdate（）
SELECT @startdate –出生时间 AS 年龄
    FROM XS
```

2．位运算符

位运算符在两个表达式之间执行位操作，这两个表达式的类型可为整型或与整型兼容的数据类型（如字符型等，但不能为 image 类型），位运算符见表 A.7。

表 A.7 位运算符

运 算 符	运 算 规 则
&	两个位均为 1 时，结果为 1，否则为 0
|	只要一个位为 1，结果为 1，否则为 0
^	两个位值不同时，结果为 1，否则为 0

【例 A.8】 在 maste 数据库中，建立表 bitop，并插入一行，然后将 a 字段和 b 字段列上值进行按位与运算。

```
USE master
CREATE TABLE bitop
 (
      a int NOT NULL，
      b int NOT NULL
)
INSERT bitop VALUES （168，73）
SELECT a & b，a | b，a ^ b
      FROM bitop
GO
```

a（168）的二进制表示：0000 0000 1010 1000，b（73）的二进制表示： 0000 0000 0100 1001。在这两个值之间进行的位运算如下：

（a &b）：

```
        0000 0000 1010 1000
        0000 0000 0100 1001
    ___________________________
        0000 0000 0000 1000
```

（a | b）：

```
        0000 0000 1010 1000
        0000 0000 0100 1001
    ___________________________
        0000 0000 1110 1001
```

（a∧b）：

```
        0000 0000 1010 1000
        0000 0000 0100 1001
    ___________________________
        0000 0000 1110 0001
```

3．比较运算符

比较运算符（又称关系运算符）见表 A.8，用于测试两个表达式的值是否相同，其运算结果为逻辑值，可以为 TRUE、FALSE 及 UNKNOWN 中的一个。

除 text，ntext 或 image 类型的数据外，比较运算符可以用于所有的表达式，用于查询指定学号的学生在 XS 表中信息的语句如下。

```
USE XSCJ
DECLARE @student student_num
SET @student = '990202'
IF （@student <> 0）
    SELECT *
```

```
FROM XS
WHERE 学号 = @student
```

表 A.8　比较运算符

运　算　符	含　　义
=	相等
>	大于
<	小于
>=	大于等于
<=	小于等于
<>、!=	不等于
!<	不小于
!>	不大于

4．逻辑运算符

逻辑运算符用于对某个条件进行测试，运算结果为 TRUE 或 FALSE。SQL Server 提供的逻辑运算符见表 A.9。

表 A.9　逻辑运算符

运　算　符	运 算 规 则
AND	如果两个操作数值都为 TRUE，运算结果为 TRUE
OR	如果两个操作数中有一个为 TRUE，运算结果为 TRUE
NOT	若一个操作数值为 TRUE，运算结果为 FALSE，否则为 TRUE
ALL	如果每个操作数值都为 TRUE，运算结果为 TRUE
ANY	在一系列操作数中只要有一个为 TRUE，运算结果为 TRUE
BETWEEN	如果操作数在指定的范围内，运算结果为 TRUE
EXISTS	如果子查询包含一些行，运算结果为 TRUE
IN	如果操作数值等于表达式列表中的一个，运算结果为 TRUE
LIKE	如果操作数与一种模式相匹配，运算结果为 TRUE
SOME	如果在一系列操作数中，有些值为 TRUE，运算结果为 TRUE

（1）ANY，SOME，ALL，IN 的使用

可以将 ALL 或 ANY 关键字与比较运算符组合进行子查询。SOME 的用法与 ANY 相同。以>比较运算符为例：

>ALL 表示大于每一个值，即大于最大值。例如，>ALL（5，2，3）表示大于 5，因此，使用>ALL 的子查询也可用 MAX 集函数实现。

>ANY 表示至少大于一个值，即大于最小值。因此>ANY（7，2，3）表示大于 2，因

此，使用>ANY 的子查询也可用 MIN 集函数实现。

=ANY 运算符与 IN 等效。

<>ALL 与 NOT IN 等效。

【例 A.9】 查询成绩高于刘燕敏最高成绩的学生姓名、课程名及成绩。

```
USE XSCJ
SELECT 姓名，课程名，成绩
    FROM XS，XS_KC，KC
    WHERE 成绩> ALL
    (   SELECT b.成绩
          FROM XS a，XS_KC b，KC c
          WHERE a.学号= b.学号  AND b.课程号=c.课程号  AND
                a.姓名='刘燕敏'
    ）AND 姓名<>'刘燕敏'
```

【例 A.10】 查询成绩高于刘丰最低成绩的学生姓名、课程名及成绩。

```
USE XSCJ
SELECT 姓名，课程名，成绩
    FROM XS，XS_KC，KC
    WHERE 成绩> ANY
    （ SELECT b.成绩
        FROM XS a，XS_KC b，KC c
        WHERE a.学号= b.学号  AND b.课程号=c.课程号  AND
              a.姓名='刘燕敏'
    ）AND 姓名<>'刘燕敏'
```

（2）BETWEEN 的使用

语法格式：

```
test_expression [ NOT ] BETWEEN begin_expression AND end_expression
```

如果 test_expression 的值大于或等于 begin_expression 的值并且小于或等于 end_expression 的值，则运算结果为 TRUE，否则为 FALSE。

test_expression 为测试表达式，begin_expression 和 end_expression 指定测试范围，3 个表达式的类型必须相同。

NOT 关键字表示对谓词 BETWEEN 的运算结果取反。

【例 A.11】 查询总学分在 40～50 的学生学号和姓名。

```
USE XSCJ
SELECT 学号，姓名，总学分
    FROM XS
    WHERE 总学分 BETWEEN 40 AND 50
GO
```

使用 >= 和 <=代替 BETWEEN 实现与上例相同的功能。

```
USE XSCJ
SELECT 学号，姓名，总学分
```

```
    FROM XS
    WHERE 总学分 > 40 AND 总学分<50
GO
```

【例 A.12】 查询总学分在范围 40～50 之外的所有学生的学号和姓名。

```
USE XSCJ
SELECT 学号，姓名，总学分
    FROM XS
    WHERE 总学分 NOT BETWEEN 40 AND 50
GO
```

（3）LIKE 的使用

语法格式：

```
match_expression [ NOT ] LIKE pattern [ ESCAPE escape_character ]
```

确定给定的字符串是否与指定的模式匹配，若匹配，运算结果为 TRUE，否则为 FALSE。模式可以包含普通字符和通配字符。

说明：

match_expression。匹配表达式，一般为字符串表达式，pattern 为在 match_expression 中的搜索模式串。

Pattern。通配符，见表 A.10。

escape_character。转义字符，应为有效的 SQL Server 字符，escape_character 没有默认值，且必须为单个字符。当模式串中含有与通配符相同的字符时，此时应通过该字符前的转义字符指明其为模式串中的一个匹配字符。

使用带 % 通配符的 LIKE 时，若使用 LIKE 进行字符串比较，模式字符串中的所有字符都有意义，包括起始或尾随空格。

表 A.10　通配符列表

通　配　符	说　明	示　例
%	代表 0 个或多个字符	SELECT WHERE 姓名 LIKE '刘%' 查询姓刘的学生
_（下划线）	代表单个字符	SELECT WHERE 姓名 LIKE '张__' 查询姓张的名为一个汉字的所有人名
[ ]	指定范围（如：[a-f]、[0-9]）或集合（如[abcdef]）中的任何单个字符	SELECT WHERE substring（学号 1，1）LIKE '[12]%' 查询首字符为 1、2 的学号
[^]	指定不属于范围（如：[^a-f]、[^0-9]）或集合（如：[^abcdef]）的任何单个字符	SELECT WHERE substring（学号 1，1）LIKE '[^1-9]%'

【例 A.13】 查询课程名以 C 或 A 开头的情况。

```
USE XSCJ
SELECT *
    FROM KC
    WHERE 课程名 LIKE '[AC]%'
```

【例 A.14】 在如下的存储过程定义中，学生学号作为入口参数，然后使用模式匹配查找某个学生选的所有课程。

```
USE XSCJ
    CREATE PROCEDURE find_course1 @num char（20）
AS                                        /*对于存储过程的用法可参考相关章节*/
    SELECT @num = RTRIM（@num）+ '%'
    SELECT a.姓名，t.课程名
        FROM XS a，XS_KC b，KC t
        WHERE a.学号= b.学号 AND b.课程号 = t.课程号
            AND a.学号 LIKE @num
```

当学号中包含的字符数小于 20 时，char 变量（@num）将包含尾随空格，这导致 find_course1 过程执行后没有记录返回。

如下示例能成功地将学生学号作为参数传递给存储过程，然后使用模式匹配查找某个学生选的所有课程，因为尾随空格不被添加到 varchar 变量中。

```
USE XSCJ
CREATE PROCEDURE find_course1 @num varchar（20）
AS
SELECT a.姓名，t.课程名
    FROM XS a，XS_KC b，KC t
    WHERE a.学号= b.学号 AND b.课程号 = t.课程号
        AND a.学号 LIKE @num+'%'
```

（4）EXISTS 与 NOT EXISTS 的使用

语法格式：

```
EXISTS subquery
```

用于检测一个子查询的结果是否不为空，若是运算结果为真，否则为假。

subquery 用于代表一个受限的 SELECT 语句（不允许有 COMPUTE 子句和 INTO 关键字）。

EXISTS 子句的功能有时可用 IN 或= ANY 谓词实现。NOT EXISTS 的作用与 EXISTS 正相反。

【例 A.15】 查询所有选课学生的姓名。

```
USE XSCJ
SELECT DISTINCT 姓名
    FROM XS
    WHERE EXISTS
        （SELECT *
            FROM XS_KC
            WHERE XS.学号= XS_KC.学号
        ）
GO
```

使用 IN 子句实现上述子查询。

```
USE XSCJ
SELECT DISTINCT 姓名
    FROM XS
    WHERE XS.学号 IN
    （SELECT XS_KC.学号
        FROM XS_KC
    ）
GO
```

5．字符串连接运算符

通过运算符“+”实现两个字符串的连接运算。

【例 A.16】 多个字符串的连接。

```
USE XSCJ
SELECT （学号+'，'+SPACE（1）+ 姓名）AS 学号及姓名
    FROM XS
    WHERE SUBSTRING（学号，1，2）= '19'
```

6．一元运算符

一元运算符有+（正）、-（负）和～（按位取反）三个。+，-一元运算符是大家熟悉的。对于按位取反运算符举例如下：

设 a 的值为 12（0000 0000 0000 1100），计算：～a 的值为：1111 1111 1111 0011。

7．赋值运算符

指给局部变量赋值的 SET 和 SELECT 语句中使用的“=”。

8．运算符的优先顺序

当一个复杂的表达式有多个运算符时，运算符优先级决定执行运算的先后次序。执行的顺序会影响所得到的运算结果。

运算符优先级见表 A.11。在一个表达式中按先高（优先级数字小）后低（优先级数字大）的顺序进行运算。

表 A.11　运算符优先级表

运　算　符	优　先　级
+（正）、-（负）、～（按位 NOT）	1
*（乘）、/（除）、%（模）	2
+（加）、（+串联）、-（减）	3
=，>，<，>=，<=，<>，!=，!>，!<比较运算符	4
^（位异或）、&（位与）、|（位或）	5
NOT	6
AND	7
ALL，ANY，BETWEEN，IN，LIKE，OR，SOME	8
=（赋值）	9

当一个表达式中的两个运算符有相同的优先等级时，可以根据它们在表达式中的位置来判断，一般来说，一元运算符按从右向左的顺序运算，二元运算符对其从左到右进行运算。

表达式中可用括号改变运算符的优先性，先对括号内的表达式求值，然后对括号外的运算符进行运算时使用该值。

若表达式中有嵌套的括号，则首先对嵌套最深的表达式求值。

A.3 流程控制语句

在设计程序时，常常需要利用各种流程控制语句，改变计算机的执行流程以满足程序设计的需要。在 SQL Server 中提供的流程控制语句见表 A.12。

表 A.12 SQL Server 流程控制语句

控制语句	说　明
IF...ELSE	条件语句
GOTO	无条件转移语句
WHILE	循环语句
CONTINUE	用于重新开始下一次循环
BREAK	用于退出最内层的循环
RETURN	无条件返回
WAITFOR	为语句的执行设置延迟

【例 A.17】 如下程序用于查询总学分>40 的学生人数。

```
USE XSCJ
DECLARE @num int
SELECT @num=（SELECT COUNT（姓名）FROM XS WHERE  总学分>40）
IF @num<>0
    SELECT @num AS '总学分>40 的人数'
```

A.3.1 IF...ELSE 语句

在程序中如果要对给定的条件进行判定，当条件为真或假时分别执行不同的 T-SQL 语句，可用 IF...ELSE 语句实现。

语法格式：

```
IF Boolean_expression                          /*条件表达式*/
{ sql_statement | statement_block }        /*条件表达式为真时执行*/
[ ELSE
{ sql_statement | statement_block } ]      /*条件表达式为假时执行*/
```

说明：

Boolean_expression。条件表达式，如果条件表达式中含有 SELECT 语句，必须用圆括号将 SELECT 语句括起来，运算结果为 TRUE（真）或 FALSE（假）。

{sql_statement | statement_block}。T-SQL 语句或 BEGIN ... END 定义的语句块。当 Boolean_expression 条件表达式的值为真或为假要执行多条 T-SQL 语句时，这些语句要用在 BEGIN ... END 之间，构成一个语句块。

由上述语法格式，可看出条件语句分带 ELSE 部分和不带 ELSE 部分两种使用形式：

```
① IF 条件表达式
        A                       /* T-SQL 语句或语句块*/
   ELSE
        B                       /*T-SQL 语句或语句块*/
```

当条件表达式的值为真时执行 A，然后执行 IF 语句的下一语句；条件表达式的值为假时执行 B，然后执行 IF 语句的下一语句。

```
② IF 条件表达式
        A                       /*T-SQL 语句或语句块*/
```

当条件表达式的值为真时执行 A，然后执行 IF 语句的下一条语句；条件表达式的值为假时直接执行 IF 语句的下一条语句。

IF 语句的执行流程如图 A.1、图 A.2 所示。

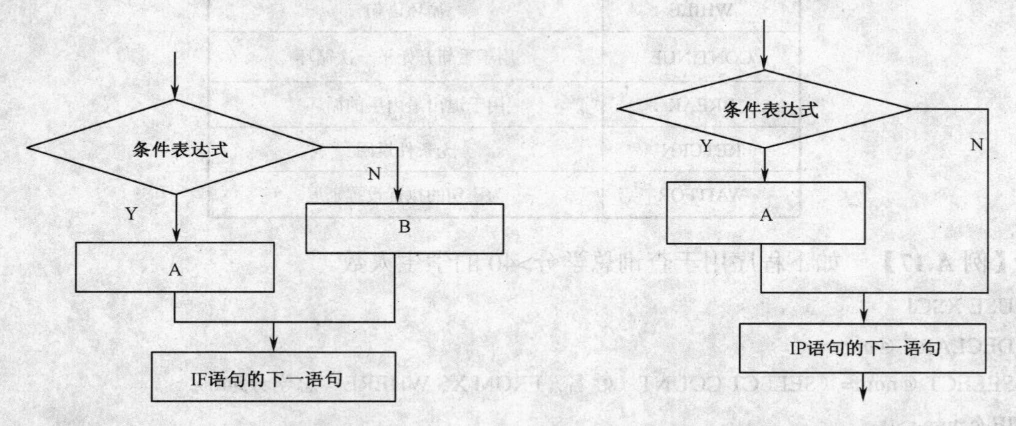

图 A.1　带 ELSE 执行流程　　　图 A.2　不带 ELSE 执行流程

如果在 IF...ELSE 语句的 IF 区和 ELSE 区都使用了 CREATE TABLE 语句或 SELECT INTO 语句，那么 CREATE TABLE 语句或 SELECT INTO 语句必须使用相同的表名。

IF...ELSE 语句可用在批处理、存储过程（经常使用这种结构测试是否存在着某个参数）及特殊查询中。

可在 IF 区或在 ELSE 区嵌套另一个 IF 语句，对于嵌套层数没有限制。

【例 A.18】 如果“数据库原理课程”的平均成绩高于 75 分，则显示“平均成绩高于 75 分”。

```
USE XSCJ
DECLARE @text1 char（20）
SET @text1='平均成绩高于 75'
IF （SELECT AVG（成绩）
    FROM XS，XS_KC，KC
```

```
        WHERE XS.学号= XS_KC.学号  AND XS_KC.课程号=KC.课程号
        AND KC.课程名='数据库原理'  ）<75
    SELECT   @text1='平均成绩低于 75'
ELSE
    SELECT @text1
```

【例 A.19】 IF...ELSE 语句的嵌套使用。

```
USE XSCJ
IF （SELECT AVG（成绩）
        FROM XS，XS_KC，KC
        WHERE XS.学号= XS_KC.学号  AND XS_KC.课程号=KC.课程号
        AND KC.课程名='数据库原理'  ）<75
    SELECT  '平均成绩低于 75'
ELSE
    IF （SELECT AVG（成绩）
        FROM XS，XS_KC，KC
        WHERE XS.学号= XS_KC.学号  AND XS_KC.课程号=KC.课程号
        AND KC.课程名='数据库原理' ）>75
    SELECT  '平均成绩高于 75'
```

注意：若子查询跟随在=，!=，<，<=，>，>=之后，或子查询用做表达式，子查询返回的值不允许多于一个。

A.3.2　无条件转移（GOTO）语句

将执行流程转移到标号指定的位置。

语法格式：

```
GOTO label
```

Label 是指向的语句标号，标号必须符合标识符规则。

标号的定义形式：

label：语句

A.3.3　WHILE，BREAK 和 CONTINUE 语句

1．WHILE 循环语句

如果需要重复执行程序中的一部分语句，可使用 WHILE 循环语句实现。

语法格式：

```
WHILE Boolean_expression                /*条件表达式*/
{ sql_statement | statement_block }         /*T-SQL 语句序列构成的循环体*/
```

说明：

Boolean_expression 为条件表达式，其运算结果为 TRUE 或 FALSE。如果布尔表达式中含有 SELECT 语句，必须用圆括号将 SELECT 语句括起来。sql_statement | statement_block 为 T-SQL 语句或用 BEGIN...END 定义的语句块。

执行流程如图 A.3 所示。

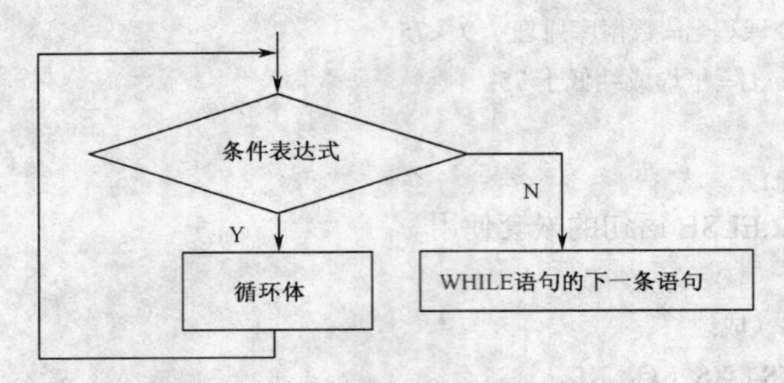

图 A.3　WHILE 语句的执行流程

从 WHILE 循环的执行流程可看出其使用形式如下：

WHILE 条件表达式

循环体　　　　　　　　　　/*T-SQL 语句或语句块*/

当条件表达式值为真时，执行构成循环体的 T-SQL 语句或语句块，然后，再进行条件判断，重复上述操作，直至条件表达式的值为假，退出循环体的执行。

【例 A.20】　显示字符串"China"中每个字符的 ASCII 值和字符。

```
DECLARE @position int，@string char（8）
SET @position = 1
SET @string = 'China'
WHILE @position <= DATALENGTH（@string）
BEGIN
    SELECT ASCII（SUBSTRING（@string，@position，1）），
        CHAR（ASCII（SUBSTRING（@string，@position，1）））
    SET @position = @position + 1
END
```

2．BREAK 语句

语法格式：

```
BREAK
```

一般用在循环语句中，用于退出本层循环。当程序中有多层循环嵌套时，使用 BREAK 语句只能退出其所在的这一层循环。

3．CONTINUE 语句

语法格式：

```
CONTINUE
```

一般用在循环语句中，结束本次循环，重新转到下一次循环条件的判断。

A.3.4　RETURN 语句

用于从过程、批处理或语句块中无条件退出，不执行位于 RETURN 之后的语句。

语法格式：

```
RETURN [ integer_expression ]
```

integer_expression 将整型表达式的值返回。存储过程可以给调用过程或应用程序返回整型值。

说明：

① 除非特别指明，所有系统存储过程返回 0 值表示成功，返回非零值则表示失败。

② 当用于存储过程时，RETURN 不能返回空值。

【例 A.21】 检查学生的平均成绩，若大于 75，将返回状态代码 1，否则，将返回状态代码 2。

```
USE XSCJ
CREATE PROCEDURE checkavg @param varchar（10）
AS
IF （SELECT AVG（成绩） FROM XS_KC WHERE XS_KC.学号 = @param GROUP BY 学号）
>75
    RETURN 1
ELSE
    RETURN 2
```

A.3.5 WAITFOR 语句

指定触发语句块、存储过程或事务执行的时刻、或需等待的时间间隔。

语法格式：

```
WAITFOR { DELAY 'time' | TIME 'time' }
```

说明：

DELAY 'time'。用于指定 SQL Server 必须等待的时间，最长可达 24 小时，time 可以用 datetime 数据格式指定，用单引号括起来，但在值中不允许有日期部分，也可以用局部变量指定参数。

TIME 'time'。指定 SQL Server 等待到某一时刻，time 值的指定同上。

执行 WAITFOR 语句后，在到达指定的时间之前将无法使用与 SQL Server 的连接。若要查看活动的进程和正在等待的进程，使用 sp_who。

【例 A.22】 如下语句设定在早上 8 点执行存储过程“Manager”。

```
BEGIN
    WAITFOR TIME '8:00'
    EXECUTE sp_addrole 'Manager'
END
```

A.4 系统内置函数

A.4.1 系统内置函数介绍

在程序设计过程中，常常调用系统提供的函数，T-SQL 编程语言提供 3 种系统内置函数：行集函数、聚合函数和标量函数，所有的函数都是确定性或非确定性的。

① 确定性函数：每次使用特定的输入值集调用该函数时，总是返回相同的结果。

② 非确定性函数：每次使用特定的输入值集调用时，它们可能返回不同的结果。

例如，DATEADD 内置函数是确定性函数，因为对于其任何给定参数总是返回相同的结果。GETDATE 是非确定性函数，因其每次执行后，返回结果都不同。

下面将介绍一些常用的函数。

1．行集函数

行集函数是返回值为对象的函数，该对象可在 T-SQL 语句中作为表引用。所有行集函数都是非确定的，即每次用一组特定参数调用它们时，所返回的结果不总是相同的。

SQL Server 2005 主要提供了如下行集函数：

① CONTAINSTABLE

对于基于字符类型的列按照一定的搜索条件，进行精确或模糊匹配，然后返回一个表，该表可能为空。

② FREETEXTTABLE

为基于字符类型的列返回一个表，其中的值符合指定文本的含义，但不符合确切的表达方式。

③ OPENDATASOURCE

提供与数据源的连接。

④ OPENQUERY

在指定数据源上执行查询。可以在查询的 FROM 子句中像引用基本一样引用 OPENQUERY 函数，虽然查询可能返回多个记录，但 OPENQUERY 只返回第一个记录。

⑤ OPENROWSET

包含访问 OLE DB 数据源中远程数据所需的全部连接信息。可在查询的 FROM 子句中像引用基本表一样引用 OPENROWSET 函数，虽然查询可能返回多个记录，但 OPENROWSET 只返回第一个记录。

上述函数的应用参考第 4 章。

2．聚合函数

聚合函数对一组值操作，返回单一的汇总值。聚合函数在如下情况下，允许作为表达式使用：

① SELECT 语句的选择列表（子查询或外部查询）。

② COMPUTE 或 COMPUTE BY 子句。

③ HAVING 子句。

T-SQL 语言提供的常用的聚合函数（表 4.17）的应用参考第 4 章。

3．标量函数

标量函数的特点：输入参数的类型为基本类型，返回值也为基本类型。SQL Server 包含如下几类标量函数：

- 配置函数
- 系统函数
- 系统统计函数
- 数学函数

- 字符串函数
- 日期和时间函数
- 游标函数
- 文本和图像函数
- 元数据函数
- 安全函数

A.4.2 常用系统内置函数

1．配置函数

配置函数用于返回当前配置选项设置的信息。全局变量是以函数形式使用的，配置函数都是全局变量名。

2．数学函数

数学函数可对 SQL Server 提供的数字数据（decimal，integer，float，real，money，smallmoney，smallint 和 tinyint）进行数学运算并返回运算结果。默认情况下，对 float 数据类型数据的内置运算的精度为 6 个小数位。默认情况下，传递到数学函数的数字将被解释为 decimal 数据类型，可用 CAST 或 CONVERT 函数将数据类型更改为其 WB 数据类型。

在此给出几个例子说明数学函数的使用。

（1）ABS 函数

语法格式：

```
ABS（numeric_expression ）
```

返回给定数字表达式的绝对值。参数 numeric_expression 为数字型表达式（bit 数据类型除外），返回值类型与 numeric_expression 相同。

【例 A.23】 显示 ABS 函数对 3 个不同数字的效果。

```
SELECT ABS（-A.0），ABS（0.0），ABS（8.0）
```

（2）ACOS 函数

语法格式：

```
ACOS（float_expression ）
```

求一个余弦值对应的角度，角度值以弧度表示，本函数亦称反余弦。参数 float_expression 为实型表达式，其取值范围从–1 到 1，对超过此范围的参数值，函数返回 NULL 并且报告域错误，返回值类型为 float。

【例 A.24】 如下程序返回给定角的 ACOS 值。

```
DECLARE @angle real
SET @angle = 0
SELECT 'The ACOS =' + CONVERT（varchar，ACOS（@angle））
```

（3）RAND 函数

语法格式：

```
RAND （[ seed ] ）
```

返回 0 到 1 之间的一个随机值。参数 seed 为整型表达式，返回值类型为 float。

【例 A.25】 如下程序通过 RAND 函数随机值。

```
DECLARE @count int
SET @count = 5
SELECT RAND（@count）Rand_Num
GO
```

3．字符串处理函数

字符串函数用于对字符串进行处理。在此介绍一些常用的字符串处理函数。

（1）ASCII 函数

语法格式：

```
ASCII（character_expression ）
```

返回字符表达式最左端字符的 ASCII 值。参数 character_expression 的类型为字符型的表达式，返回值为整型。

（2）CHAR 函数

语法格式：

```
CHAR（integer_expression ）
```

将 ASCII 码转换为字符。参数 integer_expression 为介于 0～255 之间的整数，返回值为字符型。

（3）LEFT 函数

语法格式：

```
LEFT（character_expression ，integer_expression ）
```

返回从字符串左边开始指定个数的字符。参数 character_expression 为字符型表达式，integer_expression 为整型表达式，返回值为 varchar 型。

【例 A.26】 返回课程名最左边的 8 个字符。

```
USE XSCJ
SELECT LEFT（课程名，8）
    FROM KC
    ORDER BY 课程号
GO
```

（4）LTRIM 函数

语法格式：

```
LTRIM（character_expression ）
```

删除 character_expression 字符串中的前导空格，并返回字符串。参数 character_expression 为字符型表达式，返回值类型为 varchar。

【例 A.27】 使用 LTRIM 字符删除字符变量中的起始空格。

```
DECLARE @string varchar（40）
SET @string =' 中国，一个古老而伟大的国家 '
SELECT  LTRIM（@string）
GO
```

（5）REPLACE 函数

语法格式：

```
REPLACE（'string_expression1' ，'string_expression2' ，'string_expression3' ）
```

用第 3 个字符串表达式替换第 1 个字符串表达式中包含的第 2 个字符串表达式，并返回替换后的表达式。参数 string_expression1，string_expression2 和 string_expression3 均为字符串表达式，返回值为字符型。

（6）SUBSTRING 函数

语法格式：

```
SUBSTRING（expression ，start ，length）
```

返回 expression 中指定的部分数据。参数 expression 可为字符串、二进制串、text、image 字段或表达式；Start，Length 均为整型，前者指定子串的开始位置，后者指定子串的长度（要返回字节数）。如果 expression 是字符类型和二进制类型，则返回值类型与 expression 的类型相同，其他情况见表 A.13。

表 A.13　SUBSTRING 函数返回值不同于给定表达式的情况

给定的表达式	返回值类型
text	varchar
image	varbinary
ntext	nvarchar

【例 A.28】　如下程序在一列中返回 XS 表中的姓氏，在另一列中返回表中学生的名。

```
USE XSCJ
SELECT SUBSTRING（姓名，1，1），SUBSTRING（姓名，2，LEN（姓名）-1）
    FROM XS
    ORDER BY 姓名
```

（7）STR 函数

语法格式：

```
STR （ float_expression [ ，length [ ，decimal ] ] ）
```

将数字数据转换为字符数据。参数 float_expression 为 float 类型的表达式，Length 用于指定总长度，包括小数点，Decimal 指定小数点右边的位数，Length，Decimal 必须均为正整型。返回值类型为 char。

4．系统函数

系统函数用于对 SQL Server 中的值、对象和设置进行操作并返回有关信息。

（1）CASE 函数

CASE 有两种使用形式：一种是简单的 CASE 函数，另一种是搜索型的 CASE 函数。

① 简单的 CASE 函数

语法格式：

```
CASE input_expression
WHEN when_expression THEN result_expression
```

```
[ ...n ]
[ ELSE else_result_expression    ]
END
```

计算 input_expression 表达式之值，并与每一个 when_expression 表达式的值比较，若相等，则返回对应的 result_expression 表达式之值，否则返回 else_result_expression 表达式的值。参数 input_expression 和 when_expression 的数据类型必须相同，或者可隐性转换。n 表示可以使用多个 WHEN when_expression THEN result_expression 子句。

② CASE 搜索函数

语法格式：

```
CASE
    WHEN Boolean_expression THEN result_expression
    [ ...n ]
    [ ELSE else_result_expression]
END
```

按指定顺序为每个 WHEN 子句的 Boolean_expression 表达式求值，返回第一个取值为 TRUE 的 Boolean_expression 表达式对应的 result_expression 表达式之值。如果没有取值为 TRUE 的 Boolean_expression 表达式，则当指定 ELSE 子句时，返回 else_result_expression 之值。若没有指定 ELSE 子句，则返回 NULL。

参数 Boolean_expression 为布尔表达式，result_expression，else_result_expression 可为任意有效的 SQL Server 表达式，n 表明可以使用多个 WHEN Boolean_expression THEN result_expression 子句。

【例 A.29】 使用 CASE 函数对学生按性别分类。

```
/* 使用带有简单 CASE 函数的 SELECT 语句*/
USE XSCJ
SELECT 学号，sex=
    CASE 性别
        WHEN 1 THEN '男生'
        WHEN 0 THEN '女生'
     END
    FROM XS
GO
```

【例 A.30】 根据学生的年龄范围显示相应信息。

```
/*使用 CASE 搜索函数的 SELECT 语句*/
USE XSCJ
SELECT 学号，年龄=
    CASE
        WHEN getdate（）-出生时间  <=20   THEN '年龄较小'
        WHEN getdate（）-出生时间  <24 AND >20   THEN '年龄适中'
        ELSE '年龄偏大'
    END
```

```
FROM      XS
GO
```

（2）CAST 函数和 CONVERT 函数

CAST，CONVERT 这两个函数都是实现数据类型的转换，但 CONVERT 的功能更强一些。常用的类型转换有以下几种情况。

① 日期型，字符型：例如，将 datetime 或 smalldatetime 数据转换为字符数据（nchar，nvarchar，char，varchar，nchar 或 nvarchar 数据类型）。

② 字符型→日期型：例如，将字符数据（nchar，nvarchar，char，varchar，nchar 或 nvarchar 数据类型）转换为 datetime 或 smalldatetime 数据。

③ 数值型→字符型：例如，将 float，real，money 或 smallmoney 数据转换为字符数据（nchar，nvarchar，char，varchar，nchar 或 nvarchar 数据类型）。

语法格式：

```
CAST （ expression AS data_type ）
CONVERT （data_type[（length）]，expression [，style]）
```

将 expression 表达式的类型转换为 data_type 所指定的类型。参数 expression 可为任何有效的表达式，data_type 可为系统提供的基本类型，不能为用户自定义类型，如果 data_type 为 nchar，nvarchar，char，varchar，binary 或 varbinary 等数据类型时，通过 length 参数指定长度。对于不同的表达式类型转换，参数 style 的取值不同，style 的常用取值及其作用见表 A.14、表 A.15、表 A.16。

默认值（style 0 或 100、9 或 109、13 或 113、20 或 120、21 或 121）始终返回世纪数位（yyyy）。对于日期与字符型数据的转换：输入时，将字符型数据转换为日期型数据；输出时，将日期型数据转换为字符型数据。

【例 A.31】 如下程序将检索总学分 30～39 分的学生姓名，并将总学分转换为 char（20）。

```
/* 如下例子同时使用 CAST 和 CONVERT
-- 使用 CAST 实现
USE XSCJ
SELECT 姓名，总学分
    FROM XS
    WHERE CAST（总学分 AS char（20））LIKE '3_' and 总学分>=30
GO
-- 使用 CONVERT 实现
USE XSCJ
SELECT 姓名，总学分
    FROM XS
    WHERE CONVERT（char（20），总学分）LIKE '3_' and 总学分>=30
GO
```

表 A.14　日期型与字符型转换时 style 的常用取值及其作用

Style 取值不带世纪数位	Style 取值带世纪数位	标　　准	输入/输出
	0 或 100	默认值	mon dd yyyy hh:miAM（或 PM）
1	101	美国	mm/dd/yyyy
2	102	ANSI	yy.mm.dd
	9 或 109	默认值 + 毫秒	mon dd yyyy hh:mi:ss:mmmAM（或 PM）
10	110	美国	mm-dd-yy
12	112	ISO	yymmdd

表 A.15　float 或 real 转换为字符数据时 style 的取值

style 值	输　　出
0（默认值）	根据需要使用科学记数法，长度最多为 6
1	使用科学记数法，长度为 8
2	使用科学记数法，长度为 16

表 A.16　从 money 或 smallmoney 转换为字符数据时 style 的取值

值	输　　出
0（默认值）	小数点左侧每三位数字之间不以逗号分隔，小数点右侧取两位数，如 4235.98
1	小数点左侧每三位数字之间以逗号分隔，小数点右侧取两位数，如 3，510.92
2	小数点左侧每三位数字之间不以逗号分隔，小数点右侧取四位数，如 4235.9819

（3）COALESCE 函数

语法格式：

```
COALESCE （ expression [ ，...n ] ）
```

返回参数表中第一个非空表达式的值，如果所有自变量均为 NULL，则 COALESCE 返回 NULL 值。参数 expression 可为任何类型的表达式。n 表示可以指定多个表达式。所有表达式必须是相同类型，或者可以隐性转换为相同的类型。

```
COALESCE（expression1，...n）与如下形式的 CASE 函数等价：
CASE
   WHEN （expression1 IS NOT NULL）THEN expression1
   ...
   WHEN （expressionN IS NOT NULL）THEN expressionN
   ELSE NULL
```

对于其他系统函数请参考系统帮助信息。

5．日期时间函数

日期函数可用在 SELECT 语句的选择列表或用在查询的 WHERE 子句中，在此介绍一下 GETDATE（ ）函数。

语法格式：

```
GETDATE ( )
```

按 SQL Server 标准内部格式返回当前系统日期和时间。返回值类型：datetime。

6．游标函数

游标函数用于返回有关游标的信息。主要有如下游标函数：

（1）@@CURSOR_ROWS 函数

语法格式：

```
@@CURSOR_ROWS
```

返回最后打开的游标中当前存在的满足条件的行数。返回值类型：integer。

【例 A.32】 如下的示例声明了一个游标，并用 SELECT 显示 @@CURSOR_ROWS 的值。

```
USE XSCJ
SELECT @@CURSOR_ROWS
DECLARE student_cursor CURSOR FOR
SELECT 姓名 FROM XS
OPEN student_cursor
FETCH NEXT FROM student_cursor
SELECT @@CURSOR_ROWS
CLOSE student_cursor
DEALLOCATE student_cursor
```

（2）CURSOR_STATUS 函数

语法格式：

```
CURSOR_STATUS
( { 'local' , 'cursor_name' }                    /*指明数据源为本地游标*/
    | { 'global' , 'cursor_name' }               /*指明数据源为全局游标*/
    | { 'variable' , 'cursor_variable' }         /*指明数据源为游标变量*/
)
```

返回游标状态是打开还是关闭。常量字符串 local，global 用于指定游标的类型，local 表示为本地游标名，global 表示为全局游标名。参数 cursor_name 用于指定游标名。常量字符串 variable 用于说明其后的游标变量为一个本地变量，参数 cursor_variable 为本地游标变量名称。返回值类型：smallint。

CURSOR_STATUS（）函数返回值见表 A.17。

表 A.17 CURSOR_STATUS（ ）函数返回值列表

返 回 值	游标名或游标变量
1	游标的结果集至少有一行
0	游标的结果集为空*
–1	游标被关闭
–2	游标不可用
–3	指定的游标不存在

注*：动态游标不返回这个结果。

（3）@@FETCH_STATUS 函数

语法格式：

```
@@FETCH_STATUS
```

返回 FETCH 语句执行后游标的状态。返回值类型：integer。

@@FETCH_STATUS 函数返回值如表 A.18 所示。

表 A.18　@@FETCH_STATUS 函数返回值列表

返　回　值	说　　明
0	FETCH 语句执行成功
–1	FETCH 语句执行失败
–2	被读取的记录不存在

【例 A.33】　用@@FETCH_STATUS 控制在一个 WHILE 循环中的游标活动。

```
USE XSCJ
DECLARE @name char（20），@st_id char（2）
DECLARE Student_Cursor CURSOR FOR
SELECT 姓名，学号 FROM XSCJ.dbo.XS
OPEN Student_Cursor
FETCH NEXT FROM Student_Cursor  INTO @name，@st_id
SELECT @name，@st_id
WHILE @@FETCH_STATUS = 0
BEGIN
    FETCH NEXT FROM Student_Cursor
SELECT @name，@st_id
END
CLOSE Student_Cursor
DEALLOCATE Student_Cursor
```

7. 元数据函数

元数据是用于描述数据库和数据库对象的。元数据函数用于返回有关数据库和数据库对象的信息。

（1）DB_ID 函数

语法格式：

```
DB_ID （ [ 'database_name' ] ）
```

系统创建数据库时，自动为其创建一个标识号，函数 DB_ID 根据 database_name 指定的数据库名，返回其数据库标识 （ID）号，如果参数 database_name 不指定，则返回当前数据库 ID。返回值类型：smallint。

（2）DB_NAME 函数

语法格式：

```
DB_NAME （ database_id ）
```

根据参数 database_id 所给的数据库标识号，返回数据库名。参数 database_id 类型为

smallint，如果没有指定数据库标识号，则返回当前数据库名。返回值类型：nvarchar（128）。

A.5 用户定义函数

系统提供的常用的内置函数大大方便了用户进行程序设计，但用户在编程时常常需要将一个或多个 T-SQL 语句组成子程序，以便反复调用。SQL Server 2005 允许用户根据需要自己定义函数。根据用户定义函数返回值的类型，可将用户定义函数分为如下 3 个类别：

（1）返回值为可更新表的函数

若用户定义函数包含单个 SELECT 语句且该语句可更新，则该函数返回的表也可更新，这样的函数称为内嵌表值函数。

（2）返回不可更新数据表的函数

若用户定义函数包含多个 SELECT 语句，则该函数返回的表不可更新。这样的函数称为多语句表值函数。

（3）返回标量值的函数

用户定义函数返回值为标量值，这样的函数称为标量函数。

用户定义函数不支持输出参数。用户定义函数不能修改全局数据库状态。

利用 ALTER FUNCTION 对用户定义函数修改，用 DROP FUNCTION 删除。

A.5.1 用户函数的定义与调用

1. 标量函数

（1）标量函数的定义

语法格式：

```
CREATE FUNCTION [ owner_name.] function_name              /*函数名部分*/
  （ [ { @parameter_name [AS] scalar_parameter_data_type [ = default ] }
  [ ，...n ] ] ）                                           /*形参定义部分*/
RETURNS scalar_return_data_type                            /*返回参数的类型*/
[ WITH < function_option> [ [，] ...n] ]                   /*函数选项定义*/
[ AS ]
BEGIN
    function_body                                          /*函数体部分*/
    RETURN scalar_expression                               /*返回语句*/
END
< function_option > ::={ ENCRYPTION | SCHEMABINDING }
```

说明：

owner_name 为数据库所有者名。

function_name 为用户定义函数名。函数名必须符合标识符的规则，对其所有者来说，该名在数据库中必须是唯一的。

@parameter_name 为用户定义函数的形参名。CREATE FUNCTION 语句中可以声明一个或多个参数，用 @ 符号作为第一个字符来指定形参名，每个函数的参数局部于该函数。

scalar_parameter_data_type 为参数的数据类型。可为系统支持的基本标量类型，不能为 timestamp 类型、用户定义数据类型、非标量类型（如 cursor 和 table）。scalar_return_data_type 为用户定义函数的返回值类型，Scalar_return_data_type 可以是 SQL Server 支持的基本标量类型，但 text，ntext，image 和 timestamp 除外。函数返回 scalar_expression 表达式的值。

function_body 是由 T-SQL 语句序列构成的函数体。

ENCRYPTION 用于指定 SQL Server 加密包含 CREATE FUNCTION 语句文本的系统表列，使用 ENCRYPTION 可以避免将函数作为 SQL Server 复制的一部分发布。

SCHEMABINDING 用于指定将函数绑定到它所引用的数据库对象。如果函数是用 SCHEMABINDING 选项创建的，则不能更改或删除该函数引用的数据库对象。函数与其引用对象（如数据库表）的绑定关系只有在发生以下两种情况之一时才被解除。

- 删除了函数。
- 在未指定 SCHEMABINDING 选项的情况下更改了函数（使用 ALTER 语句）。

从上述语法形式，归纳出标量函数的一般定义形式如下：

```
CREATE FUNCTION [所有者名.] 函数名
（ 参数 1 [AS] 类型 1 [ = 默认值 ] ）[ ，...参数 n [AS] 类型 n [ = 默认值 ] ] ] ）
RETURNS 返回值类型
[ WITH   ENCRYPTION |   SCHEMABINDING [ [， ] ...n] ]
[ AS ]
BEGIN
    函数体
    RETURN 标量表达式
END
```

【例 A.34】 计算全体学生某门功课的平均成绩。

```
USE XSCJ
CREATE FUNCTION average（@cnum char（20））RETURNS int
AS
BEGIN
    DECLARE @aver int
    SELECT @aver=
     （ SELECT avg（成绩）
        FROM xs_kc
        WHERE 课程号=@cnum
        GROUP BY 课程号
     ）
    RETURN @aver
END
GO
```

（2）标量函数的调用

当调用用户定义的标量函数时，必须提供至少由两部分组成的名称（所有者名.函数名）。可有以下方式调用标量函数。

● 在 SELECT 语句中调用

调用形式：所有者名.函数名（实参 1，…，实参 n）

实参可为已赋值的局部变量或表达式。

【例 A.35】 如下程序对上例定义的函数调用。

```
USE XSCJ                              /*用户函数在此数据库中已定义*/
/* 定义局部变量 */
DECLARE @course1 char（20）
DECLARE @aver1 int
/* 给局部变量赋值 */
SELECT @course1 = '101'
/* 调用用户函数，并将返回值赋给局部变量 */
SELECT  @aver1=dbo.average（@course1）
/* 显示局部变量的值 */
SELECT @aver1 AS '101 课程的平均成绩'
```

● 利用 EXEC 语句执行

用 T-SQL EXECUTE 语句调用用户函数时，参数的标识次序与函数定义中的参数标识次序可以不同。

调用形式：

```
所有者名.函数名 实参 1，…，实参 n
```

或

```
所有者名.函数名 形参名 1=实参 1，…，形参名 n=实参 n
```

注意：前者实参顺序应与函数定义的形参顺序一致，后者参数顺序可以与函数定义的形参顺序不一致。

如果函数的参数有默认值，在调用该函数时必须指定“default”关键字才能获得默认值。这不同于存储过程中有默认值的参数，在存储过程中省略参数也意味着使用默认值。

【例 A.36】 调用上述计算平均成绩的函数。

```
USE XSCJ                              /* 用户函数在此数据库中已定义 */
DECLARE @course1 char（20）
DECLARE @aver1 int                    /* 显示局部变量的值 */
EXEC @aver1 = dbo.average   @cnum = '101'
/*通过 EXEC 调用用户函数，并将返回值赋给局部变量*/
SELECT @aver1 AS '101 课程的平均成绩'
GO
```

【例 A.37】 在 XSCJ 中建立一个 course 表，并将一个字段定义为计算列。

```
USE XSCJ  /*用户函数在此数据库中已定义*/
CREATE TABLE course
（
    cno       int,                    /*课程号*/
    cname     nchar（20）,            /*课程名*/
    credit    int,                    /*学分*/
```

```
    aver AS                          /*将此列定义为计算列*/
    (dbo.average(cno))
)
```

2. 内嵌表值函数

内嵌函数可用于实现参数化视图。例如，有如下视图：

```
CREATE VIEW View1 AS
SELECT 学号，姓名
    FROM XSCJ.dbo.XS
    WHERE 专业名= '计算机'
```

若希望设计更通用的程序，让用户能指定感兴趣的查询内容，可将 WHERE 专业名='计算机'替换为 WHERE 专业名=@para，@para 用于传递参数，但视图不支持在 WHERE 子句中指定搜索条件参数，为解决这一问题，可使用内嵌用户定义函数，见下例。

```
/*内嵌函数的定义*/
CREATE FUNCTION fn_View1
( @Para nvarchar(30))
RETURNS table
AS   RETURN
(
    SELECT 学号，姓名
        FROM XSCJ.dbo.XS
        WHERE 专业名= @para
)
GO
/*内嵌函数的调用*/
SELECT *
    FROM fn_View1 (N'计算机')
GO
```

下面介绍内嵌表值函数的定义及调用。

（1）内嵌表值函数的定义

语法格式：

```
CREATE FUNCTION [ owner_name.] function_name     /*定义函数名部分*/
( [ { @parameter_name [AS] scalar_parameter_data_type [ = default ] }
[ , ...n ] ] )                                   /*定义参数部分*/
RETURNS TABLE                                    /*返回值为表类型*/
[ WITH < function_option > [ [, ] ...n ] ]       /*定义函数的可选项*/
[ AS ]
RETURN [ ( ) select-stmt [ ] ]                   /*通过 SELECT 语句返回内嵌表*/
< function_option > ::={ ENCRYPTION | SCHEMABINDING }
```

RETURNS 子句仅包含关键字 TABLE，表示此函数返回一个表。内嵌表值函数的函数体仅有一个 RETURN 语句，并通过参数 select-stmt 指定的 SELECT 语句返回内嵌表值。语法格式中的其他参数项同标量函数的定义。

【例 A.38】 对于 XSCJ 数据库，为了让学生每学期查询其各科成绩及学分，可以利用 XS，KC，XS_KC 三个表，创建视图，程序如下：

```
USE XSCJ
GO                /*此处的 GO 不能省略*/
CREATE VIEW ST_VIEW
AS
SELECT dbo.XS.学号，dbo.XS.姓名，dbo.KC.课程名，dbo.XS_KC.成绩
    FROM dbo.KC INNER JOIN
        dbo.XS_KC ON dbo.KC.课程号 = dbo.XS_KC.课程号 INNER JOIN
        dbo.XS ON dbo.XS_KC.学号 = dbo.XS.学号
```

然后在此基础上定义如下内嵌函数：

```
CREATE FUNCTION st_score
 (
    @student_ID char（6）
)
RETURNS table
AS RETURN
 (
    SELECT *
        FROM    XSCJ.dbo.ST_VIEW
        WHERE dbo. ST_VIEW.学号= @student_ID
)
```

（2）内嵌表值函数的调用

内嵌表值函数只能通过 SELECT 语句调用，内嵌表值函数调用时，可以仅使用函数名。

在此，以前面定义的 st_score（）内嵌表值函数的调用作为应用举例，学生通过输入学号调用内嵌函数查询其成绩。

【例 A.39】 调用 st_score（）函数，查询学号为“081101”学生的各科成绩及学分。

```
SELECT *
    FROM    XSCJ.[dbo].st_score（'081101'）
GO
```

3. 多语句表值函数

内嵌表值函数和多语句都返回表，二者不同之处在于：内嵌表值函数没有函数主体，返回的表是单个 SELECT 语句的结果集；而多语句表值函数在 BEGIN...END 块中定义的函数主体包含 T-SQL 语句，这些语句可生成行并将行插入至表中，最后返回表。

（1）多语句表值函数定义

语法格式：

```
CREATE FUNCTION [ owner_name.] function_name              /*定义函数名部分*/
( [ { @parameter_name [AS] scalar_parameter_data_type [ = default ] }
    [ ，...n ] ] )                                        /*定义函数参数部分*/
    RETURNS @return_variable TABLE < table_type_definition > /*定义作为返回值的表*/
    [ WITH < function_option > [ [，] ...n ] ]            /*定义函数的可选项*/
    [ AS ]
    BEGIN
     function_body                                        /*定义函数体*/
    RETURN
    END
    < function_option > ::={ ENCRYPTION | SCHEMABINDING }
    < table_type_definition > ::=                         /*定义表，请参考第 2 章*/
( { column_definition | table_constraint } [ ，...n ] )
```

说明：

@return_variable 为表变量，用于存储作为函数值返回的记录集。

function_body 为 T-SQL 语句序列，function_body 只用于标量函数和多语句表值函数。在标量函数中，function_body 是一系列合起来求得标量值的 T-SQL 语句，在多语句表值函数中，function_body 是一系列在表变量@return_variable 中插入记录行的 T-SQL 语句。语法格式中的其他项同标量函数的定义。

【例 A.40】 在 XSCJ 数据库中创建返回 table 的函数，通过以学号作为实参，调用该函数，可显示该学生各门功课的成绩和学分。

```
CREATE FUNCTION score_table（）
RETURNS @score TABLE
(   xs_ID     char（6），
    xs_Name char（8），
    kc_Name char（16），
    cj          tinyint，
    xf          tinyint
)
AS
BEGIN
    INSERT @score
          SELECT S.学号，S.姓名，P.课程名，O.成绩，P.学分
                FROM   XSCJ1.[dbo].XS AS S
                INNER JOIN XSCJ1.[dbo].XS_KC AS O ON （S.学号= O.学号）
                INNER JOIN XSCJ1.[dbo].KC AS P ON （O.课程号= P.课程号）
    RETURN
END
```

（2）多语句表值函数的调用

多语句表值函数的调用与内嵌表值函数的调用方法相同。如下例子是上述多语句表值函数 score_table（）的调用。

【例 A.41】 如下语句查询学号为"081101"学生的各科成绩和学分。

```
SELECT   * from XSCJ1.[dbo].score_table（'081101'）
```

4．用户定义函数的建立

用户函数的建立可利用 SQL 查询分析器完成，也可利用 SQL Server Management Studio 完成。

对于一个已创建的用户定义函数，可有两种方法删除：

① 通过企业管理器删除，这非常简单；

② 利用 T-SQL 语句 DROP FUNCTION 删除。

语法格式：

```
DROP FUNCTION { [ owner_name .] function_name } [ ， ...n ]
```

说明：

owner_nam。指所有者名。

function_name。指要删除的用户定义的函数名称。可以选择是否指定所有者名称，但不能指定服务器名称和数据库名称。

n。表示可以指定多个用户定义的函数予以删除。

反侵权盗版声明

举报电话：（010）88254396；（010）88258888

传　　真：（010）88254397

E-mail:　dbqq@phei.com.cn

通信地址：北京市万寿路 173 信箱

　　　　　电子工业出版社总编办公室

邮　　编：100036